住房城乡建设部土建类学科专业"十三五"规划教材
高等学校土木工程专业应用型人才培养规划教材

BIM 技术及工程应用

冯小平　章丛俊　编著
谷德性　主审

中国建筑工业出版社

图书在版编目（CIP）数据

BIM技术及工程应用/冯小平，章丛俊编著．—北京：中国建筑工业出版社，2017.7（2022.6重印）
高等学校土木工程专业应用型人才培养规划教材
ISBN 978-7-112-20713-8

Ⅰ.①B… Ⅱ.①冯…②章… Ⅲ.①建筑设计-计算机辅助设计-应用软件-高等学校-教材 Ⅳ.①TU201.4

中国版本图书馆CIP数据核字（2017）第095214号

本书系统地介绍了BIM技术发展及在工程建设领域的应用现状，以Revit软件为基础，详细地介绍了BIM技术在建筑设计、结构设计、建筑设备设计中的应用，BIM技术在项目建设全生命周期中的应用，BIM在工程施工进度管理中的应用，BIM技术在工程造价管理和控制中的应用，BIM在预制装配式住宅中的应用，BIM在上海中心大厦工程中的应用案例。全书内容翔实、结构合理、条理清晰、通俗易懂、实用性强，很适合初学者阅读使用。

本书可以作为各大院校土木工程专业的教材，建筑师、工程管理及相关专业人士的自学用书，也可作为培训用书。为更好支持本课程的教学，本书作者制作了多媒体教学课件，有需要的读者可以发送邮件至jiangongkejian@163.com索取。

责任编辑：仕　帅　吉万旺　王　跃
责任设计：韩蒙恩
责任校对：李欣慰　党　蕾

住房城乡建设部土建类学科专业"十三五"规划教材
高等学校土木工程专业应用型人才培养规划教材
BIM技术及工程应用
冯小平　章丛俊　编著
谷德性　主审

*

中国建筑工业出版社出版、发行（北京海淀三里河路9号）
各地新华书店、建筑书店经销
霸州市顺浩图文科技发展有限公司制版
北京建筑工业印刷厂印刷

*

开本：787×1092毫米　1/16　印张：18¼　字数：462千字
2017年8月第一版　　2022年6月第四次印刷
定价：48.00元（赠课件）
<u>ISBN 978-7-112-20713-8</u>
（34489）

版权所有　翻印必究
如有印装质量问题，可寄本社退换
（邮政编码100037）

高等学校土木工程专业应用型人才培养规划教材编委会成员名单

（按姓氏笔画排序）

顾　　　问：吕恒林　刘伟庆　吴　刚　金丰年　高玉峰

主 任 委 员：李文虎　沈元勤

副主任委员：华　渊　宗　兰　荀　勇　姜　慧　高延伟

委　　　员：于清泉　王　跃　王振波　包　华　吉万旺

　　　　　　朱平华　张　华　张三柱　陈　蓓　宣卫红

　　　　　　耿　欧　郭献芳　董　云　裴星洙

出版说明

近年来，我国高等教育教学改革不断深入，高校招生人数逐年增加，对教材的实用性和质量要求越来越高，对教材的品种和数量的需求不断扩大。随着我国建设行业的大发展、大繁荣，高等学校土木工程专业教育也得到迅猛发展。江苏省作为我国土木建筑大省、教育大省，无论是开设土木工程专业的高校数量还是人才培养质量，均走在了全国前列。江苏省各高校土木工程专业教育蓬勃发展，涌现出了许多具有鲜明特色的应用型人才培养模式，为培养适应社会需求的合格土木工程专业人才发挥了引领作用。

中国土木工程学会教育工作委员会江苏分会（以下简称江苏分会）是经中国土木工程学会教育工作委员会批准成立的，其宗旨是为了加强江苏省具有土木工程专业的高等院校之间的交流与合作，提高土木工程专业人才培养质量，促进江苏省建设事业的蓬勃发展。中国建筑工业出版社是住房城乡建设部直属出版单位，是专门从事住房城乡建设领域的科技专著、教材、标准规范、职业资格考试用书等的专业科技出版社。作为本套教材出版的组织单位，在教材编审委员会人员组成、教材主参编确定、编写大纲审定、编写要求拟定、计划出版时间以及教材特色体现和出版后的营销宣传等方面都做了精心组织和协调，体现出了其强有力的组织协调能力。

经过反复研讨，《高等学校土木工程专业应用型人才培养规划教材》定位为以普通应用型本科人才培养为主的院校通用课程教材。本套教材主要体现适用性，充分考虑各学校土木工程专业课程开设特点，选择20种专业基础课、专业课组织编写相应教材。本套教材主要特点为：抓住应用型人才培养的主线；编写中采用先引入工程背景再引入知识，在教材中插入工程案例等灵活多样的方式；尽量多用图、表说明，减少篇幅；编写风格统一；体现绿色、节能、环保的理念；注重学生实践能力的培养。同时，本套教材编写过程中既考虑了江苏的地域特色，又兼顾全国，教材出版后力求能满足全国各应用型高校的教学需求。为满足多媒体教学需要，我们要求所有教材在出版时均配有多媒体教学课件。

本套《高等学校土木工程专业应用型人才培养规划教材》是中国建筑工业出版社成套出版区域特色教材的首次尝试，对行业人才培养具有非常重要的意义。今年正值我国"十三五"规划的开局之年，本套教材有幸整体入选《住房城乡建设部土建类学科专业"十三五"规划教材》。我们也期待能够利用本套教材策划出版的成功经验，在其他专业、其他地区组织出版体现区域特色的教材。

希望各学校积极选用本套教材，也欢迎广大读者在使用本套教材过程中提出宝贵意见和建议，以便我们在重印再版时予以改进和完善。

中国土木工程学会教育工作委员会江苏分会
中国建筑工业出版社
2016年12月

前　言

随着建筑业发展的日益加快，工程项目建设正朝着大型化、复杂化、多样化的方向发展。长期困扰建筑业的设计变更多、生产效率低下、项目整体偏离价值低等问题制约了整个行业的进一步发展。建筑信息模型（Building Information Modeling，BIM）的出现为建筑业注入了新的血液，给予了建筑业新的发展前景。采用 BIM 技术对项目进行设计、建造和运营管理，将各种建筑信息组织成一个整体，贯穿于建筑全生命周期过程。利用计算机技术建立 BIM 建筑信息模型，对建筑空间几何信息、建筑空间功能信息、建筑施工管理信息以及设备等各专业相关数据信息进行数据集成与一体化管理。BIM 技术的应用，将为建筑业的发展带来巨大的效益，使得规划设计、工程施工、运营管理乃至整个工程的质量和管理效率得到显著提高。BIM 技术的应用，能改变传统的建筑管理理念，能引领建筑信息技术走向更高层次，它的全面应用，将大大提高建筑管理的集成化程度。

全书共 5 章，内容包括：BIM 技术及应用现状；BIM 技术在建筑设计中的应用；BIM 技术在建筑结构设计中的应用；BIM 技术在建筑设备设计中的应用；BIM 技术在项目建设全生命周期中的应用；BIM 在工程施工进度管理中的应用；BIM 技术在工程造价管理和控制中的应用；BIM 在预制装配式住宅中的应用；BIM 在上海中心大厦工程中的应用案例。

本书以 Revit 软件为基础，结合实例系统地介绍了 BIM 技术在建筑设计、结构设计、建筑设备设计以及工程建设领域中的应用，并突出 Revit 在建筑设计中的应用方法和技巧。本书由易到难、循序渐进、思路清晰、重点突出，力争突出专业性、实用性和可操作性，适合于初学者及有一定基础的读者阅读。

本书由江南大学、南京工程学院共同编写，参加编写工作的人员有：冯小平（第 1 章、第 2 章、第 4 章、第 5 章），章丛俊、徐新荣（第 3 章），张大林（第 2 章），吴俊杰（第 1 章），殷浩（第 4 章），俞金柱（第 5 章）；此外，成维佳、杨雅楠、张猛、殷文枫、李佳璐、王紫琪、黄玉臻、孟瑶参与了本书编写工作。本书编写过程中参考了部分教材、专著以及专业文献，在此表示诚挚的感谢。

由于作者水平有限，且编写时间仓促，书中难免有疏漏和错误，恳请广大读者提出宝贵意见。

编　者

2017 年 1 月

目 录

第1章 BIM概述 … 1
本章要点及学习目标 … 1
1.1 BIM的概念 … 1
1.1.1 BIM的定义 … 1
1.1.2 BIM相关术语 … 2
1.2 BIM模型的特点 … 2
1.3 BIM国内外应用现状 … 3
1.3.1 BIM技术在国外的应用 … 3
1.3.2 BIM技术在我国应用状况 … 6
1.3.3 BIM在建筑业中的地位和作用 … 7
1.4 BIM技术标准 … 7
1.4.1 概述 … 7
1.4.2 国外BIM标准 … 9
1.4.3 国内BIM标准 … 10
1.5 BIM应用软件 … 11
1.5.1 CAD概述 … 11
1.5.2 国内BIM软件应用现状 … 11
1.5.3 BIM软件 … 14
1.6 Autodesk Revit系列软件 … 17
1.6.1 Revit软件功能简介 … 17
1.6.2 Revit的API二次开发功能 … 18
本章小结 … 18
思考与练习题 … 19

第2章 BIM技术在建筑设计中的应用 … 20
本章要点及学习目标 … 20
2.1 概述 … 20
2.2 Revit的界面 … 20
2.2.1 工作界面 … 20
2.2.2 基本编辑命令 … 21
2.3 建筑族的创建 … 25
2.3.1 创建门窗族 … 25
2.3.2 创建栏杆族 … 29
2.4 建筑模型构建 … 33
2.4.1 建立新项目 … 33
2.4.2 标高 … 33
2.4.3 轴网 … 38
2.5 墙体 … 41
2.5.1 一般墙体 … 41
2.5.2 复合墙 … 47
2.5.3 叠层墙 … 51
2.5.4 异型墙 … 54
2.5.5 幕墙 … 56
2.6 门窗 … 59
2.6.1 插入门窗 … 59
2.6.2 编辑门窗 … 62
2.7 楼板 … 66
2.7.1 创建楼板 … 66
2.7.2 编辑楼板 … 68
2.7.3 楼板边缘 … 71
2.8 屋顶 … 74
2.8.1 迹线屋顶 … 74
2.8.2 拉伸屋顶 … 77
2.8.3 面屋顶 … 78
2.8.4 屋檐底板、封檐带、檐槽 … 79
2.9 楼梯 … 82
2.9.1 直楼梯 … 82
2.9.2 螺旋楼梯 … 84
2.10 柱和梁 … 85
2.10.1 结构柱 … 85
2.10.2 建筑柱 … 88
2.10.3 梁 … 88
2.11 Revit Architecture视图生成 … 90
2.11.1 平面图的生成 … 90
2.11.2 立面图的生成 … 95
2.11.3 剖面图的生成 … 96

2.11.4 详图索引、大样图的生成 ……… 99
2.11.5 三维视图的生成 …………… 104
2.12 应用实例 ……………………… 106
　2.12.1 项目创建 ………………… 106
　2.12.2 绘制标高 ………………… 107
　2.12.3 绘制轴网 ………………… 108
　2.12.4 绘制墙体 ………………… 108
　2.12.5 绘制结构柱 ……………… 111
　2.12.6 创建门窗 ………………… 113
　2.12.7 创建室内楼板 …………… 116
　2.12.8 绘制其他楼层建筑构件 … 117
　2.12.9 创建屋顶 ………………… 119
本章小结 …………………………… 120
思考与练习题 ……………………… 120

第3章 BIM 技术在建筑结构设计中的应用 …………………… 127

本章要点及学习目标 ……………… 127
3.1 概述 …………………………… 127
3.2 结构族的创建 ………………… 128
　3.2.1 创建结构基础 …………… 128
　3.2.2 创建结构柱 ……………… 133
　3.2.3 创建结构梁 ……………… 136
3.3 BIM 结构模型创建 …………… 137
　3.3.1 工程概况 ………………… 137
　3.3.2 操作界面 ………………… 137
　3.3.3 新建项目 ………………… 138
　3.3.4 创建标高 ………………… 138
　3.3.5 绘制轴网 ………………… 139
　3.3.6 添加桩基承台 …………… 139
　3.3.7 添加结构柱 ……………… 140
　3.3.8 添加框架梁 ……………… 140
　3.3.9 添加楼板 ………………… 140
　3.3.10 添加其他楼层 …………… 141
3.4 Revit 实体配筋 ……………… 141
　3.4.1 钢筋平法表示与实体表示 … 141
　3.4.2 Revit 手动绘制钢筋 …… 142
　3.4.3 通过插件生成钢筋 ……… 143
3.5 Revit 结构分析 ……………… 145
　3.5.1 Revit 分析模型 ………… 145
　3.5.2 IFC 标准 ………………… 146
　3.5.3 BIM 云计算 ……………… 147

3.6 Revit 出图 …………………… 147
　3.6.1 标注族 …………………… 147
　3.6.2 制作施工图 ……………… 149
　3.6.3 导出图纸 ………………… 149
3.7 BIM 在结构设计中的问题分析 ………………………… 151
　3.7.1 标高问题 ………………… 151
　3.7.2 碰撞问题 ………………… 152
本章小结 …………………………… 153
思考与练习题 ……………………… 154

第4章 BIM 技术在建筑设备中的应用 …………………………… 157

本章要点及学习目标 ……………… 157
4.1 Revit MEP 的工作界面 ……… 157
4.2 创建族 ………………………… 158
　4.2.1 创建阀门族 ……………… 158
　4.2.2 创建防火阀族 …………… 165
4.3 水管系统的创建 ……………… 172
　4.3.1 管道设计参数设置 ……… 172
　4.3.2 管道绘制 ………………… 174
　4.3.3 管道显示 ………………… 179
　4.3.4 管道标注 ………………… 182
　4.3.5 管道系统创建 …………… 185
　4.3.6 连接消防箱 ……………… 188
　4.3.7 水管系统的碰撞检查与修改 … 189
4.4 风管系统的创建 ……………… 190
　4.4.1 风管设计功能 …………… 190
　4.4.2 风管系统创建 …………… 197
　4.4.3 添加并连接主要设备 …… 202
4.5 电气系统的创建 ……………… 208
　4.5.1 电缆桥架与线管 ………… 208
　4.5.2 电气系统的绘制 ………… 216
本章小结 …………………………… 218
思考与练习题 ……………………… 218

第5章 BIM 在工程项目建设中的应用 …………………………… 219

本章要点及学习目标 ……………… 219
5.1 BIM 技术在项目建设全生命周期中的应用 ……………… 219

  5.1.1　BIM 在项目前期策划阶段的应用……………………………… 219
  5.1.2　BIM 在项目设计阶段的应用 … 222
  5.1.3　BIM 在项目施工阶段的应用 … 224
  5.1.4　BIM 在项目运营维护阶段的应用……………………………… 229
 5.2　BIM 在工程施工进度管理中的应用…………………………………… 233
  5.2.1　BIM 应用思路分析 ………… 233
  5.2.2　BIM 应用软件选取 ………… 234
  5.2.3　案例分析…………………… 234
 5.3　BIM 技术在工程造价管理和控制中的应用…………………… 244
  5.3.1　BIM 在工程造价中的应用价值……………………………… 244
  5.3.2　工程造价软件……………… 246
  5.3.3　BIM 技术在工程造价控制中的应用……………………………… 247
 5.4　BIM 在预制装配式住宅中的应用………………………………… 261

  5.4.1　概述………………………… 261
  5.4.2　BIM 在预制装配式住宅设计中的应用……………………… 263
  5.4.3　BIM 在预制装配式建筑建造过程中的应用………………… 265
  5.4.4　小结………………………… 267
 5.5　BIM 在上海中心大厦工程中的应用…………………………… 267
  5.5.1　上海中心大厦工程简介…… 267
  5.5.2　基于 BIM 技术的管理机制 …… 270
  5.5.3　设计和施工阶段的 BIM 应用 … 275
  5.5.4　施工监理方的 BIM 应用 … 279
  5.5.5　运营阶段的 BIM 应用展望 …… 282
  5.5.6　小结………………………… 284
本章小结……………………………… 285
思考与练习题………………………… 285

参考文献 …………………………… 287

第 1 章 BIM 概述

本章要点及学习目标

本章要点：
(1) 熟练 BIM 的概念和特征；
(2) 熟悉 BIM 在国内外的应用发展现状；
(3) 掌握 BIM 的技术标准和应用软件。

学习目标：
(1) 理解 BIM 的基本内涵和基本特征；
(2) 了解 BIM 的应用软件；
(3) 熟悉 Revit 软件的功能。

1.1 BIM 的概念

1.1.1 BIM 的定义

世界各地的学者对 BIM 有多种定义，美国国家 BIM 标准将建筑信息模型（Building Information Modeling，BIM）描述为"一种对项目自然属性及功能特征的参数化表达"。因为具有如下特性，BIM 被认为是应对传统 AEC 产业（Architecture，建筑；Engineering，工程；Construction，建造）所面临挑战的最有潜力的解决方案。首先，BIM 可以存储实体所附加的全部信息，这是 BIM 工具得以进一步对建筑模型开展分析运算（如结构分析、进度计划分析）的基础；其次，BIM 可以在项目全生命周期内实现不同 BIM 应用软件间的数据交互，方便使用者在不同阶段完成 BIM 信息的插入、提取、更新和修改，这极大增强了不同项目参与者间的交流合作并大大提高了项目参与者的工作效率。因此，近年来 BIM 在工程建设领域的应用越来越引人注意。

BIM 之父 Eastman 在 2011 年提出 BIM 中应当存储与项目相关的精确几何特征及数据，用来支持项目的设计、采购、制造和施工活动。他认为，BIM 的主要特征是将含有项目全部构建特征的完整模型存储在单一文件里，任何有关于单一模型构件的改动都将自动按一定规则改变与该构件有关的数据和图像。BIM 建模过程允许使用者创建并自动更新项目所有相关文件，与项目相关的所有信息都作为参数附加给相关的项目元件。

Taylor 和 Bernstein 认为 BIM 是一种与建筑产业相关联的应用参数化、过程化定义的全新 3D 仿真技术。而早在十多年前，BIM 就曾经被 Tse 定义为可以使 3D 模型上的实体信息实现在项目全生命周期任意存取的工程技术环境。Manning 和 Messner 认为 BIM 是一种对建筑物理特征及其相关信息进行的数字化、可视化表达。Chau 等人认为 BIM 可以通过提供对项目未来情况的可视化、细节化模拟来帮助项目建设者做建设决定，BIM 是一种帮助建设者有效管理和执行项目建设计划的工具。

波兰的 Kacprzyk 和 Kepa 认为，建筑信息模型是一种允许工程师在建筑的全生命周期内构筑并修改的建筑模型。这意味着从开发商产生关于某一特定建筑的概念性设想开始，直到该建筑使用期结束被拆除，工程师都可以通过 BIM 技术不断对该建筑的模型进行调试与修正。通过传统图纸与现代三维模型间的信息交换，同时将大量额外建筑信息附加给三维模型，上述设想得以最终实现。

我国的建筑工业行业标准《建筑对象数字化定义（Building Information Model Platform）》JG/T 198—2007 中定义 BIM 是："包含了系统的建筑信息的数据组织，计算机的对应应用程序可以快捷地进行访问和更改。这些信息包括按照开放工业标准表达的建筑设施的物理特性和功能特点以及与其相关的项目或生命周期信息。"

现阶段 BIM 的含义仍在不断地丰富和发展，BIM 的应用阶段已经扩展到了项目整个生命周期的运营管理。此外，BIM 的应用也不仅仅再局限于建筑领域，一些桥梁工程、景观工程以及市政工程方面也开始应用 BIM 技术。

1.1.2 BIM 相关术语

按照 BIM 在建筑全生命周期中应用阶段的不同，BIM 被区分为如下五种类型：

（1）BIM3D：这是 BIM 最基本的形式。它仅用于制作与构件材料相关联的建筑信息文件。BIM3D 不同于 CAD 3D，在 BIM 中建筑必须被分解为有特定实体的功能构件。

（2）BIM4D：作为对基础 BIM3D 的补充，加入其中的第四个维度是时间维度。模型中的每一个构件都含有与自身被建造及被拆除的日期有关的信息。

（3）BIM5D：每一个施工任务的成本信息组成了 BIM 模型的第五个维度。

（4）BIM6D：有关建筑的能量分析构成了 BIM 模型的第六个维度。

（5）BIM7D：最后一个维度是关于建筑维修使用情况的模型，截至目前还没有软件可以实现这一功能。

1.2 BIM 模型的特点

1. 可视化

可视化就是"所见所得"的形式，BIM 技术是对建筑模型进行三维实体建模。以前需要用二维的施工图纸去想象三维的实体，然而建筑业的建筑形式各异，复杂造型在不断地推出，那么这种光靠人脑去想象的东西就未免有点不太现实了。所以 BIM 提供了可视化的思路，BIM 可以直接用三维的方式来了解实体建筑的信息。另外，可视化不仅可以展示效果图，而且能增加各专业之间的沟通、讨论和决策，这些都可以在可视化的状态下进行。

2. 协调性

工程项目在设计时，往往由于各专业设计师之间的沟通不到位，而出现各种专业之间的碰撞问题，例如给水排水、暖通等专业中的管道在进行布置时，由于施工图纸是各自绘制在各自的施工图纸上的，真正施工过程中，可能在布置管线时正好在此处有结构设计的梁等构件妨碍管线的布置，这种就是施工中常遇到的碰撞问题。BIM 建筑信息模型可协调各专业前期的碰撞问题，形成数据性文件。另外，BIM 的协调作用也并不是只能解决各专业间的碰撞问题，它还可以解决例如电梯井布置与其他设计布置及净空要求之协调、防火分区与其他设计布置之协调、地下排水布置与其他设计布置之协调等问题。

3. 模拟性

BIM 技术的模拟性现实而超越现实，可以通过旋转、放大等命令查看现实中不可能做到的操作，从而更直接地观察模型。在设计阶段，BIM 可以进行模拟实验，对现实过程中，建筑使用时能出现的一些问题进行模拟，例如：节能模拟、日照模拟、通风模拟、热能传导模拟、紧急疏散模拟等；另外，BIM 技术还可以进行 4D（三维基础上增加时间）模拟指导招投标和施工。同时还可以进行 5D 模拟（基于 3D 模型的造价控制），从而来实现成本控制；后期运营使用阶段还可以模拟日常紧急情况的处理方式的模拟，例如地震人员逃生模拟及消防人员疏散模拟等。

4. 优化性

事实上优化存在于整个建筑过程当中，当然优化和 BIM 也不存在实质性的关系，而通过 BIM 一些特点我们又可以从不同角度做优化。优化受三样因素所控制：信息、复杂程度和时间。合理的优化需要参考可靠的资源数据，BIM 三维实体模型给予建筑物可靠的资源数据，包括位置资源、形状资源等资源数据，还提供了建筑物调整后的资源。问题的困难性达到一定程度，参与人员不可能读懂和了解到全部的信息数据，那么就要通过一定的现代化方法和仪器的帮助。现代建筑物的困难性是人所无法达到的，全面的 BIM 技术提供了对大难度项目进行优化的可能性。

5. 可出图性

BIM 不仅仅可以出大家日常多见的建筑设计院所出的建筑设计图纸，还可以通过对建筑物进行优化设计、协调设计等，可以自动生成如下图纸：综合管线图（经过碰撞检查和设计修改，消除了相应错误以后）；综合结构留洞图（预埋套管图）；碰撞检查侦错报告和建议改进方案。

1.3 BIM 国内外应用现状

1.3.1 BIM 技术在国外的应用

BIM 是从美国发展起来的，2002 年美国建筑师协会资深建筑师杰里·莱瑟林（Jerry Laiserin）在《比较苹果与橙子》一文中首次提出"Building Information Modeling"这一术语，并逐渐得到业界人士广泛认可。随着全球化的进程的加快，BIM 发展和应用在欧洲、日本、新加坡等发达国家已经逐渐普及。

其实早在 20 世纪 70 年代，类似的技术研究就没有中断过。1975 年，Chuck Eastman 教授提出 Building Description System 概念；1982 年 Oraphisoft 公司提出 VBM（Virtual Building Model，虚拟建筑模型）理念；1984 年推出 ArchiCAD 软件；1986 年 RobertAish 提出了"Building Modeling"的概念。

在美国，有一半以上的建设项目已经开始应用 BIM。美国总务署在 2003 年便推出了 3D-4D-BIM 计划，并且对采用该技术的项目给予相应的资金和技术支持，另外还提出了从 2007 年起，所有大型项目都需要应用 BIM 的要求；2004 年开始，美国陆军工程兵团也陆续使用 BIM 软件，对军事建筑项目进行了碰撞检查以及算量统计等。

英国 BIM 技术起步较美国稍晚，但英国政府已经要求强制使用 BIM。2009 年 11 月英国建筑业 BIM 标准委员会 AEC（UK）BIM 发布了英国建筑业 BIM 标准，为 BIM 链上的所有成员实现协同工作提供了可能；2011 年，英国内阁办公室发布的"政府建设战略"文件中，关于 BIM 的章节明确要求，到 2016 年，要实现全面协同的 3D-BIM，所有的文件也将进行信息化管理；英国 NBS（National Building Specification）组织的全英的 BIM 网络调研结果显示，2012 年英国有 39% 的人已经在应用 BIM 了。

日本是亚洲较早接触 BIM 的国家之一，由于日本软件业较为发达，而 BIM 是需要多个软件来互相配合的，这为 BIM 在日本的发展提供了平台。从 2009 年开始，日本大量的设计单位和施工企业开始应用 BIM；2012 年 7 月日本建筑学会发布了日本 BIM 指南，为日本的设计院和施工企业应用 BIM 提供指导。

另外，美国、英国等国家为了方便实现信息的交换与共享，还专门制定了 BIM 数据标准，其中的 IFC 标准已经得到了美国、欧洲、日本等国家的认可并广泛使用。在新加坡，为了扩大 BIM 的认知范围，国家对在大学开设 BIM 课程给予大力支持，并为毕业生组织相应的 BIM 培训。

新加坡也属于早期应用 BIM 的国家之一。新加坡建设局（Building and Construction Authority，BCA）在 2011 年颁布了 2011~2015 年发展 BIM 的线路图，其中指出到 2015 年，整个建筑行业广泛使用 BIM 技术。2012 年 BCA 又颁布了《新加坡 BIM 指南》，作为政府文件对 BIM 的应用进行规范和引导。政府部门带头在建设项目中应用 BIM。BCA 的目标是，要求从 2013 年起工程项目提交建筑的 BIM 模型，从 2014 年起要提交结构与机电的 BIM 模型，到 2015 年实现所有建筑面积大于 $5000m^2$ 的项目都要提交 BIM 模型。

韩国的政府机构积极推广 BIM 技术的应用，韩国在 2009 年发布了国家短期、中期和长期的 BIM 实施路线图，在短期的 2010~2012 年间对 500 亿韩元以上及公开招标的项目通过应用 BIM 来提高设计质量；中期的 2013~2015 年间对于 500 亿韩元以上的公共工程均要构建 4D 设计预算管理系统，以提高项目的成本控制能力；长期的是针对 2016 年以后，目标是针对所有的公共项目的设施管理全部采用 BIM，以实现行业的全面革新。

国外一些学者在 BIM 的学术研究方面也取得了不少的成果。David Bryde、Marti Broquetas、Jurgen Marc Volm 三位学者调查总结了 BIM 技术在建设工程领域的应用优势，文章通过对 35 个应用了 BIM 的建设项目的数据进行研究，发现了 BIM 技术在建设项目全生命周期中的成本节约和控制是被提及最多的益处，其他的益处还包括工期的节约等。

Byicin Becerik-Gerber、Farrokh Jazizadeh、Nan Li 和 Guilben Calis 对 BIM 技术在设备管理领域的应用进行了探索，文章通过采访的方式来研究了 BIM 在设备管理中的应用现状，潜在的应用以及能来带的利益，旨在研究 BIM 技术在建筑全生命周期中应用所带来的产业价值，而不是仅仅集中在设计和建设阶段的应用。文章发现在设备管理阶段应用 BIM 技术对业主和设备管理组织均具有较大的价值，并且已经有一部分设备管理组织开始尝试在其项目中应用 BIM 或者计划在其未来的项目中应用 BIM。

Ibrahim Motawa 和 Abdulkreem Almarshad 在文章中建立了 BIM 系统用于建筑的日常维护，文章旨在通过建立一个集成的信息系统为建筑运营维护过程中所出现的各项问题提供参考信息和解决方案，该系统包括 BIM 和 Case-Based Reasoning 两个模块，帮助维护管理团队提供以往项目的解决经验和当前问题可能的影响因素。Yacine Rezgu、Thumas Beach 和 Omer Rana 三位学者研究了 BIM 在全生命周期中的管理和信息交付。Alan Redmond 等人以现有的 IFD 标准为切入点，研究了怎样通过云端 BIM 技术来增强信息的传递效率。

到目前为止，国外 BIM 技术发展较快较好的国家，已经存在很多 BIM 的试点项目，而且会有越来越多的建设项目会使用该技术，BIM 也必将会发展得越来越完善。英国航空航天系统公司（BAE Systems）与建筑业巨头 Balfour Beatty 签订了 8250 万英镑的合同为英国 2018 年的首个 F-35 闪电Ⅱ战斗机兴建工程和培训设施（图 1-1、图 1-2），2016 年 4 月开始进入建设阶段，全程使用包括 4D 建模和 BIM 在内的数字工具。越来越多的大型连锁酒店，如 Hyatt 酒店，正在开始使用 BIM＋钢结构进行建造智慧酒店。美国在装配式建筑方面也开始使用 BIM，如佛罗里达国际大学科学综合大楼（图 1-3）、位于美国德克萨斯州达拉斯的胜利公园的佩罗自然科学博物馆（图 1-4）等。

图 1-1 英国皇家马勒姆空军基地 F-35 闪电Ⅱ战斗机维护及精加工飞机库 BIM 模拟

图 1-2 英国皇家马勒姆空军基地综合培训学校 BIM 效果图

图 1-3 佛罗里达国际大学科学综合大楼外墙 BIM 效果模拟

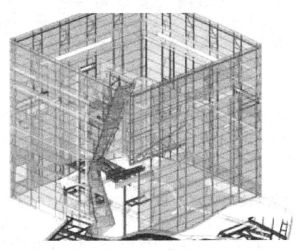

图 1-4 美国佩罗自然科学博物馆 BIM 模型

目前，国外许多发达国家都已经出台 BIM 的相关标准，有益于实现国家之间 BIM 技术的信息共享与传递。

1.3.2　BIM 技术在我国应用状况

在国内，香港和台湾最早接触了 BIM 技术，但在大陆 BIM 应用目前还处于起步阶段。自 2006 年起，香港房屋署率先试用建筑信息模型；并且为了推行 BIM，于 2009 年自行订立了 BIM 标准和用户指南等。同年，还成立了香港 BIM 学会。

2007 年台湾大学也开始加入到了研究建筑信息模型（BIM）的行列，还与 Autodesk 签订了产学合作协议；2008 年起，"BIM"这个词引起了台湾建筑营建业高度关注。

在台湾，一些实力雄厚的大型企业已经在企业内部推广使用 BIM，并有大量的成功案例，台湾几所知名大学，如"国立交通大学"等也对 BIM 进行了广泛、深入的研究，推动了台湾对于 BIM 的认知和应用。

国内 BIM 技术的推广和应用起步较晚，仅有部分规模较大的设计或者咨询公司有过应用 BIM 的项目经验，比如 CCDI、上海现代设计集团、中国建筑设计研究院等。此外，当前应用 BIM 的项目多是一些体量巨大、结构复杂的项目，像上海中心、青岛海湾大桥、广州东塔、北京的银河 SOHO 等，如图 1-5、图 1-6 所示。上海中心项目由于应用了 BIM，在施工过程中大约减少了 85% 的施工返工，大大减少了由此造成的浪费，据保守估计，因此能节约至少超过 1 亿元。

图 1-5　上海中心　　　　　　　　　　图 1-6　北京银河 SOHO

在大陆，BIM 也正在被越来越多的人知晓，调查显示，2011 年业内相关人员对 BIM 的知晓程度达到 87%，并且有 39% 的单位已经使用了 BIM 相关软件，其中大部分为设计单位。BIM 技术在建筑业的高效性也引起国家相关部门的高度重视，2011 年 5 月，住房城乡建设部发布《2011～2015 建筑业信息化发展纲要》明确指出："在施工阶段开展 BIM 技术的研究与应用，推进 BIM 技术从设计阶段向施工段的应用延伸，降低信息传递过程中的衰减；研究基于 BIM 技术的 4D 项目管理信息系统在大型复杂工程施工过程中的应用，实现对建筑工程有效的可视化管理等。" 2012 年 1 月，住房和城乡建设部下发的"关于印发 2012 年工程建设标准规范制订修订计划的通知"宣告了中国 BIM 标准制定工作的正式启动。

近几年来，随着国外建筑市场的冲击以及国家政策的推动，国内产业界的许多大型企业为了提高国际竞争力，都在积极探索使用BIM，某些建设项目招标时将对BIM的要求写入招标合同，BIM逐渐成为企业参与项目的一道门槛。目前，一些大中型设计企业已经组建了自己的BIM团队，并不断积累实践经验。施工企业虽然起步较晚，但也一直在摸索中前进，并取得了一定的成果。

BIM技术将在我国建筑业信息化道路上发挥举足轻重的作用，通过BIM应用改变我国造价管理失控的现状，增强企业与同行业之间的竞争力，实现我国建筑行业乃至经济的可持续发展势在必行。BIM技术不仅带来现有技术的进步和更新换代，实现建筑业跨越式发展，它也间接影响了生产组织模式和管理方式，并将更长远地影响人们的思维方式。

1.3.3 BIM在建筑业中的地位和作用

BIM技术的现实意义是可以实现一种数据的多种用途。BIM技术相关的工程基础数据既可以用作投资估算、工程量清单、招标投标、签订合同、确定标的、工程预算，又可以用作施工成本控制、材料计划、工程结算和审计的依据，具有多用途特性。

据悉，我国建筑业信息化率仅约0.027%，与国际建筑业信息化率0.3%的平均水平相比，差距高达11倍。《全国施工企业信息化建设现状与发展趋势调查报告》（2009）指出：我国大中型建筑企业约20%开展了信息化工作，达到对企业管理辅助应用水平的比例为39%；61%企业处于办公文字处理和简单工具软件的应用水平。通过上述数据，可清晰地看到，我国建筑业的信息化水平处于一个较低的水平。因此，现阶段对BIM的研究就有很大的理论价值和工程应用价值。

1.4 BIM技术标准

1.4.1 概述

何关培老师在他的著作《实现BIM价值的三大支柱——IFC/IDM/IFD》一书中表示："BIM要支持项目数十年上百年生命周期内的成百上千项目参与方使用上百种不同的软件产品一起协同工作，分别完成各自的职责：即优化项目性能和质量、降低项目成本、缩短项目周期、提高运营维护效率。"而BIM要完成这项使命，必需要使各种不同专业的软件进行信息交流，此时IFC（Industry Foundation Classes，工业基础类数据标准，简称IFC）数据标准就应运而生了。IFC数据标准就是一种可以让不同的软件基于它进行交换数据工作的媒介，事实上，它就是一种信息交换的格式。随着BIM的快速发展，越来越多的BIM应用软件开始出现在市场上，在没有一种标准的数据交换格式的时候，各软件信息交互混乱，没有统一的标准，甚至可能会出现各行其是的情况，IFC标准可以使各软件之间的信息交换和交流从混乱变得有序，可以用图1-7来形象生动的说明，图1-8为IFC标准的特点说明，图1-9则是Autodesk Revit 2015中导出IFC格式文件的操作界面。

IDM（Information Delivery Manual，信息交付手册，简称IDM）则是支持项目中某个特定阶段（如HVAC、结构分析等）当中软件之间的信息交流。在实际应用中，没有必要把建设项目的所有阶段都拿来做信息交流，因为通常只会涉及几个工作阶段、几个参

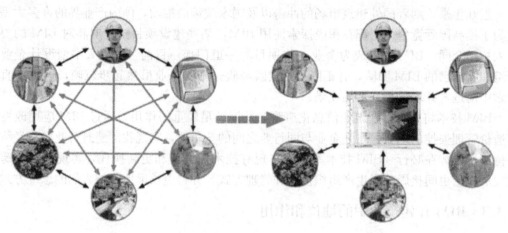

图 1-7 各软件通过共同支持的标准进行信息交流示意图

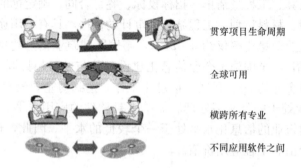

图 1-8 IFC 标准的特点

与方和某几个软件,所以根本用不着取用 IFC 标准,直接使用 IDM 标准来提取究竟需要 IFC 的哪些元素才能完成该阶段的信息交换工作。

由于每个国家、每个地区甚至是一个国家里面的不同区域都存在工程语言的不同,所以就出现了采用了 GUID(Global Unique Identifier,全球唯一标识)的 IFD(International Framework for Dictionaries,国际字典框架,简称 IFD)标准。

IFC、IDM、IFD 的标准名称和发布状态见表 1-1。

IFC/IDM/IFD 分类   表 1-1

标准类别	标准名称	发布状态	备注
IFC 标准 (工业基础类)	ISO/PAS 16739:2005 工业基础类 2x 版平台规范(IFC 2x 平台)	已发布	目前受建筑行业广泛认可的国际性公共产品数据模型格式标准
IDM 标准 (信息交付手册)	ISO 29481—1:2010 建筑信息模型—信息交付手册—第一部分:方法和格式	已发布	—
	ISO/CD 29481—2:2012 建筑信息模型—信息交付手册—第一部分:交换框架	已发布	对建设项目以及运维过程中某些特定信息类型需求的标准定义的方法
IFD 标准 (国际字典框架)	ISO 12006—2:2015 建筑施工—建造业务信息组织—第二部分:信息分类框架	已发布	—
	ISO 12006—3:2007 建筑施工—建造业务信息组织—第三部分:对象信息框架	已发布	—

1.4.2 国外 BIM 标准

Building SMART 是国际上主要开发研究 BIM 行业推荐性标准的机构。Building SMART 成立于 1994 年，是一个秉持着中立化和国际性的非营利性组织，它独立的服务于 BIM 所倡导的是建筑全生命周期的管理应用，旨在促进各参与方间的信息交流与协同合作。Building SMART 自成立以来就联合国际上众多建筑、工程、产品、软件等领域的知名企业和单位，在北美、欧洲、澳大利亚、亚洲及中东地区的许多国家设立分部。2013 年 9 月底，Building SMART 中国分部也宣告成立。

1997 年，国际 IAI 协会（International Alliance for Interoperability，即现在的 Building SMART International）发布了第一个完整版本的数据交换标准——IFC。2010 年，Building SMART 编写的 IDM 方法指南——"建筑信息模型—信息交付手册—第一部分：方法与格式"已通过 ISO（International Organization for Standardization，简称 ISO）组织认证。支撑 BIM 的还有一个数据标准是 IFD。

图 1-9 Revit 中导出 IFC 格式文件界面

2007 年，美国在 IFC 的基础上颁布了美国国家 BIM 标准——NBIMS（National Building Information Model Standard）Ver.1，该标准致力于推动和建立一个开放的 BIM 标准，用以指导和规范 BIM 的使用，其明确了基于 IFC 数据交换标准的 BIM 模型在各个行业之间进行信息交换的需求，以此达到建筑信息共享、传递的目的。2012 年，AIA（American Institute of Architects，美国建筑师学会，简称 AIA）大会于华盛顿举办，NBIMS-US 第二版在该会上由美国 Building SMART 联盟发布，包括的三大部分分别是 BIM 参考标准、信息交换标准与指南和应用。该标准采用了开放投稿、民主投票的方式决定标准内容，因此也被称为是第一份基于共识的 BIM 标准。2015 年 7 月，NBIMS-US V3 在前两版的基础上根据实践发展情况增加并细化了一部分模块内容，该标准由综述、参考标准、信息交流、操作文件以及定义表几部分组成。由于二维图纸在实际应用中仍然有很高的需求，因此在 NBIMS-US V3 中也引入了二维 CAD 美国国家标准以形成对 BIM 的良好补充，以便更有效地促进 BIM 应用的落地。除此之外，2008~2011 年，以 Chuck Eastman 教授为首的团队一直致力于 BIM 应用指南——《BIMHandbook》的研发与编制，以期为建设工程项目各参与方提供 BIM 技术应用指南及解决 BIM 在实际应用中的问题，有助于推动 BIM 在建设工程中的应用。

2007 年，芬兰发布了 BIM 使用要求，一共包括 9 卷，分别涉及建筑、机电、结构、可视化、基本质量等方面。2009 年，澳大利亚出台了数字模型的国家指南。2009 年，英国的"AEC（UK）BIM Standard"项目委员会组织制定了英国本土的行业推荐标准——"AEC（UK）BIM Standard"；2011 年 6 月发布了适用于 Revit 的英国建筑业 BIM 标准——AEC（UK）BIMStandard for Revit。2009 年，挪威发布了 BIM 手册 1.1 版本，随后在 2011 年挪威又更新发布了 1.2 版本。2010 年，日本发布了《Revit User Group Japan Modeling Guideline》。韩国也在 2010 年连续颁布了 BIM 相关标准多个，动作不可谓不大，在 1 月、3 月、12 月分别颁布了《建筑领域 BIM 应用指南》、《BIM 应用设计指南——三维建筑设计指南》、《韩国设施产业 BIM 应用基本指南书——建筑 BIM 指南》。2012 年，新加坡发布了《Singapore BIMGuide》。

1.4.3 国内 BIM 标准

住房和城乡建设部于 2012 年决定制定一系列关于 BIM 的国家标准。这些标准的编制标志着我国 BIM 技术领域将首次实现"车同轨、书同文"，对推动我国 BIM 技术的规范应用和行业科技进步具有重要意义。

我国三部 BIM 国家标准都与国际 BIM 标准对应：《建筑工程信息模型存储标准》与 IFC（Industry Foundation Classes，工业基础分类）相对应；《建筑工程设计信息模型交付标准》与 IDM（Information Delivery Manual，信息交付手册）相对应；《建筑工程设计信息模型分类和编码标准》与 IFD（International Framework for Dictionaries，国际字典框架）相对应。2008 年，由中国建筑科学研究院、中国标准化研究院等单位共同起草了《工业基础类平台规范》GB/T 25507—2010，等同采用 IFC（ISO/PAS 16739：2005）。由中国建筑科学研究院负责主编的《建筑工程信息模型应用统一标准》已于 2014 年通过审查；由中国建筑标准设计研究院承担编制的 BIM 国家标准《建筑工程设计信息模型交付标准》和《建筑工程设计信息模型分类编码标准》还未颁布，由中国建筑科学研究院负责主编的《建筑工程信息模型存储标准》未完成，由中国建筑总公司负责主编的《建筑工程施工信息模型应用标准》还在进行中。其实早在 2009 年香港房屋署就已制订并发布了 BIM 的内部标准《Building Information Modelling (BIM) User Guide》。

从国家标准体系来看，BIM 标准分三个层次分别是国家标准、行业标准或地方标准、执行层面的标准如企业标准。BIM 标准的种类也分为三类，分别是 IFC——工业基础类（Industry Foundation Class，ISO/PAS 16739）对应 IT 信息部分、IDM——信息交付手册（Information Delivery Manual，ISO 29481）对应使用者交付协同、IFD——国际字典框架（International Framework for Dictionaries，ISO 12006-3），这三个标准是整个 BIM 标准体系的核心。标准院于 2015 年又申报了一项建筑工程行业标准——BIM 制图标准作为之前几个标准的重要补充，该标准未来将会在建筑业在 BIM 实际应用中起重要作用。随着 BIM 的迅猛发展和实践程度的深化，BIM 标准体系将来还需要逐步制定在施工阶段和运维阶段的标准。BIM 标准是推动我国 BIM 技术落地、快速推广的重要手段，具有很强的实践性和指导性，推动了 BIM 技术进步，对建立国家技术体系具有重大意义。

BIM 有很强的国际化特征，我国不仅要引进国际标准，让中国国家标准的国际化，而且也要积极地走出去实施应用,中国标准院打算组织建立一个国际化区域性联盟,与新加坡、日本、韩国等国家在远东地区形成国际合作,对推动 BIM 技术的发展和应用,乃至经济的建设,有着举足轻重的作用。

1.5 BIM 应用软件

1.5.1 CAD 概述

CAD(Computer Aided Design,计算机辅助设计,简称 CAD)技术起步于 20 世纪 50 年代,而高速发展却是在 20 世纪 60 年代。在这个时期,CAD 即是二维计算机绘图技术,表达一个模型就是画出该模型的三视图,以期体现这个模型的空间维度和立体特点。从兴起伊始到今天,CAD 经历了几次重大技术革命:第一次是开发了以表面模型为特点的曲面造型系统 CATIA;第二次是发布了实体造型技术;第三次是基于特征、全尺寸约束、全数据相关、尺寸驱动、设计修改的参数化实体造型方法;第四次是提出了变量化技术。在 CAD 的这几十年发展历程中,每一次前进都会有公司倒下,又会有新的有竞争力的公司起来,可以看到技术的发展,永无止境。到目前为止,Autodesk 公司的 Auto CAD 软件是设计绘图领域的领头羊,它也提供了三维空间,可以进行 3D 模型的建立,但从目前市场应用的情况看,二维图纸仍然是主流。

到目前为止,CAD 技术发展已然进入成熟期,所以基于 CAD 的应用开发也相当成熟。现在国内的软件公司都是以 CAD 平台为基础开发的算量造价软件,但随着技术的发展,这些软件公司的产品也不再仅限于二维图纸。国内的软件公司如鲁班、斯维尔都有土建、钢筋、安装等算量软件,在安装之前,必须按照官方说明首先安装某一版本的 CAD 软件,几乎所有 CAD 的命令都可以在里面直接使用,也可以进行三维显示和动态观察,可以在三维状态下进行简单的画图,但仍然是以绘制平面图为主。在我国,这些三维算量软件就可以算作是 CAD 时代与 BIM 时代的共同产物了。在算量软件里会链接可供用户选择的相关清单库和定额库,模型建立完成之后自动或者手动套取清单定额,软件就可以计算工程量,也可以导出造价报表。如图 1-10 为 Auto CAD 2012,图 1-11 为鲁班土建算量软件的界面,可以看出与 CAD 界面是相似的,换句话说,基本上只要有 CAD 的基础,学习鲁班土建是不太困难的。

1.5.2 国内 BIM 软件应用现状

目前 BIM 软件的总体情况可以用三句话来描述:软件不够成熟,软件功能满足工程任务的程度还比较低;不同软件之间的数据共享程度不一、方法不同、掌握困难;应用软件与建模软件相比成熟度更低。国内主要的三家软件公司鲁班、广联达、斯维尔,他们都有自己的一整套 BIM 软件,并且不能相互转化。

虽然政府也在推广 BIM 的应用方面费了心思,但是毕竟硬件条件不是那么成熟,在操作性方面还很弱,只能起到一个引导性的作用。就整体而言,应用 BIM 的企业不多,2013~2015 连续三年中国建筑业协会工程建设质量管理分会都主持了施工企业关于 BIM 软件使用情况的调研,结果如以下图 1-12、图 1-13、图 1-14 所示。

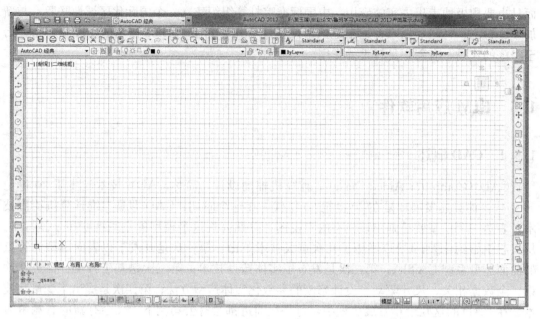

图 1-10 Auto CAD 2012 界面

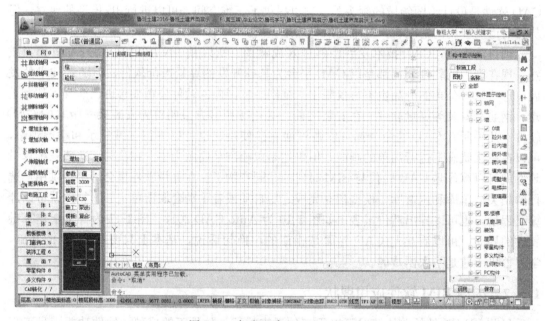

图 1-11 鲁班土建 V27.0.0 界面

经过简单的统计，2013 年度使用 BIM 软件的企业有 317 家，2014 年有 758 家，2015 年只有 651 家。从图中可以看出，使用软件的种类在增加，说明 BIM 相关软件的研发力度和市场接受力还是增强的，但是 2015 年使用 BIM 软件的企业却有所下滑，原因可能是多方面的，众所周知 2015 年整个经济环境不景气，中小型建筑企业的生存也十分困难，仅靠这片面的数据并不能说明 BIM 软件的前景，毕竟现在 BIM 已经受到了前所未有的关注，国际上大多数国家都肯定了它的潜力，虽然它还是在发展中，离普及应用还有很长一

1.5 BIM应用软件

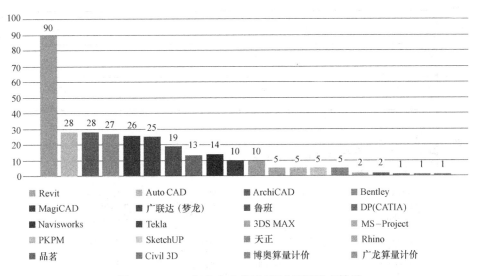

图 1-12　2013 年各企业使用 BIM 情况调查结果

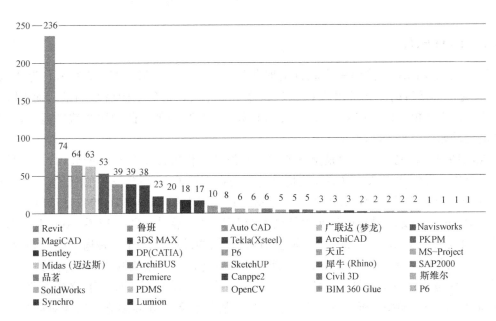

图 1-13　2014 年各企业使用 BIM 情况调查结果

段路要走，但是相信在它的发展道路上，一定会有越来越多的企业开始正视它、赏识它、使用它，并且会伴随着它进步。

　　成熟的软件一定已经得到广泛应用，不成熟的软件谁会去使用？事实上，当下使用 BIM 并不能带来比沿袭传统模式工作得到的利益多，这就让 BIM 的实践和发展上升了一个难度。BIM 应用需要时间研究，需要项目积累经验，企业不应该只关心眼下的利益，应该看到 BIM 对整个建筑业的技术革命的重大意义，需要将 BIM 发展与企业自身特点结合起来进行战略规划，才能保证在未来自身的竞争力。

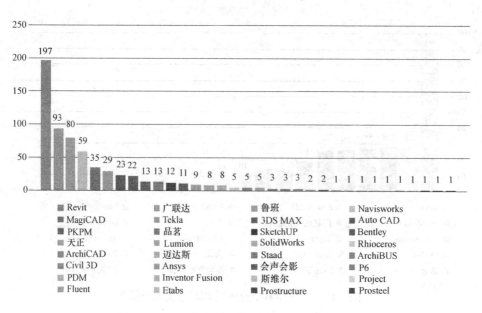

图 1-14　2015 年各企业使用 BIM 情况调查结果

1.5.3　BIM 软件

BIM 的出现标志着使用一个软件的时代快要过去了。CAD 之所以被称之为"甩图板"，就是因为所有的工作都可以在一个软件里面完成，最后出的就是图纸。而 BIM 不同，它由核心建模软件（BIMAuthoring Software）和其他基于此的用模软件组成，这些软件的关系如图 1-15 所示。

AutoDesk（欧特克）公司是全球范围内在设计软件方面十分杰出的公司，在建筑行业，最有代表性的软件 Auto CAD 就是出自该公司。在 BIM 高速发展的时代，Auto Revit 系列软件同样也受到全世界的关注。由图 1-12、图 1-13 和图 1-14 的数据都可以看出，在我国 Revit 是接受度最高也是使用量最大的 BIM 建模软件，图 1-16 为 Autodesk Revit 2015 界面展示。Auto Revit 2015 是集建筑设计、结构设计、MEP（暖通、电气和给水排水）于一身的 BIM 建模软件（在 2013 版本以后就将建筑、结构和 MEP 合并到 Revit），在图 1-17 中也可以看出建筑、结构、系统都一一排列在菜单栏里面，下拉菜单即可点击相应命令进行三维绘图。通过这些命令和相应的属性设置（如界面靠左属性对话框），结合平立剖图和 3D 视图可以完整高效地画出建筑信息完整的 BIM 模型。

BIM 建模软件或者可以通过共同支持的导出文件在全球范围内通用，但是目前国外的造价软件拿到国内来使用是行不通的，在国内的软件公司如鲁班、清华斯维尔等就有本土优势了，它们都有自己的三维建模、算量造价软件，虽然号称是三维算量，的确支持三维查看，但是这些软件都是基于 CAD 平台工作的。随着 BIM 技术的发展和深入研究，也为了与国际接轨，本土的软件公司也都开始接纳由 Revit 导出的文件、国际通用的 IFC 文件及其他常用的建模软件生成的文件格式。为了实现这个功能，鲁班的系列软件需要用户自行下载安装一个插件来转化格式，广联达的软件则是安装本身即可，它是支持 IFC 文件的。图 1-17 为广联达 5D 的插件，安装了广联达 5D 这个软件后在 Autodesk Revit 菜单

1.5 BIM应用软件

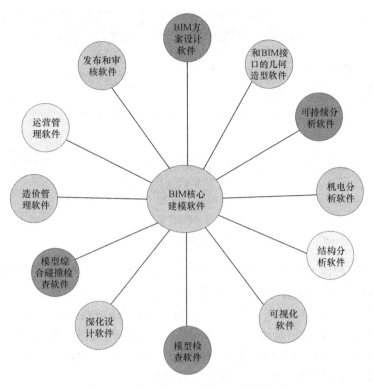

图 1-15　BIM核心建模软件及用模软件

栏里的"附加模块"选项里就会出现该插件，点击导出即可，生成的文件格式为 E5D。图 1-18 为鲁班 Luban Trans for Revit 插件（V2.5.2 版本）在 Revit 2015 中的显示，另外，它还支持导入 Xsteel 和 ArchiCAD 建立的 BIM 模型。

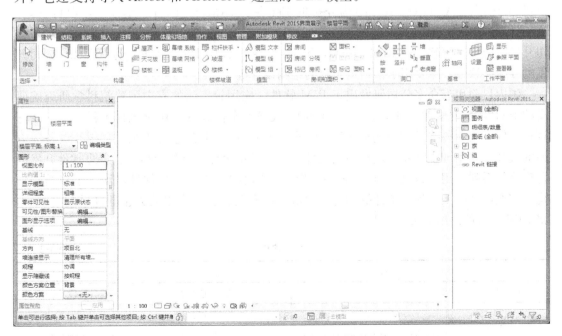

图 1-16　Autodesk Revit 2015 界面展示

图 1-17 Autodesk Revit 广联达 BIM5D 插件

图 1-18 Autodesk Revit 鲁班 Luban Trans for Revit 插件

目前，在国家政策的引导和推动下，国内的软件公司都十分注重研发具有自主知识产权的 BIM 软件和 BIM 人才的培养。住房和城乡建设部 2015 年发布的《关于推进建筑信息模型应用的指导意见》中提到：到 2020 年末，BIM 得到一定的普及，争取打开全行业使用 BIM 的局面。所以，只是软件公司研发软件是达不到这样的要求的，必须要施工企业、设计单位、勘察单位等都积极使用 BIM 软件到建设项目中，在实际应用中总结经验并给予反馈和建议，才能让 BIM 在国内愈发成熟和完善。

随着 BIM 技术的逐步推广，出现了越来越多种类的 BIM 软件，大部分的 BIM 软件是针对整个项目建设阶段的某一过程而开发的。

国外一些比较知名的 BIM 软件有匈牙利 Graphisoft 公司开发的 ArchiCAD，主要用于设计阶段的建模以及能源分析；美国 Bentley 公司开发的系列软件，包括用于建筑设计阶段的 Bentley Architecture，结构分析的 Bentley RAM Structural System，项目管理、施工计划的 Bentley Construction 以及用于场地分析的 Bentley Map 等；美国 Autodesk 公司开发的施工管理软件 BIM360 Field，Navisworks 系列，Revit 系列；芬兰 Tekla 公司开发的 Tekla 软件，主要用于钢结构工程的结构设计等。

国内目前也有众多公司研发出了 BIM 软件，应用较广泛的有中国建筑科学研究院研发的 PKPM 系列软件，可用于建筑、结构、设备及节能设计；用于统计工程量的广联达算量软件；鸿业科技开发的鸿业 BIM 系列，以 Revit 为平台进行建筑、结构及设备等方面的设计；北京理正开发的理正系列软件，用于设备设计、结构分析等；鲁班软件开发的鲁班算量系列，用于自动统计工程量；斯维尔公司的斯维尔系列软件，涵盖了建筑、结构、节能设计以及工程量统计等功能，类似的还有天正公司推出的天正软件系列。综上，将 BIM 类软件总结如表 1-2 所示。

BIM 软件　　　　　　　　　　　　　　　　　　　表 1-2

公司	软件	功能	使用阶段
Graphisoft	ArchiCAD	建模、能源分析	设计阶段、施工阶段
Bentley	Bentley Architecture	设计建模	设计阶段
	Bentley RAM Structural System	结构分析	设计阶段

续表

公　司	软　件	功　能	使用阶段
Bentley	Bentley Construction	项目管理、施工计划	施工阶段
	Bentley Map	场地分析	施工阶段
Autodesk	BIM360 Field	施工管理	施工阶段
	Navisworks 系列	模型审阅、施工模拟	设计阶段、施工阶段
	Revit 系列	建筑、结构、设备设计	设计阶段
Tekla	Tekla	结构设计	设计阶段
中国建筑科学研究院	PKPM 系列	建筑、结构、设备及节能设计	设计阶段
鸿业科技	鸿业 BIM 系列	建筑、结构及设备设计	设计阶段
斯维尔	斯维尔系列软件	建筑、结构、节能设计以及工程量统计	设计阶段、施工阶段
北京理正	理正系列	设备设计、结构分析	设计阶段
鲁班	鲁班算量系列	自动统计工程量	设计阶段、施工阶段

1.6　Autodesk Revit 系列软件

1.6.1　Revit 软件功能简介

Revit 建筑设计软件专为 BIM 而建，是一个综合性的应用程序，包括建筑设计、结构分析、设备 MEP（Mechanical Electrical Pluming）设计三大功能。

Revit Architecture 专门应用于建筑设计阶段，可用于建筑设计的方案阶段和施工图阶段。在建筑方面，软件还可以用于能量分析，以便在整个设计过程不断完善设计作品并做出最佳选择；在 Revit 中可以利用场地规划功能对工程现场的场地进行规划设计，并将设计展示给相关的参与方；可利用 Revit 中的三维可视化构建项目，探究复杂的有机外形、研究设计与照明的相互作用，验证设计规划和公共宣传以及建筑物破土动工前的营销；光分析功能可以在 Revit 设计环境中直接执行快速、精确地自动 LEED 采光和电力、日光照明分析；借助光分析这款使用 A360 渲染的云服务，可在 Revit 模型上直接快速显示电力和日光照明结果；此外，Revit 导出明细表的功能可以将模型中所有构件的工程量进行统计。

Revit Structure 主要用于结构分析，软件为常用的结构分析软件提供了链接的接口，软件可视化的功能有利于避免在设计阶段的一些错误。软件支持为路径钢筋系统中的主筋和分布筋指定钢筋造型，从而改进混凝土的钢筋细节设计。软件可以创建详细、准确的钢筋设计，使用钢筋明细表生成钢筋施工图文档。软件可以执行基于云的建筑结构分析。在 Revit 中进行工作的同时执行同步分析，或运行结构设计概念的并行分析。软件支持链接钢结构细节设计使用详细的 Revit 模型生成制造文档。Revit 和 Advance Steel 之间的互操作性能提供贯穿钢结构设计到最终制造的 BIM 工作流。

Revit MEP 软件提供了给水排水、暖通和电气三个专业的功能，可以绘制各个专业详细的细部构件，包括连接和转角处等。在暖通专业上，使用 Revit 和机械设计内容在 Revit 中设计和建模风管和管道系统，执行初步热负荷和冷负荷，并使用相关工具来调整风管和管道的大小，设计与其他服务和结构设计互相协调的复杂风管系统。在电气专业上，软件支持使用各类电气内容（包括电力、通信、消防、数据和护理呼叫）设计和建模电气系统；布线电缆桥架和线管，跟踪整个电气配电系统中的电气负荷。在给排水专业上，软件可以创建具有倾斜管道的卫生卫浴系统，手动或自动布局管道系统，连接到卫浴装置和设备。在协同工作方面使用链接模型与建筑师更加高效地协作，若在设备设计过程中，建筑的模型出现了变化，再重新打开机械的 Revit 模型时，所链接的建筑模型将自动更新。使用 Revit 协作工具避免与结构梁和框架发生冲突，使用专为机械、电气和管道工程师和设计师开发的工具，在复杂的工作中保持协调一致和高效协作。

在 Revit2013 之前的版本中，三个模块分别位于三个软件，而从 2013 版开始，Revit 将 Architecture、Structure 和 MEP 三个功能整合在一起，图 1-19、图 1-20 分别为 Revit2015 中建筑和结构的菜单栏及工具栏。

图 1-19　Revit2015 建筑专业菜单栏及工具栏

图 1-20　Revit2015 结构专业菜单栏及工具栏

Revit 支持打开 RVT、IFC、DWG、SKP、JPEG 或 GIF 等常用格式的文件。在使用 Revit 系列软件时，设计过程中产生的变更都可以在相关软件中进行自动更新，确保了与项目有关的所有设计文件的一致性和可靠性。

在使用 Revit 系列软件时，设计过程中产生的变更都可以在相关软件中进行自动更新，确保了设计与文档的一致性和可靠性。

1.6.2　Revit 的 API 二次开发功能

API 是 Application Programming Interface（应用程序编程接口）的简称，Revit 为用户提供 API 的功能是为了让用户可以根据自身的需要在软件现有功能的基础上进行再开发。API 是一些预先定义好的函数，C+ 和 VB 语言都可以使用 API 功能。利用 Revit 的 API 功能一方面可以实现软件更加强大的功能，同时也有助于使用者理解内部工作的系统原理。

本章小结

本章主要介绍了 BIM 的概念、相关术语和基本特征，BIM 在国内外的应用发展现状；国内外 BIM 的技术标准；BIM 应用软件及国内外应用现状；Autodesk Revit 系列软件的功能。

思考与练习题

1-1 什么是 BIM？其基本内涵和特征是什么？

1-2 有哪些 BIM 的应用软件？其应用方面有什么不同？

1-3 Revit 软件的功能有哪些？

第 2 章　BIM 技术在建筑设计中的应用

> **本章要点及学习目标**
>
> 本章要点：
> (1) 熟练掌握建筑族的创建，包括：门窗族、栏杆族；
> (2) 掌握建筑模型的构建，包括：创建标高、轴网、墙体、门窗、楼板、屋顶和楼梯等；
> (3) 掌握 Revit 视图生成的方法。
>
> 学习目标：
> (1) 能够熟练绘制 Revit 建筑模型；
> (2) 掌握绘制建筑族的绘制方法；
> (3) 能够熟练绘制一栋建筑模型。

2.1　概述

　　3D 参数化设计是 BIM 在建筑设计阶段的应用，日常工作中简称或泛称为 BIM。3D 参数化设计是有别于传统 AutoCAD 等二维设计方法的一种全新的设计方法，是一种可以使用各种工程参数来创建、驱动三维建筑模型，并可以利用三维建筑模型进行建筑性能等各种分析与模拟的设计方法。它是实现 BIM、提升项目设计质量和效率的重要技术保障。3D 参数化设计的特点为：全新的专业化三维设计工具、实时的三维可视化、更先进的协同设计模式、由模型自动创建施工详图底图及明细表、一处修改处处更新、配套的分析及模拟设计工具等。3D 参数化设计的重点在于建筑设计，而传统的三维效果图与动画仅是 3D 参数化设计中用于可视化设计（项目展示）的一个很小的附属环节。

　　国外一些比较知名的 BIM 建筑设计软件有：匈牙利 Graphisoft 公司开发的 ArchiCAD，主要用于设计阶段的建模以及能源分析；美国 Bentley 公司开发的系列软件，包括用于建筑设计阶段的 Bentley Architecture；美国 Autodesk 公司开发 Revit 系列软件，其中 Revit Architecture 专门应用于建筑设计阶段，可用于建筑设计的方案阶段和施工图阶段。本章主要应用 Revit 2014 构建建筑三维模型，详细介绍构建建筑设计模型的方法和步骤。

2.2　Revit 的界面

2.2.1　工作界面

　　Revit2014 将"建筑"、"结构"、"设备"合为一体，为用户带来更高效便捷的操作体

2.2 Revit的界面

验。因此Revit2014工作界面也将这三项功能整合在一起,并按工作任务和流程进行分类,将软件的各项功能组织在分门别类的选项卡中。

新建一个项目进入编辑状态后,Revit工作界面将包括快速访问工具栏、功能选项卡、绘图区域、帮助与信息中心、应用程序按钮、面板、项目浏览器、状态栏、属性面板等部分构成,如图2-1所示。拖拽各选项卡及面板,用户可以按自己的使用习惯调整界面上各组成部分的位置,方便使用。另外,单击"快速访问工具栏"最右侧下拉箭头可更改"快速访问工具栏"中工具选项,单击"功能选项卡"最右侧下拉箭头可更改"功能面板"显示方式,其他界面调整方式用户可自行探索。

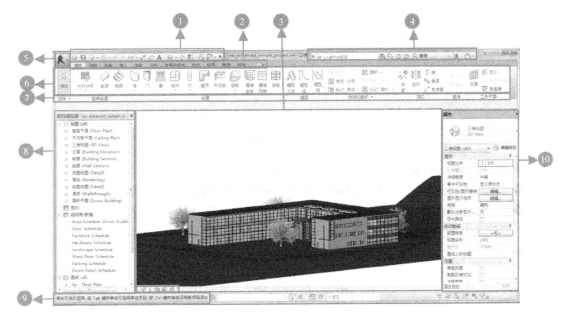

图 2-1 Revit2014 工作界面

①—快速访问工具栏;②—功能选项卡;③—绘图区域;④—帮助与信息中心;⑤—应用程序按钮;⑥—面板;⑦—面板标题;⑧—项目浏览器;⑨—状态栏;⑩—属性面板

2.2.2 基本编辑命令

1. 使用项目浏览器

项目浏览器中列出了编辑项目的所有视图、图例、图纸、族等,方便用户切换编辑界面。

项目浏览器的使用方法较为简单,单击"+"号展开目录,单击"—"号收起目录,双击视图名称打开所选视图进入编辑界面,单击视图名称再单击右键打开快捷菜单,可执行复制视图、删除视图、重命名等命令,如图2-2所示。

2. 使用属性面板

属性面板包含了当前图元所在族,该图元在本项目中的具体属性、限制条件等,单击"族类型"下拉箭头可更换不同族类型,单击各属性可修改该族类型本次应用的具体限制条件,属性面板如图2-3所示。双击"编辑类型",弹出"类型属性"对话框,如图2-4所示。

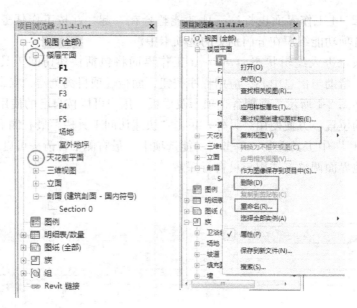

图 2-2 项目浏览器

◆ 族：选择当前编辑的族类型，例如"基本墙"。
◆ 类型：选择当前族类型下的细化类型，例如"综合楼-240mm-内墙"。
◆ 复制：复制当前具体族类型，通过更改该族类型的材质、构造、显示方式再进行重命名可创建新的细化族类型。
◆ 重命名：为选定的细化族类型重命名。

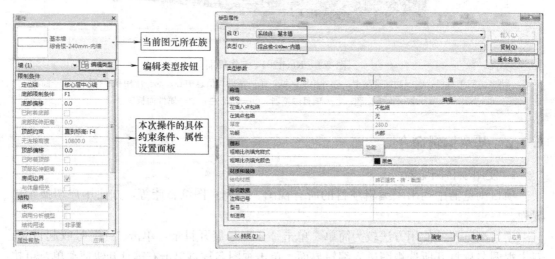

图 2-3 属性面板　　　　　　　　图 2-4 类型参数面板

3．视图导航栏

视图导航栏位于绘图区域最右侧，有全导航控制盘和区域放大两个工具，如图 2-5 所示。

（1）全导航控制盘功能

◆ 缩放：进行视图的缩小和放大。

2.2 Revit的界面

- 回放：显示已操作过的各个角度视图图像，左右移动鼠标可进行选择。
- 平移：对视图上下左右平移。
- 动态观察：从各个角度自由观察当前模型。
- 中心：调整动态观察旋转中心。
- 漫游：选择漫游视角。
- 向上向下：调整观察视角的高度。
- 环视：调整视图角度，环视已建模型。

全导航控制盘界面如图 2-6 所示，单击全导航控制盘按钮，打开该工具，单击任意命令鼠标不松开执行该命令，松开鼠标，恢复导航盘模式，单击导航盘右上角"×"号关闭全导航控制盘，单击右下角下拉箭头，可切换不同形式导航控制盘，用户可根据自己习惯进行选择。

（2）区域放大

"区域放大功能"位于绘图区域最右侧，可对选定区域进行局部放大，如图 2-5 所示。

单击"区域放大"工具，在视图上选择需要放大的区域，可进行视图放大观察，单击该工具下方下拉箭头，可进行功能切换，其中"缩放全部以匹配"可恢复整幅视图到最适宜观察的状态。

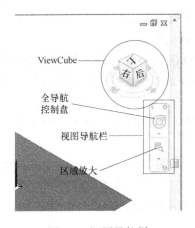

图 2-5 视图导航栏

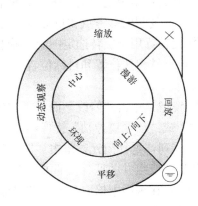

图 2-6 全导航控制盘界面

4. Viewcube

在 Revit2014 中，三维视图的右上角都会显示 Viewcube 工具，Viewcube 是一个三维导航工具，可指示模型当前视图方向，并向调整视点。具体使用方法见图 2-7。

5. 修改功能选项卡

常规的修改命令适用于软件的所有绘图过程，如移动、复制、旋转、阵列、镜像、对齐、拆分、修剪、偏移等编辑命令，如图 2-8 所示，下面主要通过柱的编辑来详细介绍。

① 柱的编辑：单击"建筑">"柱">"建筑柱"打开柱的上下文选项卡，单击放置柱。

② 移动：用于将选定的图元移动到当前视图中指定的位置。选择已放置的柱，单击"移动"按钮，选择移动起点后单击，拖动鼠标到适当位置，选择移动终点单击，完成移动命令。移动命令选项栏及使用方法如图 2-9 所示。

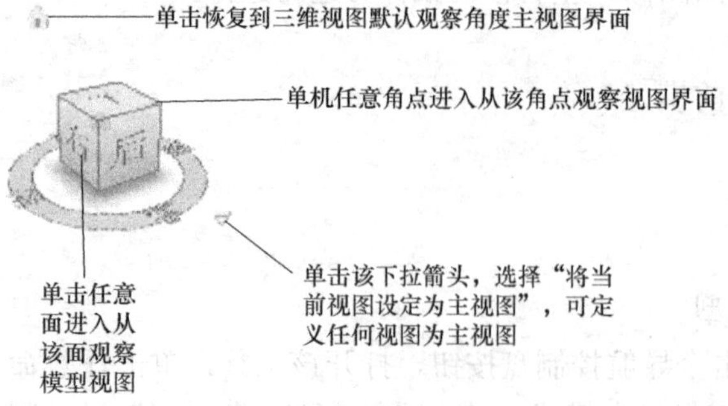

图 2-7 Viewcube 工具　　　　图 2-8 修改功能选项卡

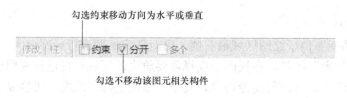

图 2-9 移动命令选项栏及使用方法

③ 复制：用于复制选定图元并将它们放置在当前视图指定的位置。勾选"多个"复选框，拾取复制的参考点和目标点，可复制多个柱到新的位置。

④ 旋转：用于旋转选定图元。拖拽"中心点"或按空格键可改变旋转的中心位置。鼠标拾取旋转参照位置和目标位置，旋转柱，也可以在选项栏设置旋转角度值后按回车键旋转柱。

⑤ 镜像：单击"修改"面板下"镜像"下拉按钮，在弹出的下拉列表中选择"拾取镜像轴"或"绘制镜像轴"镜像图元。

⑥ 阵列：选择图元，单击"阵列"工具，选项栏如图 2-10，在选项栏中进行相应设置，勾选"成组并关联"复选框，输入阵列的数量，如"5"，选择"移动到"选项中的"第二个"，在视图中拾取参考点和目标点位置，二者间距将作为阵列方向上前一个柱和后一个柱的距离，自动阵列柱。

图 2-10 "阵列"选项栏

⑦ 对齐：选定图元，单击"对齐"工具，选择对齐标准线，再选择该图元对齐边线，可将选定图元对齐到该标准线。勾选"多重对齐"，可将多个图元一次性完成对齐命令，选择"首选"栏目，确定对齐标准。

⑧ 偏移：选定图元，单击"偏移"工具，输入偏移值，再偏移方向单击，完成操作。在选项栏，偏移方式可选择"图形"或"数值"，勾选"复制"，保留原图元。

6. 使用临时尺寸标注

临时尺寸标注：Revit 当中一项实用编辑功能，通过更改临时尺寸标注，用户可以方便地对所编辑图元进行尺寸修改，从而更改所编辑图元的形状和位置。下面以移动一个柱图元为例讲解"临时尺寸标注"的用法，单击主图元，显示临时尺寸标注如图 2-11 所示。

2.3 建筑族的创建

尺寸界线夹点,单击拖动鼠标可移动,方便用户更改参照标准。本例将①夹点拖拽至中间虚线,并更改数值为2000。

数值标注,单击数值显示数值编辑框,可根据需求输入任意数值。本例更改该数值为3500,如图2-12所示。

转换为永久尺寸标注,当该图元不再为当前编辑图元时仍显示该尺寸标注。本例单击该图标,将其设定为永久尺寸标注,见图2-13。

图2-11　临时尺寸标注　　　　图2-12　尺寸的数值标注　　　　图2-13　永久尺寸标注

2.3 建筑族的创建

在Revit2014中,族是一个很重要的概念,每一个族的同种类型属性和参数是统一的,当用户修改某一族的类型参数时,已经创建的同类型图元也会自动更新,从而大大方便了建模过程,增加了Revit建模的高效性和智能性。在建模时,用户可以选择软件自带的族类型进行建模,也可以自行创建符合使用要求的族类型来方便建模过程。

2.3.1 创建门窗族

单击>新建>族,打开"新族-选择样板文件"对话框,选择样板文件,单击打开,进入组编辑模式。本节将以创建一个窗族为例来讲解门窗族的创建。

在"新族-选择样板文件"对话框中选择"公制窗.Rft",单击打开进入组编辑模式。

1. 修改窗洞口参数

双击项目浏览器中"外部"视图,单击"创建">"工作平面">"设置"按钮,打开工作平面对话框,设置如图2-14所示。

单击"修改">"属性">"族类型"按钮,弹出族类型编辑器,见图2-15和图2-16,在编辑器中修改参数"宽度"、"高度"、"默认窗台高度"的值,可对该窗台族进行对应参数调整,单击"默认三维视图"按钮可观察当前窗的三维显示状态。本例设置窗"宽度"、"高度"、"默认窗台高度"的值分别为1200、1500、900,单击"确定"按钮退出

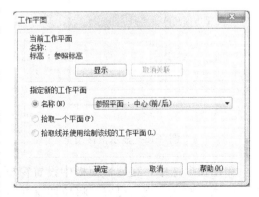

图2-14　"工作平面"对话框

"族类型编辑器"。

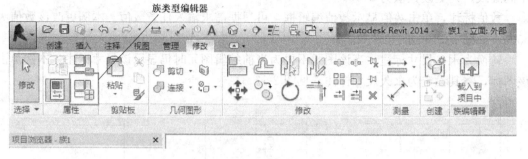

图 2-15 族类型编辑器

图 2-16 "族类型"对话框

2. 创建窗框

单击"创建"选项卡＞"形状"＞"拉伸",进入"修改｜创建拉伸"上下文选项卡。选择"矩形"工具,沿洞口顶点拉伸出矩形,选择"偏移"工具,将偏移方式设置为"数值方式",偏移量为"60",勾选"复制"复选框,如图 2-17 所示。

移动鼠标至矩形边缘,按 Tab 键切换所选对象,当绘图区域显示偏移预览如图 2-18 所示时,单击鼠标,完成偏移命令,如图 2-19 所示,单击"模式"面板中的"完成"按钮,完成窗框的编辑。

图 2-17 偏移方式设置界面

图 2-18 显示偏移预览

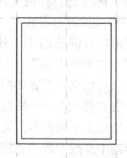

图 2-19 窗框的编辑

单击窗框选中,在属性面板中设置窗框拉伸起点、终点、子类别如图 2-20 所示,单击"应用"按钮,完成设置。将拉伸窗框厚度设为 60mm。单击,可观察三维视图,如图 2-21 所示。

2.3 建筑族的创建

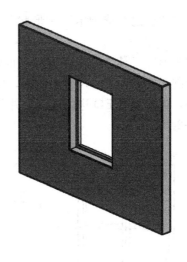

图 2-20 属性面板　　　　图 2-21 窗的三维视图

单击"材质"最右侧按钮,打开"关联族参数"对话框,单击"添加参数"按钮,不更改其他设置选项,在"名称"处输入"窗框材质",如图 2-22 所示,单击"确定"退出。

用类似方法绘制内部窗框,设置偏移值为 40mm,拉伸起点 20mm,拉伸终点 -20mm。

下面创建窗框横梃,与竖梃不同的是横梃需要设置等分,使其不管如何更改窗户宽度、高度都能保证横梃在窗户中间位置,具体过程如下:

单击"创建"面板>"参照">"参照平面"按钮,在窗高度范围内任意绘制一个参照平面,单击"注释"面板>"尺寸标注">"对齐"按钮,依次拾取窗上边、参照平面、窗下边,在空白位置单击,完成尺寸标注,单击"EQ"按钮保持该参照平面等分窗框高度,见图 2-23。

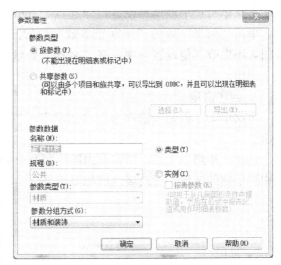

图 2-22 "关联族参数"对话框

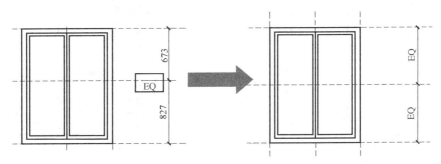

图 2-23 窗框高度等分

再次单击"创建"选项卡＞"形状"＞"拉伸",进入"修改|创建拉伸"上下文选项卡。

选择"矩形"工具,在中间参照平面附近绘制两个矩形,并用"对齐"工具进行标注。更改绘制的矩形上下边尺寸界限值,使上下边距离中间参照平面均为20mm,单击尺寸标注选中,再次点击 EQ 进行等分,并单击上锁,最后单击"完成"按钮完成横梃的编辑,如图 2-24 所示。

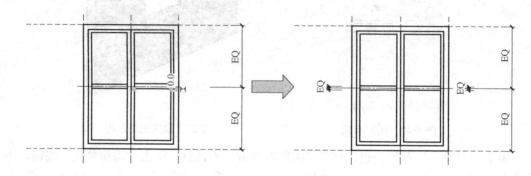

图 2-24　窗横梃的编辑

再次单击选中横梃,设置拉伸起点 20mm,拉伸终点－20mm,子类型和材质设置如上。单击"可见"后的"关联组参数",打开"关联组参数"对话框,单击"添加参数"按钮,不更改其他设置选项,在"名称"处输入"横梃可见",其他参数不变,单击"确定"退出。

3. 创建窗扇

再次单击"创建"选项卡＞"形状"＞"拉伸",进入"修改|创建拉伸"上下文选项卡。

选择"矩形"工具,沿窗框内部绘制两个矩形,如图 2-25 所示,单击"完成"按钮。选中刚绘制的矩形,更改属性值如图 2-26 所示。

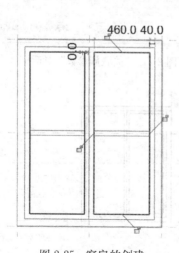

图 2-25　窗扇的创建

图 2-26　属性值编辑

2.3 建筑族的创建

4. 绘制窗平面符号

打开三维视图,选择窗边框及玻璃,"修改 | 选择多个"上下文选项卡中将出现"可见性设置"按钮,单击打开设置,更改设置如图 2-27 所示。

单击"注释">"详图">"符号线"按钮,打开"修改 | 放置 符号线"上下文选项卡,更改子类别为"窗截面",在窗位置绘制两条线,借助"对齐"注释工具实现等分,绘制后图形如图 2-28 所示。

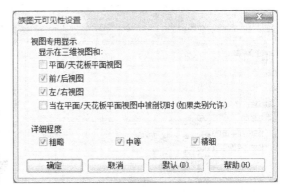

图 2-27 "可见性设置"对话框

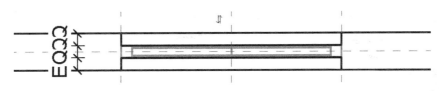

图 2-28 窗的平面符号绘制

5. 保存族文件

打开族类型编辑器,单击"新建"按钮,输入窗名称如图 2-29 所示,单击确定,创建新的族类型。单击保存按钮,选择合适保存路径,保存该文件。

门的族文件创建参照窗族进行。

2.3.2 创建栏杆族

单击"应用程序">"新建">"族",打开族样板选择对话框,选择"公制栏杆"。

1. 创建扶手

双击"左立面"视图,切换到左立面界面,单击选项卡"创建">"形状">"拉伸",弹出"工作平面"对话框,如图 2-30 所示,选择参照平面"中心(左/右)",进入扶手形状绘制界面。

选择"绘制"面板>"圆形"工具,在参照平面上下两个交点处各绘制一个半

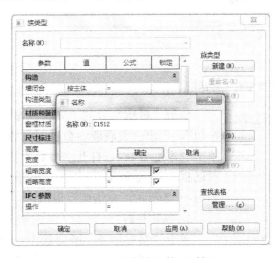

图 2-29 保存族文件对话框

径为 50 的圆,如图 2-31 所示。

单击"完成"按钮退出草图绘制,在属性面板中,更改拉伸终点后参数为"2000",并单击"拉伸终点"后的"关联族参数按钮",弹出"关联族参数"对话框,单击"添加参数",打开"参数类型"对话框,填写名称为"栏杆长度",如图 2-32 所示,单击确定退出。

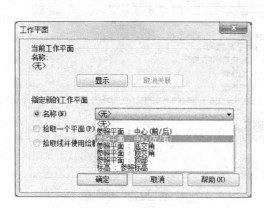
图 2-30 "工作平面"对话框

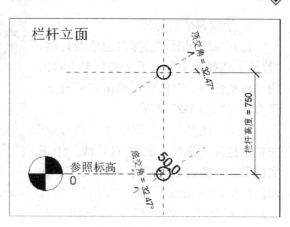
图 2-31 "圆"绘制

图 2-32 "关联族参数"对话框

图 2-33 "关联族参数"对话框

单击"材质"后的"关联族参数按钮",弹出"关联族参数"对话框,单击"添加参数",打开"参数类型"对话框,填写名称为"扶手材质",如图 2-33 所示,单击确定退出。

2. 创建栏杆

双击"参照标高"平面视图,切换到该视图平面,单击选项卡"创建">"形状">"拉伸",进入栏杆形状绘制界面。选择"绘制"面板>"圆形"工具,在扶手两端各绘制一个半径为 50 的圆,再通过移动命令使两个圆的位置如图 2-34 所示,单击"完成"按钮退出草图绘制。

在属性面板中,将拉伸起点设置

为-100,单击"拉伸终点"后的"关联族参数按钮",弹出"关联族参数"对话框,选择"栏杆高度",如图2-35,单击确定退出。

图2-34 创建栏杆

单击"材质"后的"关联族参数按钮",弹出"关联族参数"对话框,单击"添加参数",打开"参数类型"对话框,填写名称为"两端栏杆材质",如图2-36所示,单击确定退出。

图2-35 "关联族参数"对话框

图2-36 "参数类型"对话框

下面绘制中间栏杆,单击选项卡"创建">"形状">"拉伸",进入栏杆形状绘制界面。选择"创建"面板>"基准">"参照平面"工具,在原参照平面右侧绘制2个参照平面,更改两个间距均为500,按Esc键退出。选择"绘制"面板>"圆形"工具,在参照平面处绘制一个半径为30的圆,如图2-37所示。

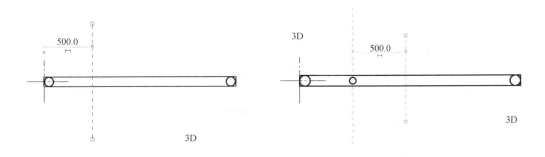

图2-37 中间栏杆绘制

选择"修改"面板>"阵列"工具,选定阵列对象为30mm小圆,修改选项栏各项参数如图2-38所示。阵列完成后如图2-39所示。

图 2-38 修改选项栏参数设置

按住 Ctrl 键，同时选中 3 个中间栏杆图元，单击属性面板中，拉伸终点后"关联组参数"按钮，选择"栏杆高度"，如图 2-40 所示，单击确定退出。

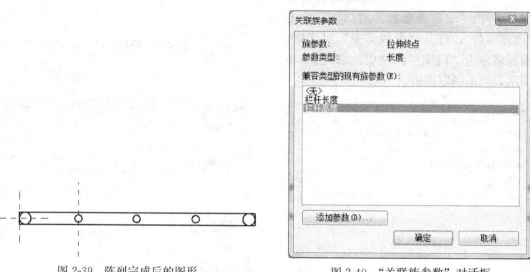

图 2-39 阵列完成后的图形　　　　　图 2-40 "关联族参数"对话框

单击"材质"后的"关联族参数按钮"，弹出"关联族参数"对话框，单击"添加参数"，打开"参数类型"对话框，填写名称为"中间栏杆材质"，如图 2-41 所示，单击确定退出。

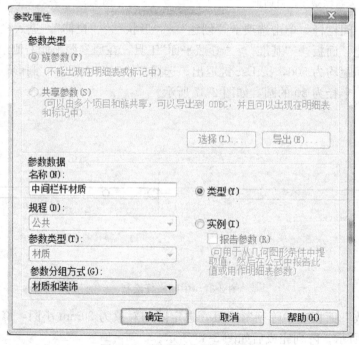

图 2-41 "关联族参数"对话框

单击"默认三维视图按钮"可观察该族情况,单击"族类型编辑器">"新建",输入名称"公制圆形栏杆－50mm",如图 2-42 所示,单击"确定"退出,其三维视图如图 2-43 所示,保存该文件。

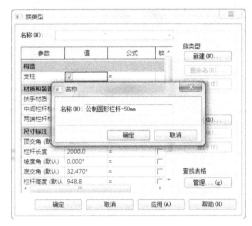

图 2-42 族类型编辑器

图 2-43 栏杆三维视图

2.4 建筑模型构建

2.4.1 建立新项目

新建一个 Revit 项目,将开始一个 Revit 三维模型的创建过程,在创建前一定要为创建项目选择一个合适的项目样板,这将对后续操作有很大的影响。本书将以一个三维模型的创建为例来讲解建筑模型的创建方法。

单击"应用程序">"新建">"项目",打开"新建项目"对话框,如图 2-44 所示,单击浏览按钮,打开"选择样板"对话框,如图 2-45 所示,选择合适的样板文件,单击打开,进入项目文件编辑界面,观察属性面板,双击切换视图,可看到项目样板文件中已有的视图和标高等信息,如图 2-46 所示,用户可根据自己习惯进行增删修改。

2.4.2 标高

标高用来确定所创建平面的高度,是创建其他构件的基础,可以通过创建标高来创建楼层平面视图。在 Revit 当中,为了使一次绘制的轴网可以显示在所有楼层平面视图,通常先绘制标高,后绘制轴网,所以标高绘制好后最好不要进行更改,否则将为后续操作带来不便。

图 2-44 "新建项目"对话框

下面将接上节创建的项目讲解标高的创建、修改以及族属性编辑。

1. 创建标高

打开上节新建项目,切换到北立面视图,单击选项卡"建筑">"基准">"标高",进入"修改|放置 标高"上下文选项卡,选项栏设置如图 2-47 所示。

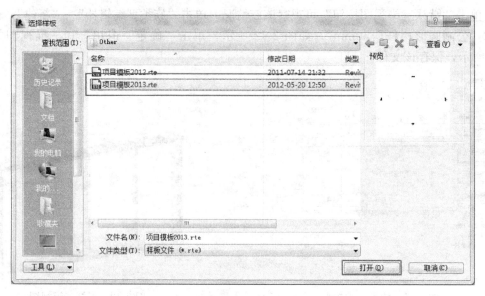

图 2-45 "选择样板文件"对话框

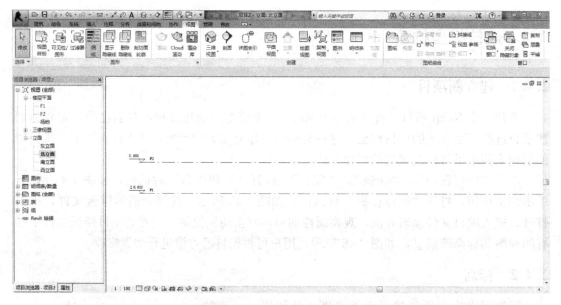

图 2-46 项目文件编辑界面

图 2-47 设置选项栏

(1) 创建平面视图：勾选可创建对应平面视图。
(2) 平面视图类型：单击选择平面视图类型，默认为楼层平面视图。
(3) 偏移量：标高偏移绘制线的距离，正值向上偏移，负值向下偏移。

捕捉已有标高竖直方向延长线，输入偏移值"3000"，向右水平拉伸，当光标移动至与已有标高符号延长线对齐时单击，完成该标高绘制，如图 2-48 所示。注意，这里输入偏移值单位为"mm",是指与上一个标高之间的距离,但绘制完成后进行标高修改时,因为标高默认单位是"m",数值指标高值,例如一个标高为6m,应在标高数值框内输入"6"。

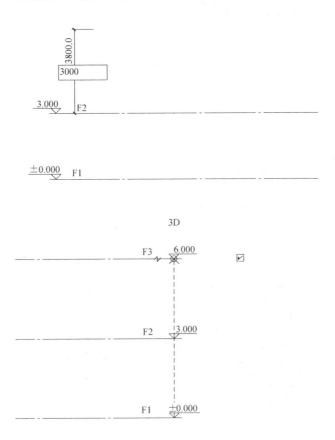

图 2-48 绘制标高

2. 修改标高

各标高部件名称如图 2-49 所示,修改各值,可进行相应修改。

◆ 是否显示标号:勾选该选项,显示标头、标高值、标头名称,不勾选则隐藏。
◆ 标高值:单击可修改标高数值。
◆ 标高名称:单击可修改标高名称。
◆ 对齐约束:单击显示上锁状态,则该标头与其他标头位置保持一致,左右移动一个标头,其他标头也随之移动。
◆ 添加弯头符号:点击可添加弯头,如图 2-50 所示,拖拽①夹点,更改弯折位置,当拖拽①夹点与②夹点重合时,弯头去除。

3. 属性编辑

创建任意一条标高,打开属性面板,如图 2-51 所示。

(1) 标高族类型:单击下拉箭头选择当前图元的族类型。
(2) 立面:编辑当前标高高度。
(3) 名称:当前标高名称,修改后,会弹出对话框如图 2-52 所示,单击时将更改相

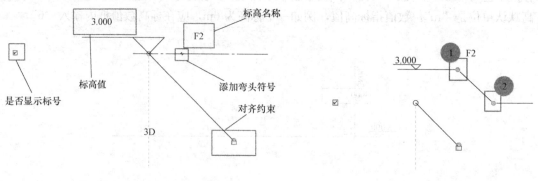

图 2-49　标高部件名称　　　　　　　图 2-50　添加弯头符号

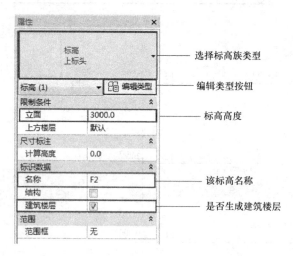

图 2-51　属性面板

应视图名称。

（4）建筑楼层：勾选该选项，将生成对应楼层平面视图。

本例更改属性对话框数值如图 2-53 所示。

图 2-52　是否重命名视图对话框

图 2-53　属性对话框

2.4 建筑模型构建

单击"编辑类型"按钮,弹出"类型属性"对话框,如图 2-54 所示。

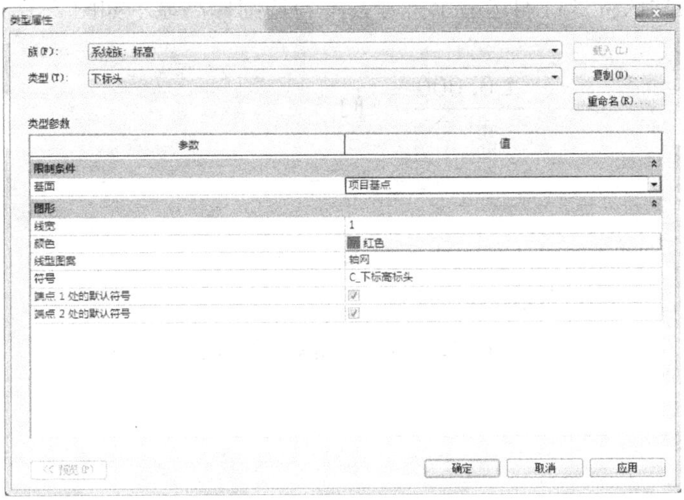

图 2-54 "类型属性"对话框

◆ 族：选择当前图元所在族。

◆ 类型：选择当前图元所属具体类型,例如,本例选择"下标头",如图 2-55 所示。

◆ 复制：复制当前类型,并为复制的类型重新命名。该命令常用来创建一个新的类型,重命名后更改类型属性使其成为一个新的类型。

◆ 重命名：重命名当前类型。

◆ 基面：选择标高的基面,有"项目基点"和"测量点"两个选项,"项目基点"指该项目的正负零标高,"测量点"指海拔绝对高程。

◆ 线宽：指定标高线宽度,数值越大,线越宽。

◆ 颜色：指定标高线颜色。

◆ 线形图案：选择标高线的线型样式,例如,选择当前线型为"虚线",标高线如图 2-56 所示。

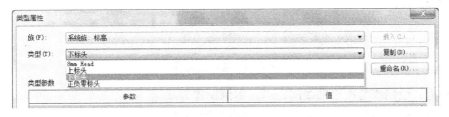

图 2-55 类型选择

图 2-56 线形图案设置

- ◆ 符号：选择标头符号。
- ◆ 端点处的默认符号：勾选显示符号，不勾选则标高显示如图 2-57 所示。

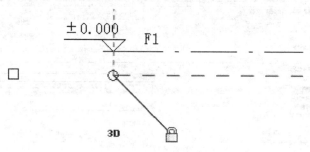

图 2-57 端点处的默认符号设置

2.4.3 轴网

1. 创建轴网

切换到 F1 平面视图，单击选项卡"建筑">"基准">"轴网"，进入"修改|放置轴网"上下文选项卡，绘制面板如图 2-58 所示。

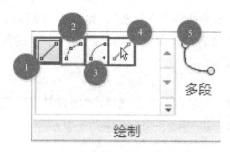

图 2-58 绘制面板

① 直线：绘制直线轴网。

② 起点-终点-半径弧：通过绘制起点、终点并输入圆弧半径绘制弧形轴网。

③ 圆心-端点弧：通过绘制圆心和两个端点绘制弧形轴网。

④ 拾取线：通过已有直线、墙面等来绘制轴网。

⑤ 多段线：绘制折线轴网，一条轴网可以有多个拐点，单击该工具将进入轴网草图编辑模式，但用该工具，一幅草图只可以绘制一条轴网。本例中，选择"直线"工具，选项栏设置如图 2-59 所示。

图 2-59 选项栏设置

偏移量：绘制线与所绘轴线间距离，本例设置为 0。

在绘图区域适当位置单击，竖向移动绘制第一条轴线，默认编号为①，绘制第二条轴线时，使其端头与第一条对齐，输入距上一条轴线距离，如图 2-60 所示，拖动另一个端头使其与①轴线端头对齐，单击完成绘制。小技巧：按住 Shift 键同时拖动轴线端头，可保证移动方向始终水平或竖直。

单击"修改"面板>"阵列"，在选项栏设置如图 2-61 所示。注意："项目数"包含选定的项目本身。

"移动到"是指参照标准，如选择"第二个"，则接下来输入的

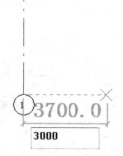

图 2-60 创建轴网

2.4 建筑模型构建

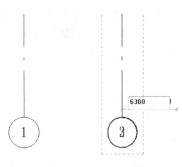

图 2-61 选项栏设置

绘制距离，将作为第一个项目与第二个项目之间的阵列参照距离，本例输入"6300"，如图 2-62 所示，则接下来将阵列出 4 条竖向轴线，两两之间相距"6300"。

选择②轴线，单击"修改"面板＞"复制"，选项栏设置如图 2-63 所示，输入偏移距离"3000"，再绘制一条轴线，可以看到该轴线标高为⑥，在 Revit 中，总是自动填写当前轴号，默认为上一条轴线编号加一，所以本轴号需要进行修改，单击轴号数字，输入"1/2"完成该轴线编辑，如图 2-64 所示。

图 2-62 柱网绘制

2. 修改轴网

轴网各部件名称如图 2-65 所示，修改各值，可进行相应属性修改。

图 2-63 复制选项栏设置

① 添加弯头：用法同标高弯头，点击添加弯头可添加折点，修改标头位置。

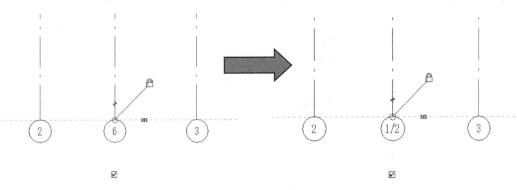

图 2-64 轴线编辑

② 对齐约束：用法同标高约束，上锁使，移动一个标头，其他标头将随之移动，保持对齐。

③ 3D：单击可在 2D 与 3D 之间切换，在 2D 模式下，修改该轴线只影响本楼层平面视图轴线样式，在 3D 模式下将影响其他楼层视图轴线样式。

④ 轴线标号：单击可修改当前轴网编号。

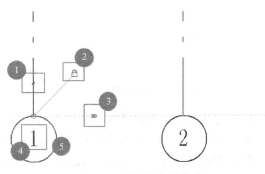

图 2-65 轴网各部件名称

⑤ 轴线标头：在属性面板中可更改其样式。

注意：在 Revit 中所绘制的轴线实际上为一个垂直于水平面的竖直平面，所以在一层绘制轴线后，其他层都会出现其投影。但是轴线样式的更改可能无法传递到其他楼层平面视图，要想传递修改到其他楼层，需要单击"修改｜轴网"上下文选项卡＞"基准"＞"影响范围"，打开"影响基准范围"对话框，勾选需要传递的视图，如图 2-66 所示。

3. 属性编辑

单击任意一条轴线，打开属性面板，如图 2-67 所示。

① 族类型：显示当前轴线所属族以及具体类型。

② 编辑类型按钮：单击可更改具体类型参数，或更换当前类型。

③ 名称：显示当前轴线名称，单击可修改。

单击"编辑类型"按钮，打开"类型属性"对话框，如图 2-68 所示。

图 2-66 "影响基准范围"对话框

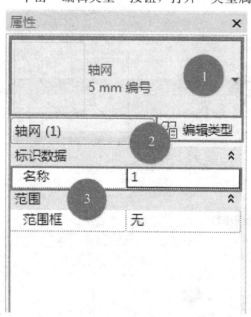

图 2-67 属性面板　　　　图 2-68 "类型属性"对话框

◆ 符号：单击可修改当前轴线端头符号样式。

◆ 轴线中段：选择轴线中段样式，选择"无"，则轴线中段显示如图 2-69 所示。

◆ 轴线末端宽度：设置轴线末端的宽度值，决定线的粗细。

◆ 轴线末端颜色：设置轴线末端颜色。

◆ 轴线末端填充图案：设置轴线末端线型。

◆ 平面视图轴号端点：勾选显示轴线符号，不勾选则如图 2-70 所示。

本例继续绘制该项目轴网，尺寸标注，如图 2-71 所示。

2.5 墙 体

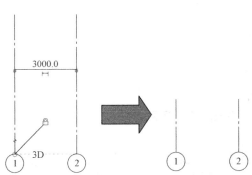

图 2-69　轴线中段显示　　　　　图 2-70　平面视图轴号端点设置

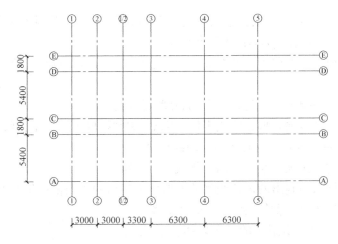

图 2-71　轴网创建后的图形

2.5 墙体

墙体是建筑外围护结构和内部分割空间的承担者，常用墙体有一般墙体、复合墙体、叠层墙体、玻璃幕墙等，在 Revit 中创建墙体需要掌握墙体的路径绘制、外观更改、材料选择等知识，本节将配合上文中实例进行墙体绘制方法的讲解。

2.5.1　一般墙体

1. 创建墙体

打开上节保存文件，切换到 F1 平面视图，单击选项卡"建筑">"构建">"墙">"墙：建筑"，进入"修改│墙"上下文选项卡，绘制面板如图 2-72 所示。在这个面板中，提供了多种用于绘制墙体路径的工具，用户可根据自己的需要进行选择，本文着重讲解以下 4 个

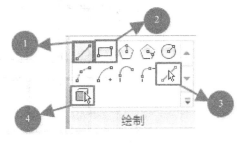

图 2-72　绘制面板

工具。小技巧：将光标停留在一个工具选项上，右下角将出现提示，显示当前工具的作用。

① 直线：绘制直线墙面，可连续绘制多段。
② 矩形：绘制封闭的矩形墙轮廓。
③ 拾取线：拾取已有线段转化为墙面。
④ 拾取面：拾取已有面，将其转化为墙面。

本例中选择我们选择"直线"工具，选项栏如图 2-73 所示。

图 2-73　选项栏

① 该选项有"高度"或"深度"两个选择，选择"高度"则从绘制平面向上绘制墙体，选择"深度"则从绘制平面向下绘制墙体。

② 选择高度或深度将要到达的标高，如果选择"未连接"选项，将激活③这个选项，如图 2-74 所示。

③ 输入未连接情况下，墙将要达到的高度或深度。

④ 定位线：选择该墙以哪条墙线定位。Revit 中共提供了 5 种定位线，如选择"核心层中心线"，则该墙的核心层中心线与绘制线重合。

⑤ 链：勾选这个选项，绘制的墙体将成为一个链。

⑥ 偏移量：指示绘制出的定位线将关于鼠标拖动出的线的偏移量，如果输入 0，则绘制出的线与鼠标移动的线保持一致，不发生偏移。

⑦ 勾选这个选项，绘制墙的直角转折角会自动生成圆弧角。

⑧ 为⑦中的圆弧角设定圆弧半径值。

本节将选项栏各项设置如图 2-74 所示，沿轴线绘制外墙如图 2-75 所示，绘制完成后按 Esc 键两次退出。

图 2-74　选项栏设置

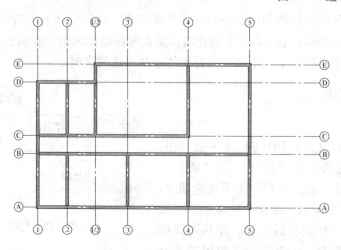

图 2-75　外墙绘制后的图形

2.5 墙 体

2. 修改墙体

单击选中一条墙体,显示墙的相关信息如图2-76所示。

① 尺寸界线:拖动夹点可更改尺寸标注参照线,输入数值,可更改墙的位置。

② 反转符号:单击可改变墙的内外朝向。

③ 永久尺寸界线转化符号:单击,临时尺寸标注先将转化为永久尺寸界线。

④ 墙体端头夹点:拖拽可改变墙的长度。

3. 属性编辑

打开属性面板,面板上各值含义如图2-77所示。

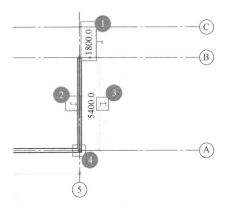

图 2-76 墙的相关信息

① 显示当前墙的族和具体类型,单击下拉箭头可选择。

② 定位线:与选项栏中"定位线"含义相同。

③ 底部限制条件:选择墙底部标高基准。

④ 底部偏移:底部关于基准线偏移量,正值为向上偏移,负值为向下偏移。

⑤ 顶部约束:选择墙顶部标高基准。

⑥ 顶部偏移:顶部关于基准线偏移量。

⑦ 房间边界:意思为在生成房间时,该墙是否作为分隔一个房间的分割线,勾选则该墙将分隔房间,成为一个房间的边界。

本例中,将"底部偏移"设置为"—600",使墙底部连接室外地坪,其他参数不变。选中所有已绘制外墙。技巧:(1)从左上角向右下角框选,选中全部包含在范围框内的图元,从右下角向左上角框选,只要图元有一部分包含在范围框内的就会选中。(2)如果选中图元过多,可单击右下角"过滤器",弹出如图2-78所示的"过滤器"对话框,勾选要选择的图元类别,可进一步筛选已选中的图元如图2-79所示。

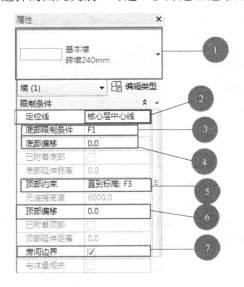

图 2-77 属性面板

图 2-78 "过滤器"对话框

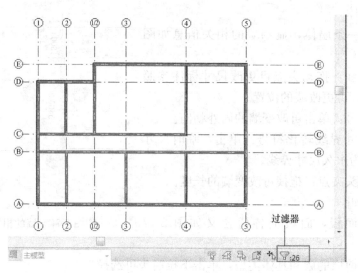

图 2-79 墙图元筛选

选择好外墙图元后,打开属性面板,单击"编辑类型"按钮,打开"类型属性"对话框,单击"复制"按钮,弹出"名称"对话框,输入新建类型名称"练习-外墙",如图 2-80 所示,单击"确定"退出。修改"功能"为"外部",如图 2-81 所示。

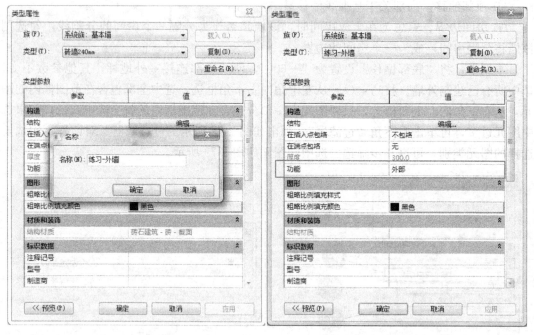

图 2-80 "类型属性"对话框　　　　　图 2-81 类型参数修改

单击"结构"后面的"编辑"按钮,打开"编辑部件"对话框,如图 2-82 所示。该对话框中显示了当前墙类型的结构构成,最上面结构邻接墙外部,最下面结构邻接墙内部,下面将具体介绍如何修改编辑墙的结构。

◆ 插入:用于新建一个结构层。

2.5 墙　体

◆ 删除：删除选中结构层。

◆ 向上向下：向上向下移动选中结构层。

在本例中，新建 3 个结构层，移动其位置如图 2-83 所示。

下面开始分别编辑，每个结构的功能、材质和厚度，以"层 1"为例，单击"功能"，在下拉列表中选择"面层 2 (5)"，单击"材质"，打开"材质浏览器"，如图 2-84 所示。在材质浏览器中，有软件库中所包含的所有材质，用户可进行更改和创建，在右侧有"标识"、"图形"、"外观"三个标签，用户可切换观察该材质的各方面属性，如图 2-85 所示。

在"材质浏览器"中找到"粉刷-茶色"，单击材质浏览器下端按钮"复制选定的材质"，如图 2-86 所示，复制该材质，并重命名为"练习-粉刷-灰色"。

在图形页面，单击"着色">"颜色"，弹出"颜色"对话框，如图 2-87 所示，选择灰色，单击"确定"，更改该材质颜色。单击"表面填充图案">"填充图案"，弹出"填充样式"对话框，如图 2-88 所示，选择"Crosshatch"，单击"确定"按钮，退出编辑。

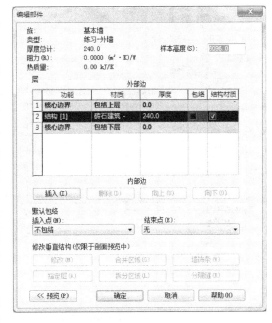

图 2-82　"编辑部件"对话框

图 2-83　新建结构层

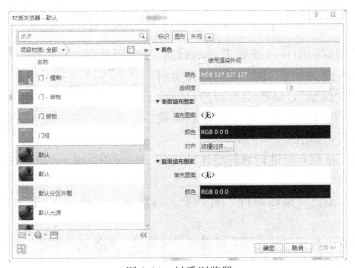

图 2-84　材质浏览器

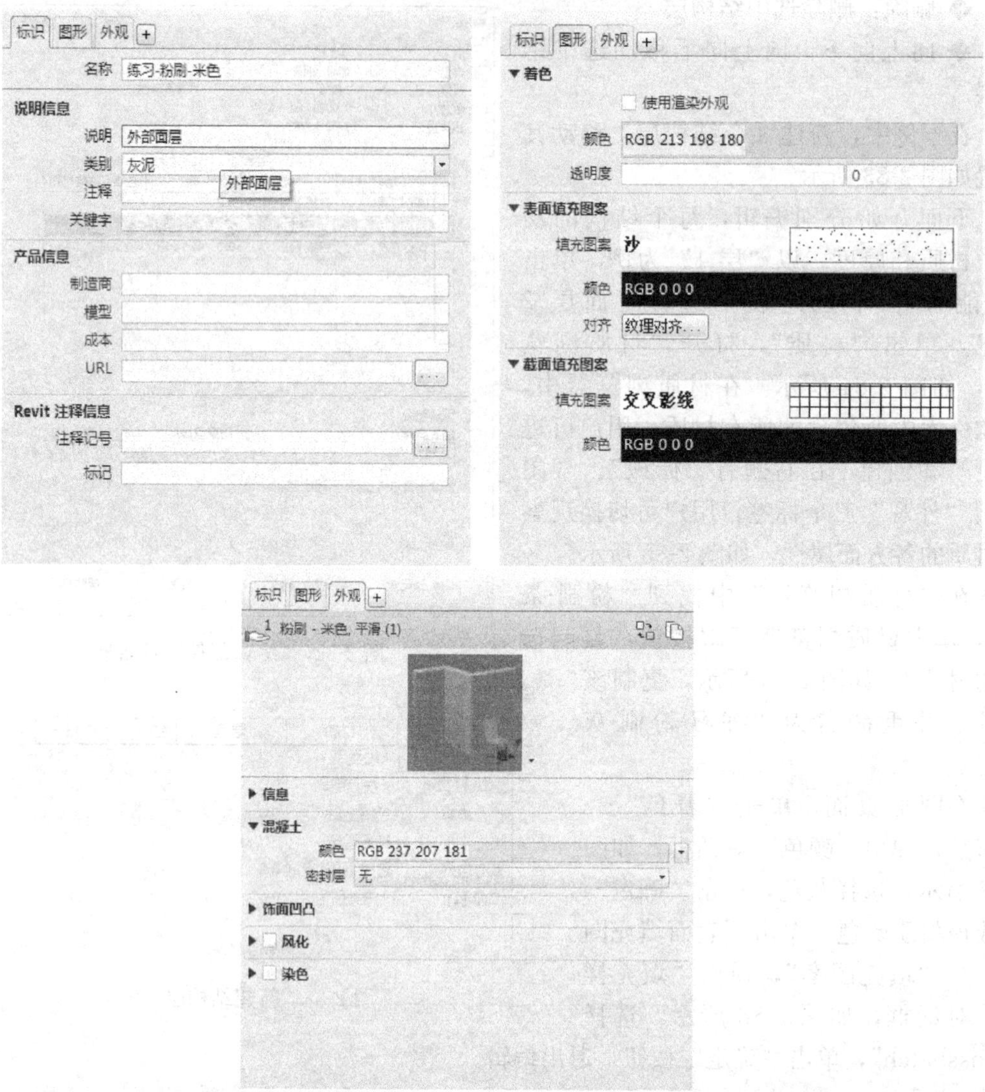

图 2-85 "标识"、"图形"、"外观"标签

另外，材质浏览器中可以搜索需要的材质，在搜索框中输入关键字即可，例如在选择保温材质时，可以搜索"保温"，材质浏览器将自动给出筛选结果，如图 2-89 所示。逐个将每层材质进行设置，完成后，如图 2-90 所示。

单击"预览"按钮，可进行目前墙体结构预览，如图 2-91 所示。

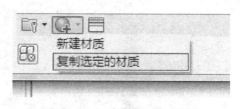

图 2-86 材质浏览器下端按钮

单击"确定"退出"编辑部件"对话框，再次单击"确定"，退出"编辑类型"对话框。

完成后，切换到默认三维视图，可观察墙体效果，切换到"着色"模式下，则三维视图效果如图 2-92 所示。

2.5 墙 体

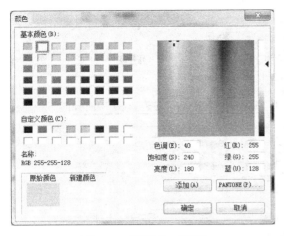

图 2-87 "颜色"对话框

图 2-88 "填充样式"对话框

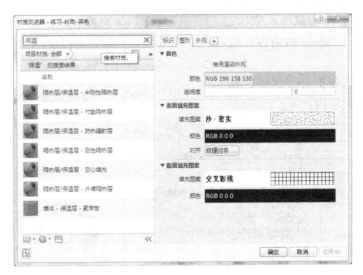

图 2-89 材质浏览器

2.5.2 复合墙

在实际工程中，有些墙并不是单一的基本墙，结构比较复杂，外表装饰复杂，Revit 中为此提供了可以绘制复合墙的工具，用它可以设置墙体从上到下不同部位的外观、结构等。

复合墙的创建与一般墙体类似，本节不再过多介绍，本节重点讲解复合墙体的结构设计。

单击选项卡"建筑">"构建">"墙">"墙：建筑"，单击"属性面板">"编辑类型"，打开"类型属性"对话框，单击"结构"后面的"编辑"，打开"部件编辑"对话框，单击"预览"，界面如图 2-93 所示。

◆ 视图：有"平面"和"剖面"两种类型，当切换到"剖面"时，"修改垂直结构"工具激活。

◆ 修改：使用该工具可修改剖面形状。

◆ 指定层：将选定结构层指定给图上某一区域。

◆ 拆分区域：用于添加区域拆分线。

◆ 合并区域：单击要合并的两个区域中间线，将使两个区域合并。

◆ 墙饰条：为墙面添加墙饰条。

◆ 分隔缝：为墙面添加分隔缝。

单击"拆分区域"，在面层移动鼠标，软件将给出其距离底部的数值，移动到"200"处，单击，绘制第一条拆分线，继续向上拖动鼠标，依次绘制距离为"100"、"200"两条拆分线，如图2-94所示。

注意：仔细选择拆分线放置区域，不要放到中间结构层内。

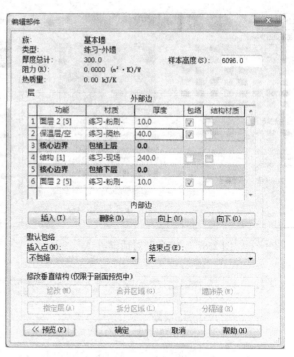

图 2-90 "编辑部件"对话框

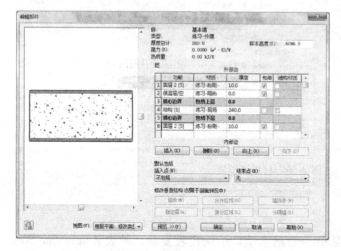

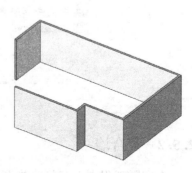

图 2-91 墙体结构预览　　　图 2-92 墙体三维视图

将"面层2（5）"材质改为，"练习-抹灰-茶色"，添加一个结构层，功能也为"面层2（5）"，指定材质为"立面装饰-瓷砖"，选中该结构层，单击"指定层"，在面层上单击刚才分好的面层区域，如图2-95所示中蓝色区域。

注意：这里选择多个区域不需按住Ctrl键。

单击"分隔缝"，打开"分隔缝"对话框，如图2-96所示。

◆ 载入轮廓：载入"分隔缝"的轮廓样式。

◆ 添加：单击添加一条分隔缝。

◆ 轮廓：选择该分隔缝的轮廓样式。

2.5 墙 体

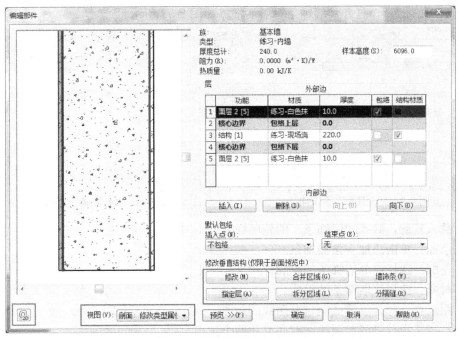

图 2-93 "部件编辑"对话框

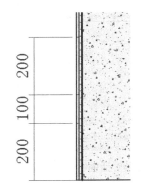

图 2-94 拆分区域

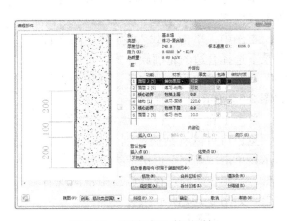

图 2-95 "编辑部"件对话框

◆ 距离：选择分隔缝截面自参照线的距离。

◆ 自：选择分隔缝参照线，有底或顶两个选项。

◆ 边：选择该分隔缝的位置，在墙外部或内部。

单击载入轮廓，在文件目录下选择合适的轮廓族样式，单击"添加"，添加一个分隔缝，选择轮廓为"分隔缝10×20"，距离为"500"，自"底部"。如图2-97所示。

图 2-96 "分隔缝"对话框

单击"墙饰条",打开"墙饰条"对话框,如图 2-98 所示。

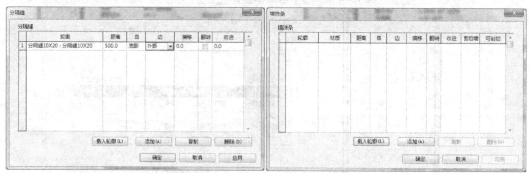

图 2-97 "分隔缝"对话框　　　　　图 2-98 "墙饰条"对话框

- ◆ 载入轮廓:载入"墙饰条"的轮廓样式。
- ◆ 添加:单击添加一条墙饰条。
- ◆ 轮廓:选择该分墙饰条的轮廓样式。
- ◆ 材质:选择该墙饰条的材质。
- ◆ 距离:选择分隔缝截面自参照线的距离。
- ◆ 自:选择分隔缝参照线,有底或顶两个选项。
- ◆ 边:选择该分隔缝的位置,在墙外部或内部。

本例中,单击"载入轮廓",在文件目录下选择合适的轮廓族样式,单击"添加"两次,添加两个墙饰条,其他项设置如图 2-99 所示。

单击"确定",退出"墙饰条"编辑,在预览窗口可以看到墙的剖面如图 2-100 所示,单击"确定"退出"类型属性"对话框,绘制一条墙,在默认三维视图观看效果,如图 2-101 所示。

图 2-99 墙饰条对话框

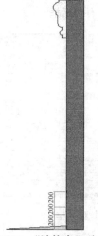

图 2-100 "墙饰条"编辑

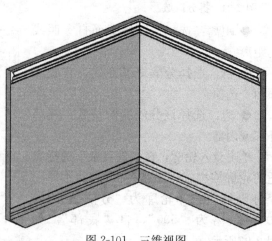

图 2-101 三维视图

2.5.3 叠层墙

当一面墙的上下结构不同时，可以使用叠层墙工具来进行绘制，省去在相同平面位置绘制两次的麻烦。叠层墙是由多种基本墙层叠而成，通过设置每一层墙的属性、位置来组合成所需的叠层墙类型，绘制方法如下：

单击选项卡"建筑">"构建">"墙">"墙：建筑"，进入"修改｜墙"上下文选项卡，打开属性面板，单击"编辑类型"按钮，打开"类型属性"对话框。

在"基本墙"族里，创建一个名为"练习-内墙-上"的类型，选择"功能"为"内部"，单击结构后面的"编辑"按钮，打开"编辑部件"对话框，设置墙的结构，内外面层均为"练习-粉刷-米色"、厚度"10"，中间结构层为"练习-现场浇筑混凝土"、"220"，如图 2-102 所示。

再次创建一个名为"练习-内墙-下"的类型，选择"功能"为"内部"，单击结构后面的"编辑"按钮，打开"编辑部件"对话框，设置墙的结构，内外面层均为"练习-白色抹灰"、厚度"10"，中间结构层为"练习-现场浇筑混凝土"、"220"，如图 2-103 所示。

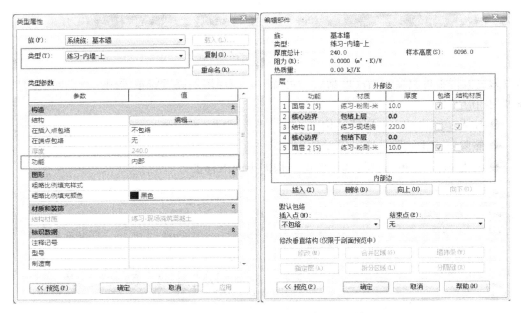

图 2-102 "类型属性和编辑部件"对话框

更换族的类型为"系统-叠层墙"，"类型属性"对话框界面如图 2-104 所示，单击"复制"按钮，在名称对话框中输入"练习-叠层墙"，单击"确定"退出，单击"结构"后面的"编辑"按钮，打开编辑部件对话框，如图 2-105 所示，可以看到，该对话框与基本墙的编辑部件对话框是不完全一样的，下面将具体讲解叠层墙的部件编辑方法。

◆ 偏移：指叠层墙上下部分的对齐参考标准，在本例中选择"墙中心线"。

◆ 顶部/底部：该结构的编辑，上面代表墙的顶部，下面代表墙的底部，这样方便用户对叠层墙的设计。

◆ 可变：可变按钮是决定该段墙高度是否可变的工具，由于叠层墙是由不同的基本墙叠加而成的，所以，用户需要指定每一层的高度，当该层高度输入具体数值时，该层墙

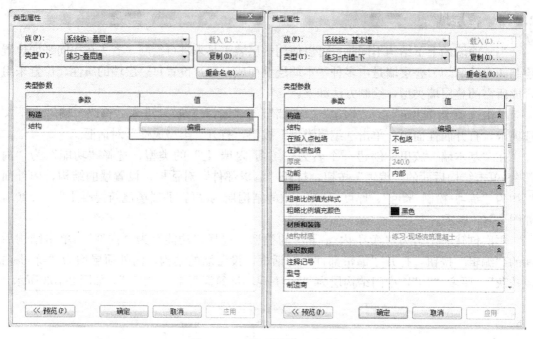

图 2-103 "类型属性"对话框

高度为定值将不再改变,当高度指定为可变时,该层墙的高度将根据用户绘图时墙的具体高度而相应变化。

◆ 插入:点击插入一层墙结构。

◆ 删除:点击删除选中的墙结构。

◆ 向上/向下:单击可将选中的墙结构向上向下移动。

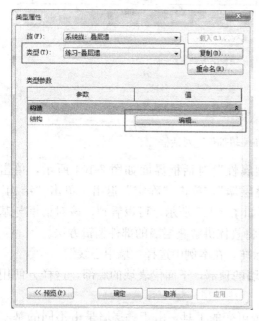

图 2-104 "类型属性"对话框

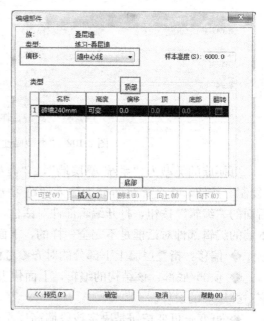

图 2-105 "编辑部件"对话框

2.5 墙 体

在类型部分，各值的含义如下：
- ◆ 名称：该层基本墙的类型名称，单击可打开下拉列表进行选择，如图2-106所示。
- ◆ 高度：该层墙的高度，输入定值或指定为可变。
- ◆ 偏移：该层墙关于参考标准线的偏移量。

本例中，修改上层墙为"练习-内墙-上"，高度为"可变"，偏移为"0"，插入一层墙，选择名称为"练习-内墙-下"，高度为"3600"，偏移为"0"，调整好后，界面如图2-107所示。

图2-106 对话框 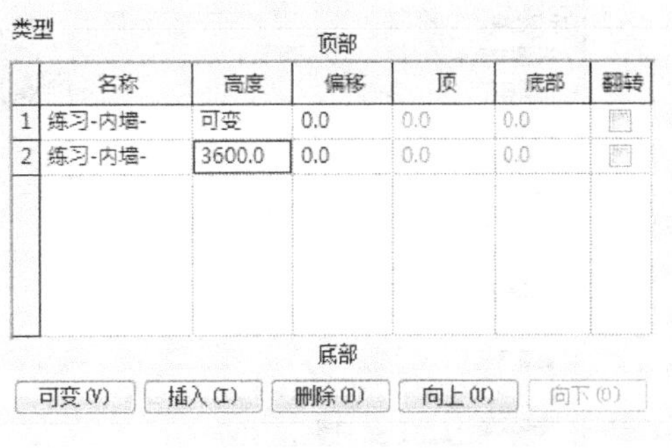   图2-107 对话框

设置好后，返回属性面板，设置"底部偏移"为"—600"，如图2-108所示，意为从室外地坪"—600"标高处开始创建墙体。将选项栏设置如图2-109所示，开始沿轴网绘制内墙，绘制完成后，如图2-110所示。

图2-108 设置"底部偏移"

绘制完成后，切换到默认三维视图进行观察，因为内墙不方便观察，可以使用剖面框。在默认三维视图下，不选中任何图元，在属性面板中有一个"剖面框"选项，如图2-111所示，

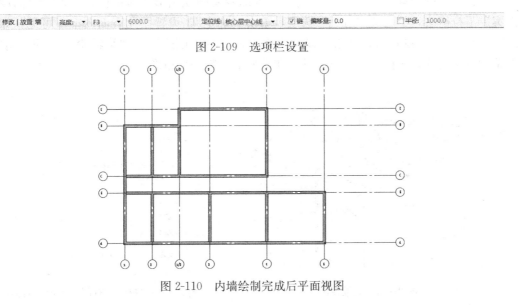

图2-109 选项栏设置

图2-110 内墙绘制完成后平面视图

勾选该选项，将在三维视图出现一个剖面框，单击选中，剖面框每一个面上出现2个箭头，如图2-112所示，拖动这些箭头可以移动相应的面，移到建筑模型内部时，可以看到该剖面的情况，如图2-113所示。

图2-111 "剖面框"选项

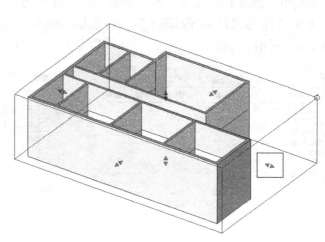

图2-112 模型内剖面

2.5.4 异型墙

在工程中，有时墙是一些不规则的图形，不能按照一般墙体的绘制方法进行绘制，这些墙统称为异型墙。

1. 墙面形状编辑

由于有的墙会有开洞等情况，下面绘制一面叠层墙，来进行墙面形状的修改。

选中该墙，因为墙表面的填充图案会干扰接下来墙轮廓的绘制，所以单击鼠标右键，选择"在视图中隐藏" > "图元"，打开"视图专有图元图形"对话框，单击"表面填充图案"下拉箭头，不勾选"可见"选项，单击"确定"，设置图元表面图案不可见，如图2-114所示。完成设置后，单击"修改|叠层墙" > "模式" > "编辑轮廓"，进入墙轮廓草图编辑模式，选择"直线"工具，在墙面上绘制一个矩形。

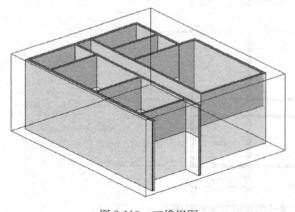

图2-113 三维视图

图2-114 "视图专有图元图形"对话框

2.5 墙 体

单击"修改">"拆分图元",在绘制的矩形下边上任意位置单击,再使用"修改">"修剪/延伸为角"工具,单击要保留的线段,进行修剪,如图 2-115 所示。完成后,单击"完成"按钮退出墙轮廓编辑,墙轮廓形状如图 2-116 所示。

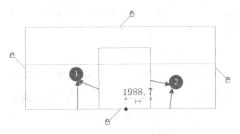

图 2-115 墙轮廓编辑

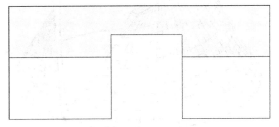

图 2-116 墙轮廓编辑完成后的平面视图

2. 绘制复杂曲面墙

复杂曲面墙的绘制需先绘制一个体量,再通过拾取面的命令,绘制曲面墙。

单击"体量和场地">"概念体量">"内建体量",在弹出的"名称"对话框中,输入名称"曲面",如图 2-117 所示,进入到绘制体量界面。

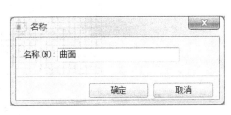

图 2-117 "名称"对话框

在 F1 楼层平面视图上绘制一个圆形,在 F2 楼层平面视图上绘制一个方形,如图 2-118 所示。

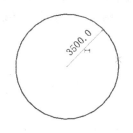

图 2-118 圆形和方形绘制

单击"形状">"创建形状">"实心形状",如图 2-119 所示,选中绘制好的正方形和圆形,按回车键确认,切换到默认三维视图,可以看到绘制的体量,效果如图 2-120 所示。

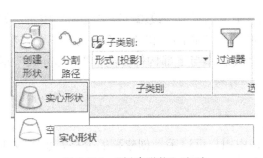

图 2-119 "创建形状"选项

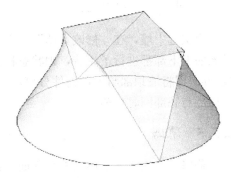

图 2-120 效果图

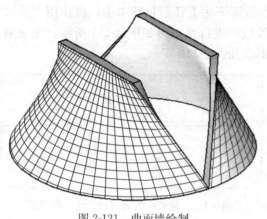

单击"建筑">"墙">"建筑 墙",在"放置|墙"上下文选项卡中选择"绘图">"拾取面",单击实体的两个曲面,在曲面上生成墙面,选中实体并删除,完成曲面墙绘制,如图 2-121 所示。

3. 墙的附着与分离

由于一些墙或楼板、天花板的剖面不规则或是斜面或是曲面,所以直接绘制好的墙体与楼板不能够进行很好的连接,所以本例讲解墙的附着与分离的方法。现有一组墙和楼板位置如图 2-122 所示。

图 2-121 曲面墙绘制

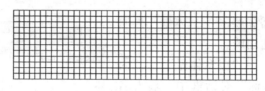

图 2-122 墙和楼板位置图

选中墙面,在"修改|墙"上下文选项卡中,选择"修改墙">"附着"按钮,在状态栏中选择"底部"。"顶部"即将墙顶部附着到上部构件,"底部"将墙底部附着到下部构件,如图 2-123 所示。

附着后,墙和楼板三维视图如图 2-124 所示。

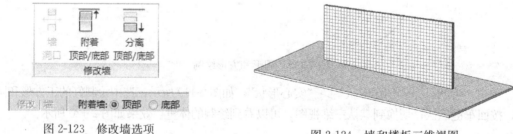

图 2-123 修改墙选项　　　　　　　　　图 2-124 墙和楼板三维视图

再次选中墙,在"修改|墙"上下文选项卡中,选择"修改墙">"分离"按钮,如果该墙上下部都进行了附着,则状态栏会有"顶部"、"底部"和"全部分离"三个选项。"顶部"即将墙顶部与上部构件分离,"底部"将墙底部与下部构件分离,"全部分离"指墙顶部与底部同时分离。

2.5.5 幕墙

幕墙是现代建筑常用的外墙立面,在 Revit 中用户可以手动创建幕墙分格,也可以在定义好的情况下自动创建幕墙网格和竖梃,以便更好地满足用户的要求效果。

1. 创建自动分格幕墙

单击“建筑”>“构建”>“墙”>“建筑 墙”，进入“放置 | 墙”上下文选项卡，打开属性面板，单击“编辑类型”按钮，打开“类型属性”对话框，切换族为“幕墙”，类型为“幕墙”，单击“复制”按钮，命名该类型为“练习-幕墙”。

2. 构造

功能：选择该幕墙是外部墙体还是内部分隔墙。

自动嵌入：勾选该栏，所绘制的幕墙自动打断已绘制的其他墙体，嵌在其他墙体之上，类似窗户用法。

幕墙嵌板：幕墙的材质，一般选择玻璃，如果幕墙样式复杂，嵌板也可以选择其他墙体类型。

3. 垂直网络/水平网络

布局：布局形式，有“固定距离”、“最小距离”等选项，幕墙网格的分格将会依照此布局进行，若选择“固定距离”，则在该方向上，以此固定距离划分网格。若选择“最小距离”，则系统自动在该方向上划分网格，网格间距不小于设定的距离。

间距：设定在某种布局条件下网格在该方向的间距。

调整竖梃尺寸：勾选该项，系统将根据幕墙具体情况自动调整竖梃尺寸。

4. 垂直竖梃/水平竖梃

内部类型：选择幕墙中间竖梃类型。

边界1类型/边界2类型：选择幕墙边界竖梃类型。

本例将各项参数设置如图2-125所示，设置好后单击“确定”退出，在属性面板设置底部限制条件为“F1”，偏移为“0”，顶部限制条件为“F3”，偏移为“—600”，如图2-126所示。设置选项栏如图2-127所示。

参数	值
构造	
功能	外部
自动嵌入	☑
幕墙嵌板	幕墙：幕墙
连接条件	边界和水平网格连续
材质和装饰	
结构材质	
垂直网格	
布局	最小间距
间距	2100.0
调整竖梃尺寸	☑
水平网格	
布局	固定距离
间距	3000.0
调整竖梃尺寸	☑
垂直竖梃	
内部类型	矩形竖梃：30mm 正方形
边界 1 类型	矩形竖梃：50X150mm
边界 2 类型	矩形竖梃：50X150mm
水平竖梃	
内部类型	矩形竖梃：30mm 正方形
边界 1 类型	矩形竖梃：50X150mm
边界 2 类型	矩形竖梃：50X150mm

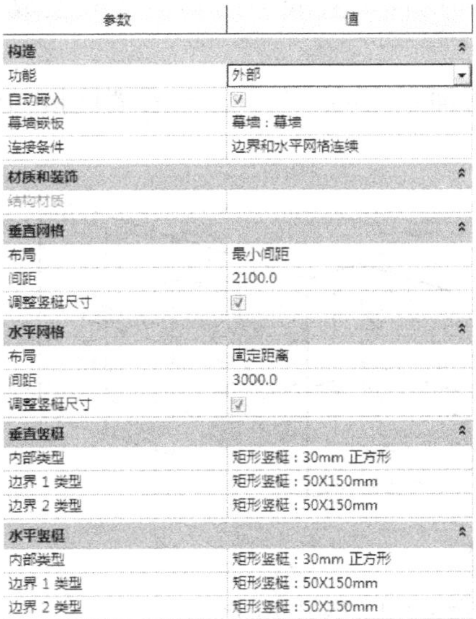

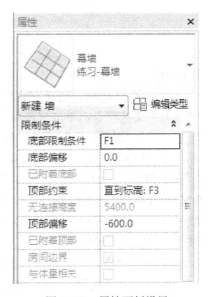

图2-125 参数设置

图2-126 属性面板设置

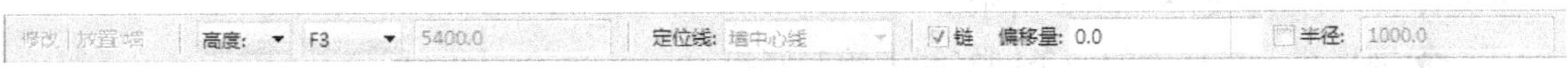

图2-127 设置选项栏

在图中沿外墙绘制玻璃幕墙，绘制完成后如图 2-128 所示。

5. 创建手动分格幕墙

单击"建筑">"构建">"墙">"建筑 墙"，进入"放置｜墙"上下文选项卡，打开属性面板，选择"幕墙族 幕墙类型"在绘图区域任意绘制一条幕墙，三维视图如图 2-129 所示。

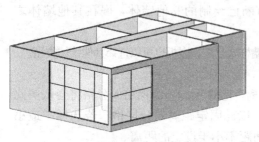

图 2-128 玻璃幕墙绘制后的三维视图

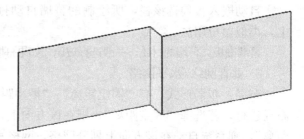

图 2-129 幕墙绘制三维视图

单击"建筑">"构建">"幕墙网格"，打开"修改｜放置 幕墙网格"上下文选项卡，在放置面板有三个选项，如图 2-130 所示。

图 2-130 放置面板

◆ 全部分段：在选中的幕墙范围内同一条直线上的所有嵌板上放置网格。

◆ 段：只在选中的幕墙嵌板上放置网格。

◆ 除拾取外的全部：在幕墙选中范围内，在除拾取线之外的同一直线上的其他嵌板上放置网格。

应用放置面板上的工具，绘制幕墙网格如图 2-131 所示。

选中一条网格线，进入"修改 网格"上下文选项卡，单击"幕墙网络">"添加/删除线段"，可以对已绘制的网格进行修改。在图 2-132 中，选中幕墙网格线①，单击单击"添加/删除线段"按钮，再单击②位置线段可以将该段网格删除，依次使用该工具，修改幕墙网格形状。

修改幕墙网格后，单击"建筑">"构建">"竖梃"，进入"放置｜竖梃"上下文选项卡，在"放置"面板有 3 个工具，如图 2-133 所示。

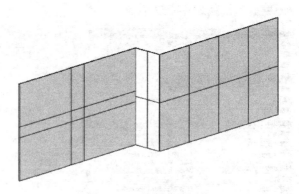

图 2-131 绘制幕墙网格

◆ 网格线：在选中的一条网格线上绘制竖梃。

◆ 单段网格线：在选中的一段网格线上绘制竖梃。

2.6 门　窗

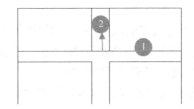

图 2-132　幕墙网络编辑

◆ 全部网格线：在选中范围内的全部网格线上绘制竖梃。

选用恰当工具，属性面板中设置类型为"30mm 正方形"，在玻璃幕墙上添加竖梃如图 2-134 所示，在拐角处，选择竖梃类型为"L 角竖梃 L 竖梃 1"，单击拐角处的网格，添加拐角竖梃，完成后如图 2-135 所示。

注：拐角处必须添加拐角竖梃，其角度会根据墙的转折角度相应调整。

图 2-133　"放置"面板

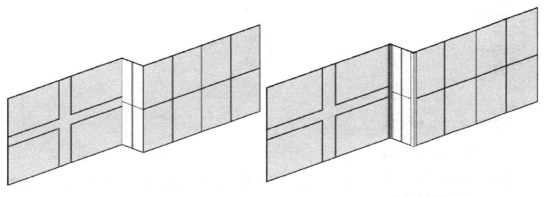

图 2-134　幕墙绘制效果图　　　　图 2-135　幕墙绘制效果图

2.6　门窗

2.6.1　插入门窗

1. 插入门

切换到 F1 楼层平面视图，单击"建筑">"构建">"门"，进入"修改 | 放置 门"上下文选项卡。单击"标记">"在放置时进行标记"，则 Revit 将在放置该门时自动进行门的类型编号标记。选项栏选项激活，如图 2-136 所示。

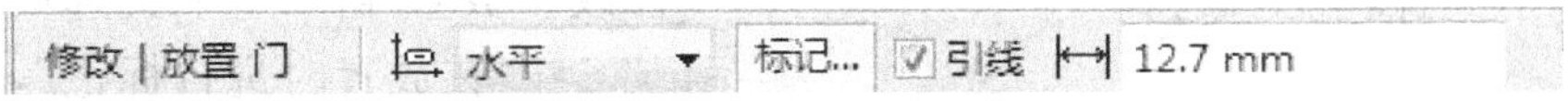

图 2-136　选项栏设置

◆ 标记：单击选择门的标记样式。
◆ 引线：选择标记门时是否有引线，后面数字输入框，在勾选引线时激活，数值指引线的长度。

本例中，不勾选"引线"一项，其他选项不做改变，在属性面板中选择"Mlc-1"族，"Mlc-1"类型，设置"底高度"为"0"，"顶高度"为"3000"，如图 2-137 所示，单击"编辑类型"按钮，打开"类型属性"对话框，如图 2-138 所示，选择"功能"为"外部"，门的宽度和高度不变，不做其他修改，单击"确定"退出。

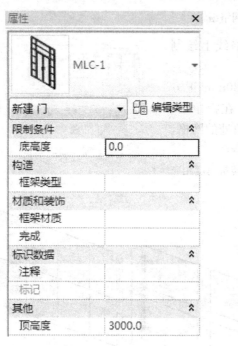

图 2-137　属性面板

图 2-138　"类型属性"对话框

在图中选取要放置该门的墙体，当临时尺寸标记显示尺寸合适时，单击放置该门，如图 2-139 所示。

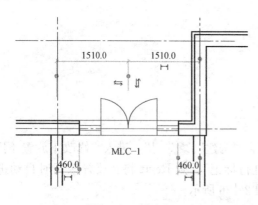

图 2-139　插入门

注意：在设置"门"的属性和类型时，一般只改动门的宽度和高度以及功能，其他细部尺寸不需修改。

选择要放置的门类型，在其他房间依次放置门，放置好后如图 2-140 所示。

注意：洞口的编辑放置与门一样，只是"门洞"族没有创建门扇。

2. 插入窗

单击"建筑">"构建">"窗"，进入"修改|放置 窗"上下文选项卡，单击"标记">"在放置时进行标记"，则 Revit 将在放置该窗时自动进行窗的类型编号标记。选项栏选项激活，该用法同门标记一致。

在属性面板中，单击"编辑类型"按钮，打开"类型属性"对话框，复制"双开推拉窗"，如图 2-141 所示。将其命名为"C-1"，设定高度"1800"，宽度"1500"，单击"确

2.6 门 窗

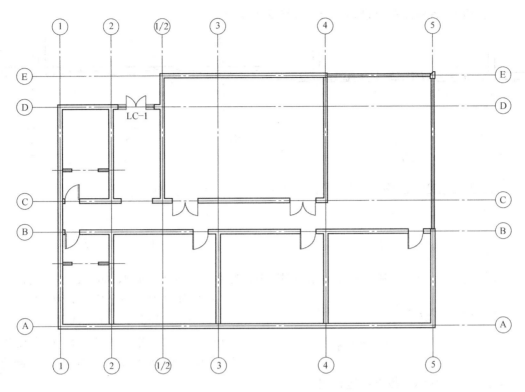

图 2-140 插入门后的平面图形

定"退出,在属性面板中设置"底高度"为"900",则顶高度自动发生相应调整,如图 2-142 所示,设置好后,在图上 2、3 轴线间任意位置插入两扇窗,并使用"注释">"对齐"工具,捕捉轴线和窗的中点进行尺寸标注,如图 2-143 所示。

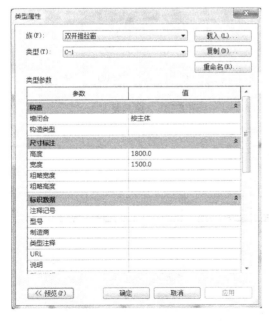

图 2-141 "类型属性"对话框

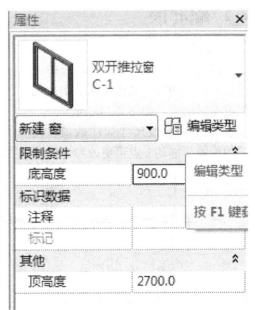

图 2-142 属性面板

单击 EQ，各标注距离自动等分，如图 2-144 所示。

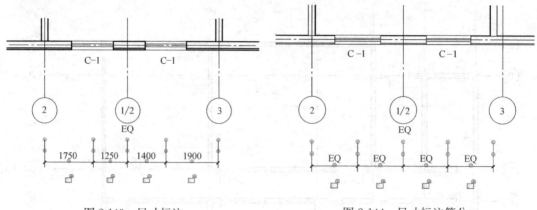

图 2-143　尺寸标注　　　　　　　图 2-144　尺寸标注等分

单击"修改"＞"复制"按钮，在选项栏勾选"约束""多个"选项，如图 2-145 所示。

图 2-145　选项栏设置

选中刚创建的两个窗户，按"回车"键确认，选中 2 轴线与 a 轴线的交点作为复制的基点，如图 2-146 所示，依次在 3、4 轴线与 a 轴线的交点处单击，复制完成，如图 2-147 所示，按 Esc 键退出。

修改编辑好其他窗的族与类型，在其他房间放置依次放置窗，放置好后切换到默认三维视图，效果如图 2-148 所示。

2.6.2　编辑门窗

1. 编辑门

切换到 F1 楼层平面视图，选中一个已经放置好的门，则绘图区域上出现该门的编辑信息，如图 2-149 所示。

① 单击可修改尺寸标注数值，改变门的位置，拖动夹点可更改参考线的选择。

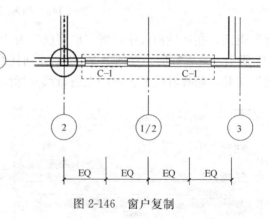

图 2-146　窗户复制

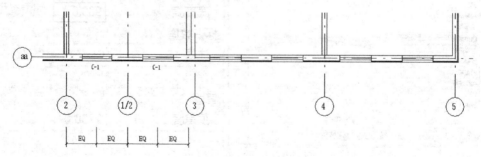

图 2-147　窗户复制完成后的图形

2.6 门　窗

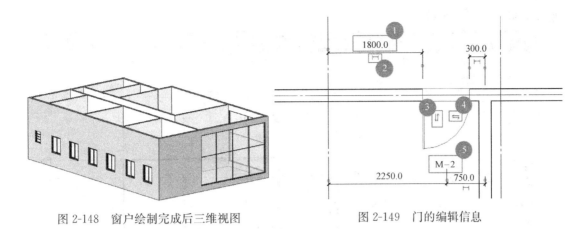

图 2-148　窗户绘制完成后三维视图　　　　图 2-149　门的编辑信息

② 转化为永久尺寸标注按钮，单击后，不选择该门，这个尺寸标注仍然显示。
③ 转化门开口内外的符号，单击后可翻转门的内外朝向。
④ 转化门开口左右的符号，单击后可翻转门的左右朝向。
⑤ 门的标记符号，单击选中可进行位置的移动。

在本例中，单击③后，门实现左右翻转，如图 2-150 所示，单击④门实现上下翻转，如图 2-151 所示，将临时尺寸标注"300"改为"600"，如图 2-152 所示。

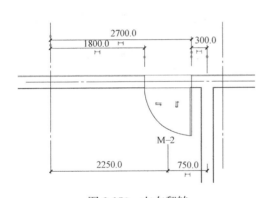

图 2-150　左右翻转

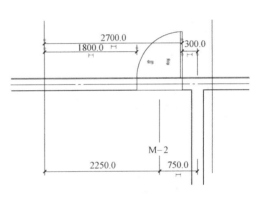

图 2-151　上下翻转

用类似的方法，将各个房间的门修改好。之后，选中除入口处门之外的所有门，进入"修改｜门"上下文选项卡，如图 2-153所示，单击"剪贴板"＞"复制到剪贴板"按钮，单击"粘贴"下拉箭头，从列表中选择"与选定的标高对齐"，如图 2-154所示，弹出"选择标高"对话框，如图 2-155 所示，选择"F2"，单击确定退出，则选中的全部对象将被复制到F2 标高上，切换到默认三维视图，配合剖面框，可以看到，一层的门已经全部被复制到二

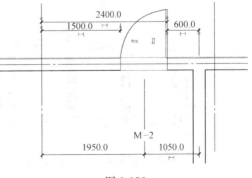

图 2-152

层了,如图 2-156 所示。

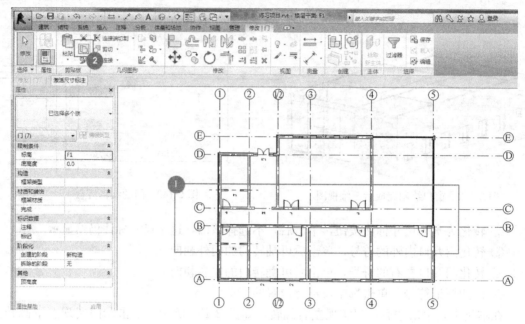

图 2-153 "修改|门"选项卡

图 2-154 "粘贴"选项

图 2-155 "选择标高"对话框

2. 编辑窗

切换到 F1 楼层平面视图,选中一个已经放置好的窗,则绘图区域上出现该窗的编辑信息,大致与门相似,如图 2-157所示。

① 单击可修改尺寸标注数值,改变窗的位置,拖动夹点可更改参考线的选择。

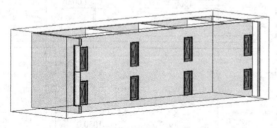

图 2-156 门复制到 F2 标高后的图形

② 转化为永久尺寸标注按钮,单击后,不选择该窗,这个尺寸标注仍然显示。

2.6 门　窗

③ 转化窗内外朝向的符号，单击后可翻转窗的朝向。

④ 窗的标记符号，单击选中可进行位置的移动。

据此方法，将各个房间的窗修改好。然后，选中所有窗，进入"修改|窗"上下文选项卡，单击"剪贴板">"复制到剪贴板"按钮，单击"粘贴"下拉箭头，从列表中选择"与选定的标高对齐"，在"选择标高"对话框中选择"F2"，单击确

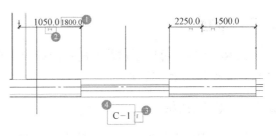

图 2-157　窗的编辑信息

定退出，则选中的全部对象将被复制到 F2 标高上。

注意：复制时只选定门窗图元而不选择对应标记符号，则只复制了门窗图元，复制出的视图没有门窗标记符号，要想将门窗标记一起复制，必须在选择的时候把标记也选中。

本例将一层的所有门窗的标记符号一起选中，复制到 F2 视图。切换到 F2 平面视图，在入口处开间新放置一个"C-1"类型的窗，F2 楼层的门窗布置完毕，如图 2-158 所示，切换到默认三维视图观看效果，如图 2-159 所示。

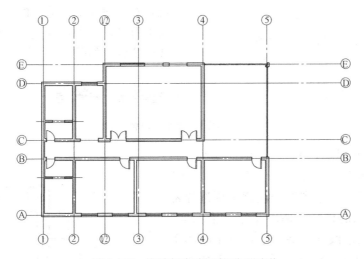

图 2-158　窗编辑完成后的平面图形

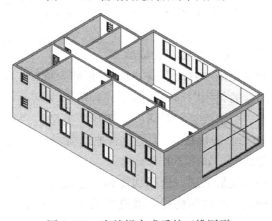

图 2-159　窗编辑完成后的三维图形

2.7 楼板

在 Revit 中，可以创建普通的室内楼板、室外楼板，也可以创建带坡度的楼板和异形楼板，编辑起来十分方便。

2.7.1 创建楼板

切换到 F1 楼层平面视图，单击"建筑"＞"构建"＞"楼板"＞"楼板：建筑"，进入"修改｜创建 楼层边界"上下文选项卡，如图 2-160 所示，楼板的创建也是先绘制轮廓草图，再进行创建，在"绘制"面板中有许多工具，其用法编辑同墙的轮廓时相同。

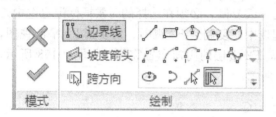

图 2-160 创建楼层边界选项卡

选用"拾取墙"这个工具，选项栏如图 2-161 所示，设置偏移为"0"，勾选"延伸到墙中心"，则楼板将延伸到墙的核心层表面，单击要创建楼板的房间边缘墙，在此命令下，选中的墙会出现内外翻转的符号，单击可改变选中墙的楼板边界线的位置，如图 2-162 所示。

图 2-161 选项栏设置

依次选中外围墙，配合使用"修改"＞"修剪/延伸为角"工具和"绘制"＞"直线"工具，绘制楼板边界草图线。注意不要选择幕墙和卫生间范围的楼板，幕墙不用"拾取墙"的功能，否则拾取线在幕墙中心，卫生间的楼板构造和标高与普通楼板不同，故也不能在此次绘制中布置。完成后，草图线如图 2-163 所示。

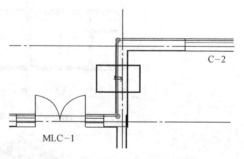

图 2-162 楼板边界线位置变换

选择"绘制"＞"拾取线"工具，沿幕墙内边缘绘制楼板边界，配合使用"修改"＞"修剪/延伸为角"工具和"绘制"＞"直线"工具将草图线修改成为闭合的封闭图形，如图 2-164 所示。

打开属性面板，单击"编辑类型"对话框，选择族类型为"室内地坪"，复制创建一个新的楼板，修改名称为"练习-楼板"，不更改其他选项，单击"结构"后的"编辑"按钮，打开"编辑部件"对话框，如图 2-165 所示。

添加一个结构层，移动至最下层，选择功能为"面层 2（5）"，材质为"练习-白色抹灰"，厚度为"10"，选择最上面的结构层，修改材质为"地面砖"，不更改其他选项，设置好后，"编辑部件"对话框界面如图 2-166 所示。

2.7 楼 板

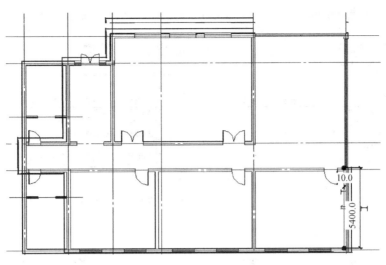

图 2-163 绘制楼板边界草图线视图

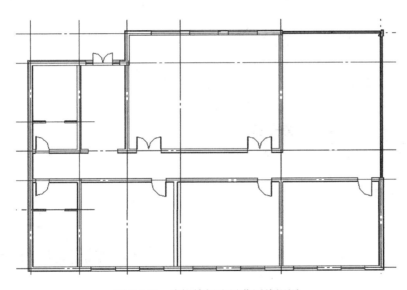

图 2-164 编辑楼板边界草图线视图

单击"确定"按钮退出编辑，在属性面板上设置"标高"为 F1，自标高的高度为"0"，勾选"房间边界"选项，如图 2-167 所示，意为楼板面层高与 F1 标高对齐并且不发生偏移，楼板算作房间边界。

设置好后单击"模式">"完成"，退出草图编辑模式，完成楼板的创建。Revit 将弹出对话框，询问是否剪切重叠面积，如图 2-168 所示，为了 Revit 可以正确计算墙和楼板的体积，这里我们选择"是"。

下面创建卫生间楼板，绘制草图如图 2-169 所示。

打开属性面板，新建一个楼板类型，命名为"练习-卫生间楼板"，设置结构如图 2-170 所示，单击"确定"退出，设置属性面板如图 2-171 所示，楼板表面自 F1 标高向下偏移 20mm，勾选"房间边界"。

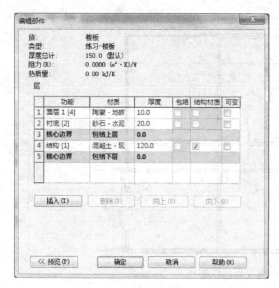

图 2-165 "编辑部件"对话框

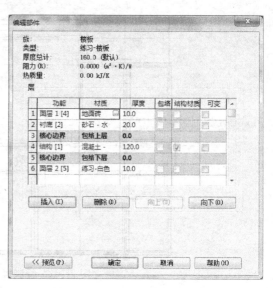

图 2-166 "编辑部件"对话框

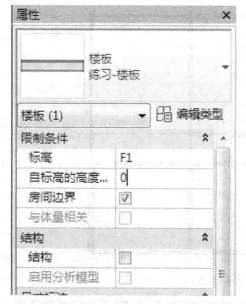

图 2-167 属性设置

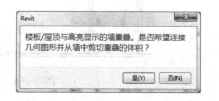

图 2-168 "是否剪切重叠面积"对话框

单击"模式">"完成",退出草图编辑,生成卫生间楼板,切换到三维视图观察效果,如图 2-172 所示。

配合使用过滤器选中所有楼板,单击"复制到剪贴板",再单击"粘贴">"与选定标高对齐",选择 F2 楼层,单击"确定",所有楼板复制到 F2 楼层。

2.7.2 编辑楼板

1. 斜楼板

在 F1 平面分两次绘制两块一模一样的楼板,如图 2-173 所示,绘制完成后,选中其

2.7 楼　板

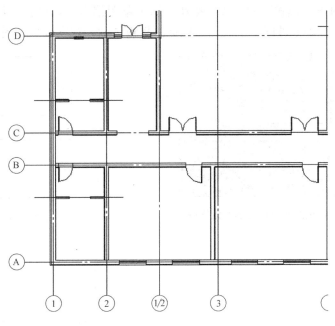

图 2-169　卫生间楼板

中一块，进入"修改｜楼板"上下文选项卡，选择"绘制">"坡度箭头"工具，在楼板上绘制坡度箭头如图 2-174 所示。

图 2-170　"编辑部件"对话框

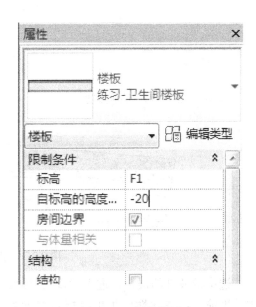

图 2-171　属性设置

选中刚绘制的坡度箭头，打开属性面板，设置指定条件为"尾高"，楼板坡度的指定条件意思是楼板的成坡方式，最低处标高为"F1"，尾高度偏移为"0"，意味着箭头尾部的标高以 F1 标高为基准且不发生偏移。最高处标高为"F1"，头高度偏移为"1000"，意味着箭头头部标高以 F1 标高为基准且向上偏移 1000mm，设定好后，如图 2-175 所示，单击"应用"。单击"模式">"完成"按钮，退出草图编辑，切换到默认三维视图，配合使用注释面板"高程点 坡度"工具，可以标注楼板坡度，观察效果如图2-176所示。

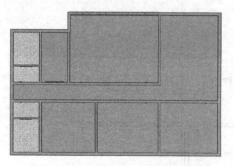

图2-172 楼板绘制完成后的三维视图

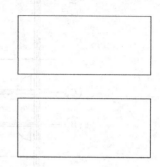

图2-173 楼板

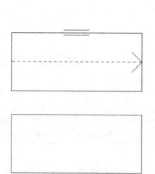

图2-174 绘制坡度箭头

图2-175 属性设置

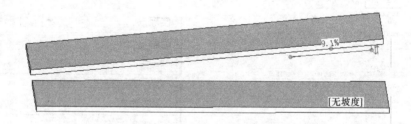

图2-176 楼板坡度效果图

选中带坡度的楼板，进入"修改|楼板"上下文选项卡，单击"编辑边界"按钮，选中坡度箭头，在属性面板更改指定坡度方式为"坡度"，设置最低处标高参照为"F1"，箭头尾部关于F1偏移为0，如图2-177所示，应用该属性，退出草图编辑模式，再次切换到三维视图，观察效果如图2-178所示。

2. 特殊楼板编辑

有些楼板形状较特殊，不是一块平整的表面，可以通过楼板编辑使之满足要求。选中一块已绘制的普通楼板，进入"修改|楼板"上下文选项卡，在形状编辑面板中，有如下

2.7 楼 板

图 2-177 属性设置

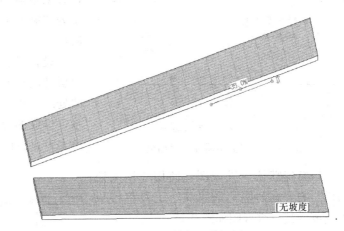

图 2-178 楼板三维视图

几个命令，如图 2-179 所示。

◆ 修改子图元：单击楼板图元上已有的点或线，可打开该选中子图元的高程值输入框，输入需要的数值，即可更改该子图元高程。

◆ 添加点：在楼板图元上添加一个点。

◆ 添加分割线：在楼板图元上添加分割线，是该楼板分割成几个互不相关的楼板图元，方便用户进行编辑。

◆ 拾取支座：通过拾取支座的方式添加楼板分割线。

图 2-179 形状编辑面板

◆ 重设形状：撤销对楼板进行的全部编辑操作。

本例中我们使用"添加点"工具，在楼板上添加两个点，设置一个点的高程为"500"，另一个店的高程为"300"，如图 2-180 所示。切换到三维视图，观察效果，如图 2-181 所示。

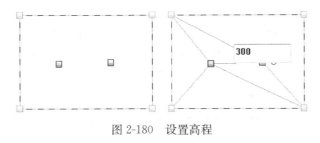

图 2-180 设置高程　　　　　　　　图 2-181 楼板三维视图

2.7.3 楼板边缘

接上节练习，切换到 F1 平面视图，单击"建筑">"构建">"楼板">"楼板楼板边缘"，进入"修改|放置楼板边缘"上下文选项卡。单击"插入">"从库中载入">"载入族"，选择族文件"楼板边梁带翻边 480×350：楼板边"载入到当前项目中来。打开属性面板，单击"编辑类型"，打开"类型属性"对话框，选择"楼板边"族类型，复制新建一个类型，命名为"练习-楼板边缘"，单击轮廓值，在下拉列表中选择刚刚载入的族"楼

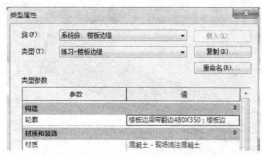

图 2-182 "类型属性"对话框

板边梁带翻边 480×350：楼板边",选择材质为"混凝土-现场浇筑混凝土",如图 2-182 所示。

设置好后退出"类型属性"对话框,不对属性面板的其他项进行修改,单击玻璃幕墙处的楼板,放置楼板边缘,如图 2-183 所示,生成的楼板边缘还带有内外翻转符号,单击可进行内外的修改。

切换到默认三维视图,使用"视图控制栏"的"临时隔离和隐藏"工具将楼板边隔离,其三维视图如图 2-184 所示。

下面为楼板边缘添加扶手,单击"建筑">"楼梯坡道">"栏杆扶手">"绘制路径",进入"修改|创建栏杆扶手路径"上下文选项卡,以绘制路径的方式来完成栏杆的编辑。打开属性面板,单击"编辑类型"按钮,打开"类型属性"对话框,选择"不锈钢玻璃嵌板栏杆 2"类型,复制该类型,重命名为"练习-不锈钢玻璃嵌板栏杆",在构造参数中有两个主要参数"扶栏结构"和"栏杆位置",如图 2-185 所示,"扶栏结构"用于编辑水平扶手的结构,"栏杆位置"用于编辑竖直方向栏杆的结构和位置。

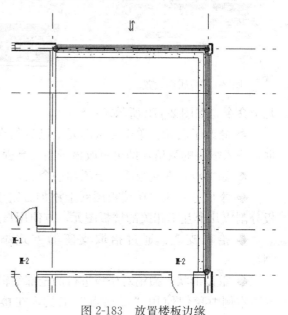

图 2-183 放置楼板边缘

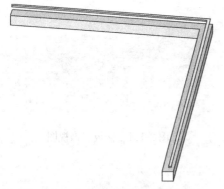

图 2-184 绘制楼板边缘后三维视图

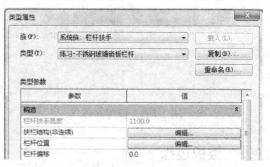

图 2-185 "类型属性"对话框

首先单击"栏杆结构"编辑按钮,弹出"编辑扶手"对话框,如图 2-186 所示。

◆ 插入：插入一个新的扶手图元。
◆ 复制：复制当前选中扶手的所有属性。
◆ 删除：删除当前扶手图元。

2.7 楼 板

◆ 名称：用户自己设定的该扶手名称。

图 2-186 "编辑扶手"对话框

◆ 高度：该扶手距离栏杆底部的高度。
◆ 偏移：扶手的左右偏移量。
◆ 轮廓：从下拉列表中选择，为扶手的截面形状。
◆ 材质：从材质浏览器中选择当前扶手材质。

本例不修改其他参数，只将高度修改为"1100"，完成后退出，单击"栏杆位置"后的编辑按钮，弹出"编辑栏杆位置"对话框，如图 2-187 所示，"主样式"中设定主要栏杆的样式位置，"支柱"设定起始、结束、转角处栏杆样式和位置。本例中只修改主样式 3 的顶部偏移为"－300"，意为该栏杆在顶部扶手 Rail 的图元下方 300mm 的位置。修改支柱 1 的栏杆族为"公制栏杆_圆形 35mm"，单击"确定"退出。

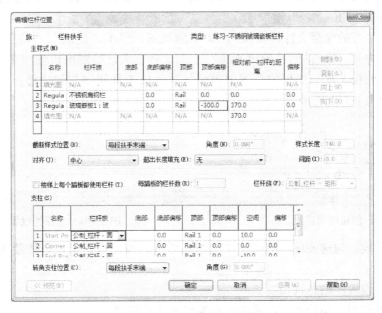

图 2-187 编辑栏杆对话框

设置好栏杆属性后，单击"绘制"＞"直线"按钮，在楼板边缘上绘制栏杆路径如图 2-188 所示，单击"模式"＞"完成"，退出草图编辑模式，选中楼板边缘和栏杆，复制到

F2 标高，切换到默认三维视图，可观察绘制效果，如图 2-189 所示。

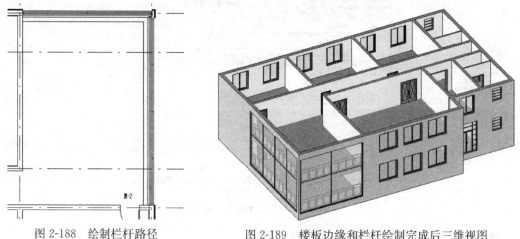

图 2-188　绘制栏杆路径　　　　　图 2-189　楼板边缘和栏杆绘制完成后三维视图

2.8　屋顶

在 Revit 2014 中，共提供了迹线屋顶、拉伸屋顶、面屋顶和屋檐底板、封檐带、檐槽这几个用于创建屋顶和屋顶构建的工具，方便用户根据具体项目的需要进行屋顶的创建。

2.8.1　迹线屋顶

迹线屋顶是较常用的屋顶工具，本节将运用迹线屋顶工具创建练习中模型的屋顶。

1. 创建迹线屋顶

打开上节练习的保存文件，切换到 F3 平面视图，单击"建筑">"构建">"屋顶">"迹线屋顶"，进入"修改|创建屋顶迹线"上下文选项卡，绘制面板如图 2-190 所示，可以看到其绘制面板大致如楼板的草图编辑面板，各项工具使用与创建楼板时使用方法相同，选项栏如图 2-191 所示。

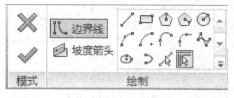

图 2-190　"修改|创建屋顶迹线"选项卡　　　　图 2-191　选项栏设置

◆ 定义坡度：勾选该项将在屋顶各边添加坡度，坡度可定义，具体使用方法稍后会仔细讲解。

◆ 悬挑：设置屋檐悬挑长度。

◆ 延伸到墙中：勾选该项屋顶边界延伸到墙核心层表面。

本例中，选项栏设置如图 2-191 所示，在属性面板，单击"编辑类型"按钮，打开"类型属性"对话框，选择屋顶族类型为"混凝土 120mm"，复制新建一个类型，命名为"练习-屋顶"，单击"结构"后的编辑按钮，打开编辑部件对话框，设置各结构材质、厚

2.8 屋　顶

度如图 2-192 所示，单击"确定"退出编辑，在属性面板设置底部标高"F3"，自标高的底部偏移为 0，如图 2-193 意为屋顶底部的参照标高为 F3，且没有偏移量。

注意：屋顶的标高是以屋顶底部为标准设置的。

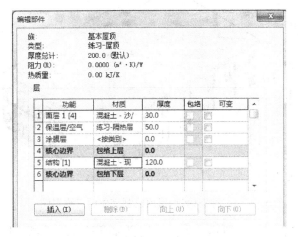

图 2-192　"编辑部件"对话框

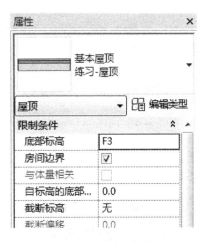

图 2-193　属性面板设置

选择"绘制">"拾取墙"工具，拾取办公楼外围墙线，如图 2-194 所示，完成后单击"模式">"完成"按钮，退出屋顶轮廓编辑。

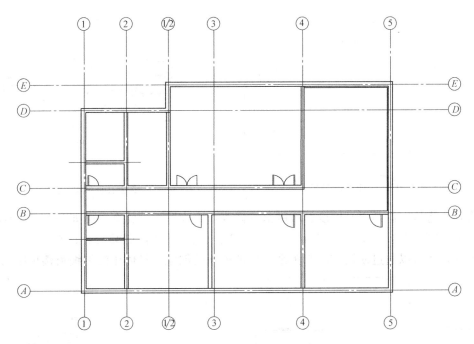

图 2-194　拾取外围墙线后平面视图

单击"形状编辑">"添加点"，在 C 轴线和 1/2、4 轴线交点处添加两个点，修改两个点的高程为"100"，如图 2-195 所示。

编辑完成后切换到默认三维视图，观察效果，如图 2-196 所示。

2. 使用"定义坡度"

单击"建筑">"构建">"屋顶">"迹线屋顶",进入"修改|创建屋顶迹线"上下文选项卡,在选项栏勾选"定义坡度"选项,创建坡屋顶轮廓如图2-197所示。

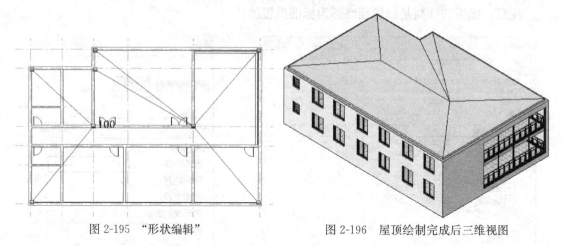

图2-195 "形状编辑"　　　　　　　　图2-196 屋顶绘制完成后三维视图

选中任意一条屋顶边线,属性面板如图2-198所示,勾选"定义屋顶坡度"选项,则该屋顶边线有坡度,不勾选则该边线不产生坡度,在"坡度"栏可更改坡度值。

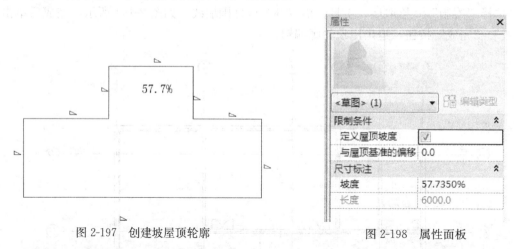

图2-197 创建坡屋顶轮廓　　　　　　　图2-198 属性面板

将各个边依次做是否有坡度、坡度值的修改,修改后屋顶轮廓草图如图2-199所示。单击"完成"按钮退出草图编辑,切换到默认三维视图,观察效果如图2-200所示。另外,还可以通过使用坡度箭头来完成坡屋顶的创建,具体用法见编辑楼板中的坡度

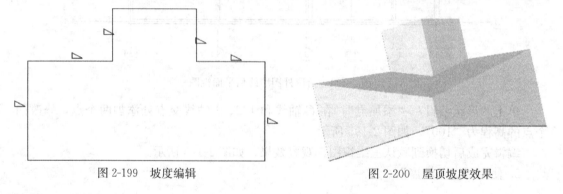

图2-199 坡度编辑　　　　　　　　　图2-200 屋顶坡度效果

箭头用法。

2.8.2 拉伸屋顶

在平面创建一个坡屋顶，三维效果如图 2-201 所示，切换到 F3 楼层平面视图，创建三个参照平面，位置如图 2-202 所示。

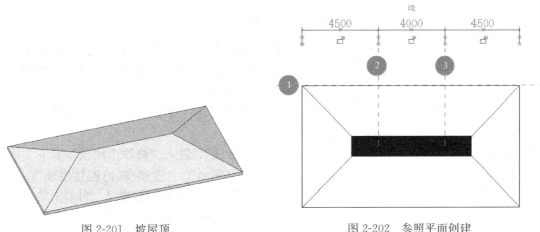

图 2-201　坡屋顶　　　　　　　　　图 2-202　参照平面创建

单击"建筑">"构建">"屋顶">"拉伸屋顶"，弹出"工作平面"对话框，选择"拾取一个平面"为拉伸屋顶选择一个拉伸基面，本例选择①参考平面，弹出"转到视图"对话框，选择"立面：北立面"，切换到可以编辑拉伸屋顶迹线的平面，弹出"屋顶参照标高和偏移"对话框，选择标高"F3"，偏移为"0"，则该拉伸屋顶的底部将建立在 F3 标高上，如图 2-203 所示，单击"确定"，进入"修改|创建拉伸屋顶轮廓"上下文选项卡。

选择"绘制">"起点-终点-半径弧"工具，绘制界面上绘制一个半圆弧如图 2-204 所

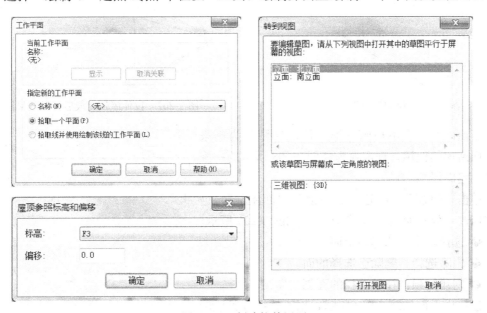

图 2-203　创建拉伸屋顶

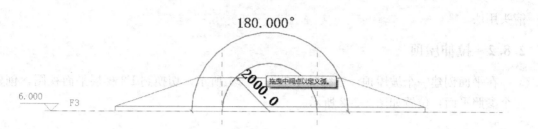

图 2-204　绘制半圆弧

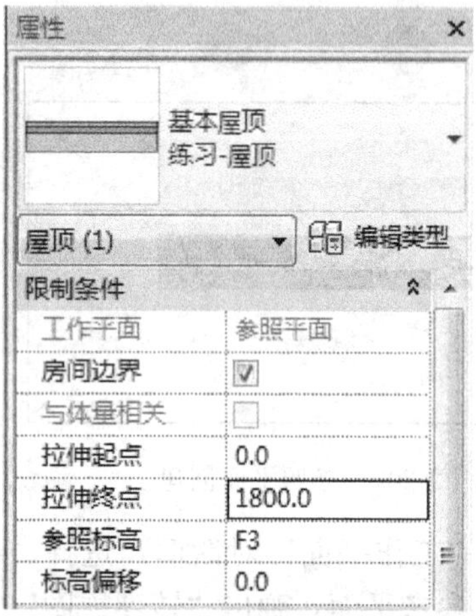

示，在属性面板设置屋顶的族和类型，更改拉伸终点为"1800"，如图 2-205 所示，单击"模式">"完成"按钮退出草图编辑模式。

到默认三维视图，可观察迹线屋顶创建情况，如图 2-206 所示。

选中"拉伸屋顶"，进入"修改|屋顶"上下文选项卡，单击"几何图形">"连接/取消连接屋顶"，如图 2-206 所示，先单击拉伸屋顶①边缘，再单击坡屋顶②面，完成屋顶的连接，完成后效果如图 2-207 所示。

2.8.3　面屋顶

面屋顶用于为表面不规则的模型创建屋顶，通过拾面来根据面的形状创建符合需要的屋顶形状。

图 2-205　属性面板

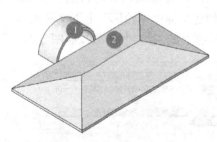

图 2-206　拉伸屋顶操作

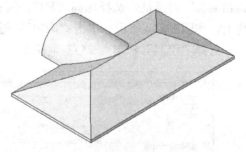

图 2-207　拉伸屋顶完成后三维效果图

下面以为一个不规则三维实体创建屋顶为例来讲解面屋顶的使用，现需要为如图 2-208 所示的三维实体创建面屋顶。

单击"建筑">"构建">"屋顶">"面屋顶"，进入"修改|放置面屋顶"，创建面板如图 2-209 所示。

◆ 选择多个：选择多个面。
◆ 删除选择：删除已选择的面。
◆ 创建屋顶：在已选择的面创建屋顶。

选项栏界面如图 2-210 所示，用于选择放置该屋顶的标高和标高偏移量。

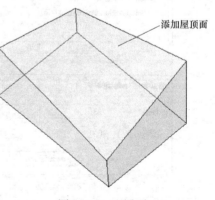

图 2-208　面屋顶

2.8 屋 顶

图 2-209 创建面屋顶面板

图 2-210 选项栏界面

直接单击该几何体表面，再单击"多重选择">"创建屋顶"按钮，则在几何体表面生成一个屋顶，如图 2-211 所示。

选中几何实体将其删除，则创建的屋顶如图 2-212 所示。面屋顶的属性设置族类型选择都与其他屋顶类似，这里不再做过多介绍。

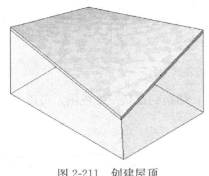

图 2-211 创建屋顶

图 2-212 屋顶创建后的三维效果图

2.8.4 屋檐底板、封檐带、檐槽

1. 屋檐底板

打开保存的练习文件，将屋顶底部标高更改为"F3"向上偏移"300"，为该屋顶添加檐底板。

切换到 F3 标高平面视图，单击"建筑">"构建">"屋顶">"屋檐：底板"，进入"修改|创建屋檐底板边界"上下文选项卡，如图 2-213 所示，大部分绘制工具同迹线屋顶的绘制工具相同，只有"拾取屋顶边"是特有的功能，单击该项后，选择一个屋顶，系统会自动沿该屋顶的边缘

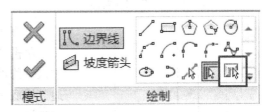

图 2-213 "创建屋檐底板边界"选项卡

生成轮廓边界，用户可在此基础上再进行修改编辑。

单击"绘制">"拾取屋顶边"，选中已绘制的屋顶，系统自动沿屋顶轮廓生成边界线，如图 2-214 所示，在属性面板设置标高为"F3"，偏移为"0"，单击"编辑类型"按钮，在"类型属性"对话框中选择"常规－300"，复制新建一个檐底板类型，命名为"练习-檐底板 300"，单击结构后的"编辑"按钮，在编辑部件对话框中设置结构材质为"现场

浇注混凝土",如图 2-215 所示,不更改其他选项,退出属性编辑。

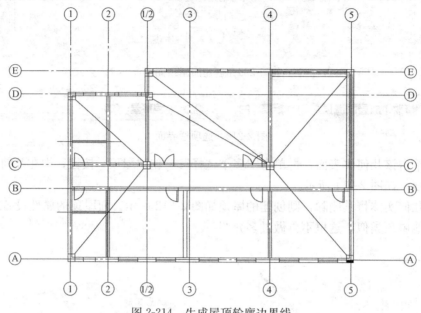

图 2-214 生成屋顶轮廓边界线

单击"模式">"完成"按钮,退出草图编辑模式,切换到默认三维视图,可以看到新绘制的檐底板如图 2-216 所示。

图 2-215 编辑部件对话框

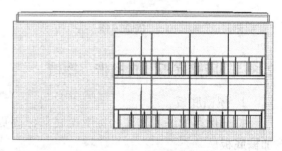

图 2-216 绘制檐底板

2. 檐顶封檐带

单击"建筑">"构建">"屋顶">"檐顶:封檐带",进入"修改|放置封檐带"上下文选项卡,单击檐顶边、檐底板等模型边线即可添加封檐带,再次单击可取消添加,由于在系统自带族中没有满足要求的封檐带轮廓,故新建一个轮廓族。

单击"应用程序">"新建">"族",选择样板文件为"公制轮廓",进入族编辑界面,选择"创建">"直线"工具,绘制轮廓的样式、尺寸、位置如图 2-217 所示。

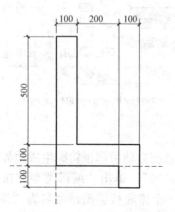

图 2-217 封檐带样式尺寸

绘制完成后,单击"保存",命名为"封檐带轮廓

2.8 屋　顶

—1"，单击"确定"完成保存，单击"载入到项目中"，载入当前项目。

打开属性面板，单击"编辑类型"按钮，进入"类型属性"对话框，复制当前族类型以创建新的族类型，命名为"练习-封檐带"，选择轮廓为"封檐带轮廓—1"，材质为"混凝土-现场浇注混凝土"，如图 2-218 所示，单击"确定"退出编辑，在属性面板设置处置轮廓偏移"—500"，水平轮廓偏移"0"，如图 2-219 所示。

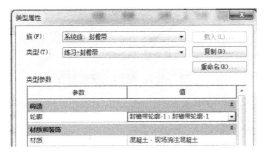

图 2-218　"类型属性"对话框

图 2-219　属性面板

依次单击屋顶边线，生成封檐带轮廓如图 2-220 所示。

按 Esc 键退出封檐带轮廓编辑，切换到默认三维视图，观察效果如图 2-221 所示。

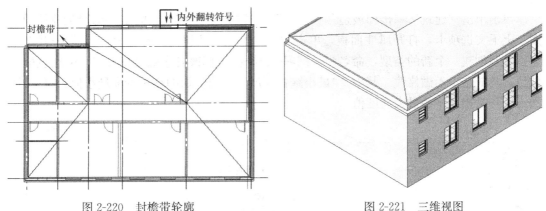

图 2-220　封檐带轮廓　　　　　　　图 2-221　三维视图

3. 屋顶檐槽

单击"建筑">"构建">"屋顶">"檐顶:檐槽"，进入"修改|放置檐沟"上下文选项卡，单击檐顶边、檐底板、封檐带等模型边线即可添加封檐沟，再次单击可取消添加。

打开属性面板，单击"编辑类型"按钮，在类型属性对话框中，复制新建一个檐沟类型，命名为"练习-檐槽"，修改材质为"现场浇注混凝土"，如图 2-222 所示，单击"确定"退出，在属性面板设置水平和垂直偏移均为"0"，如图 2-223 所示。依次单击封檐板外边缘生成檐沟，三维效果如图 2-224 所示。

图 2-222　"类型属性"对话框

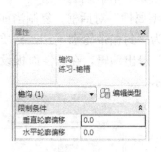

图 2-223　属性面板

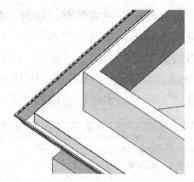

图 2-224　檐沟三维效果图

2.9　楼梯

2.9.1　直楼梯

本节将接上节练习为办公楼模型创建楼梯，打开练习文件，切换到 F2 标高平面视图。

单击单击“建筑”>“楼梯坡道”>“楼梯”>“楼梯(按草图)”，进入“修改|创建楼梯草图”上下文选项卡，打开属性面板，单击“编辑类型”按钮，选择“整体版式-公共”类型，复制创建一个新的类型，命名为“练习-直楼梯”，修改各参数如图 2-225 中红色框选数值，其他选项不做修改。其中，“最小踏板深度”是指楼梯的踏步宽度最小值，“最大踢面高度”是指踏步的最大高度值。

参数	值
计算规则	
计算规则	编辑...
最小踏板深度	300.0
最大踢面高度	150.0
构造	
延伸到基准之下	0.0
整体浇筑楼梯	☑
平台重叠	76.0
螺旋形楼梯底面	平滑式
功能	内部
图形	
平面中的波折符号	☑
文字大小	2.5000 mm
文字字体	宋体
材质和装饰	
踏板材质	混凝土 - 沙/水泥砂浆面层
踢面材质	混凝土 - 沙/水泥砂浆面层
梯边梁材质	<按类别>
整体式材质	混凝土 - 现场浇注混凝土

踏板	
踏板厚度	15.0
楼梯前缘长度	5.0
楼梯前缘轮廓	默认
应用楼梯前缘轮廓	仅前侧
踢面	
开始于踢面	☑
结束于踢面	☐
踢面类型	直梯
踢面厚度	0.0
踢面至踏板连接	踏板延伸至踢面下
梯边梁	
在顶部修剪梯边梁	匹配标高
右侧梯边梁	闭合
左侧梯边梁	闭合
中间梯边梁	0
梯边梁厚度	50.0
梯边梁高度	400.0
开放梯边梁偏移	0.0
楼梯踏步梁高度	120.0
平台斜梁高度	150.0

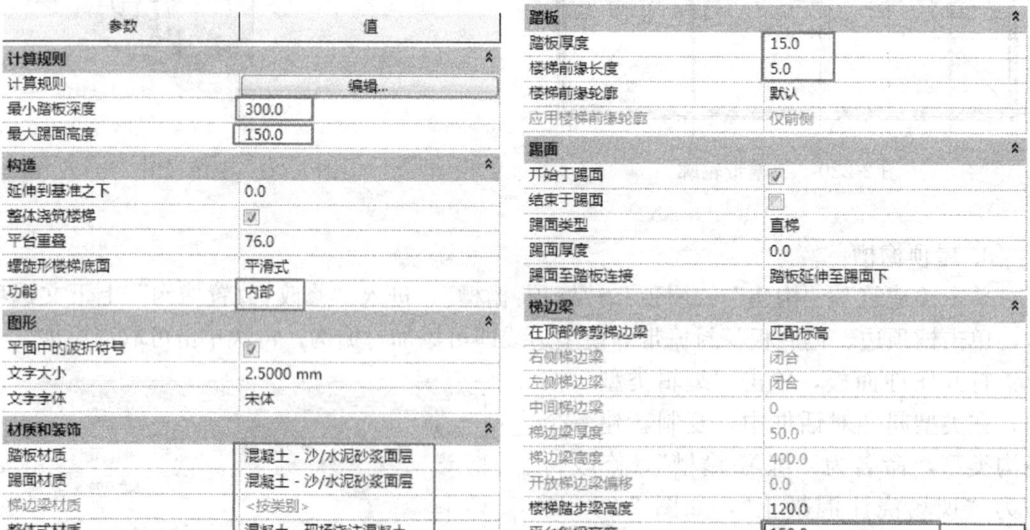

图 2-225　楼梯参数编辑

修改完成后，单击“确定”退出编辑，在属性面板设置各参数值如图 2-226 所示，当用户给出限制条件后，系统会自动计算出所需踏步数和相应的数值参考，但该数值可修

2.9 楼　　梯

改,用户进行修改后,相应数值也自动发生改变,如果用户的要求超出该楼梯类型设定条件,系统将给出警告。

创建楼梯的面板如图2-227所示,在属性设置完成后选择"工具">"栏杆扶手",添加楼梯,系统弹出"栏杆扶手"对话框,如图2-228所示,选择"竖向不锈钢栏杆",位置为"踏板",单击"确定"退出栏杆设置,在绘制完成后,系统将自动沿楼梯踏板边缘生成栏杆扶手。

单击"绘制">"梯段",进入绘制梯段线的模式,楼梯将沿梯段线路径生成。使用"边界"和"踢面"工具可以手动创建楼梯边界合体棉线的形状。

使用"参照平面"工具在楼梯间绘制3个参照平面,位置如图2-229所示。

绘制完成后,选择"绘制">"直线"工具,从左侧交点处开始点击,拖动鼠标向下移动,注意观察浅灰色提示,了解已绘制踏步数和未绘制踏步数,本例在绘制10个踏步后完成第一段绘制,如图2-230所示,平移到合适位置单击,向上拖动鼠标直至所剩踏步数为0,拖动系统生成的楼板边缘线到合适位置,完成后,如图2-231所示。

图2-226　属性面板

图2-227　创建楼梯的面板

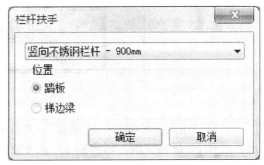

图2-228　"栏杆扶手"对话框

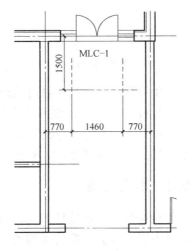

图2-229　绘制参照平面

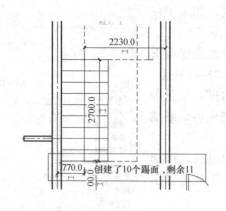
　　图 2-230　第一段踏步绘制

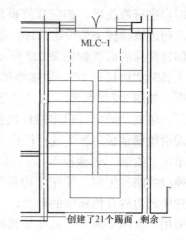
　　图 2-231　踏步绘制后平面视图

单击"模式">"完成"按钮退出草图编辑模式，切换到三维视图，如图 2-232 所示。

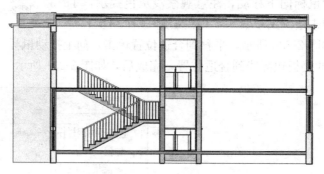

图 2-232　楼梯三维视图

单击"建筑">"洞口">"垂直"，为楼板创建洞口，修改状态栏各项值如图 2-233 所示，选择 F2 标高楼板，切换到 F2 平面视图，创建洞口轮廓线，完成后如图 2-234 所示，单击"模式">"完成"退出洞口草图编辑，可以看到楼梯的 F2 标高平面视图可以正常显示，如图 2-235 所示。

图 2-233　修改状态栏

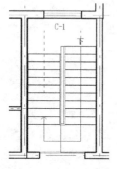

图 2-234　创建洞口轮廓线

选中靠墙一侧楼梯栏杆将其删除，单击"建筑">"楼梯坡道">"栏杆扶手">"绘制路径"绘制 F2 楼板栏杆，草图线如图 2-236 所示，单击"完成"按钮退出，切换到默认三维视图，观察楼梯效果，如图 2-237 所示。

2.9.2　螺旋楼梯

螺旋楼梯和直行楼梯的编辑方法大致相同，只是绘制时所用工具不同，故关于螺旋楼梯的属性、类型编辑以及添加栏杆等内容不再做重复介绍，本节着重介绍螺旋楼梯的草图绘制。

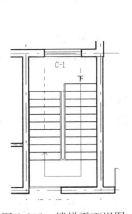
图 2-235 楼梯平面视图

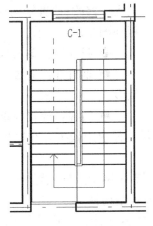
图 2-236 栏杆扶手

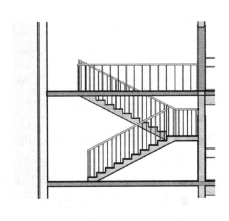
图 2-237 栏杆扶手绘制后三维视图

打开练习文件,切换到 F1 平面视图,单击"建筑">"楼梯坡道">"楼梯">"楼梯(按草图)",进入"修改|创建楼梯草图"上下文选项卡,单击"绘制">"梯段",进入绘制梯段线的模式,选择"绘制">"圆心-端点弧"工具,不更改属性面板所有选项,绘制 F1 标高至 F2 标高的一段螺旋楼梯。

在空白位置单击绘制圆弧圆心,向外拖拽,输入圆弧半径为"6000",如图 2-238 所示。单击选择楼梯起点位置,沿一个方向拖动,直至灰色提醒文字为"创建了 21 个踢面,剩余 0 个",如图 2-239 所示,单击确定。完成后单击"模式">"完成"按钮退出草图编辑模式,切换到默认三维视图,观察螺旋楼梯效果如图 2-240 所示。

图 2-238 绘制圆弧

图 2-239 创建楼梯踢面

图 2-240 螺旋楼梯效果图

2.10 柱和梁

2.10.1 结构柱

接上节练习,切换到 F1 楼层平面视图,单击"建筑">"构建">"柱">"结构柱",

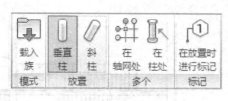

图2-241 选项面板

进入"修改|放置结构柱"上下文选项卡,选项面板如图2-241所示。

◆ 载入族:单击载入结构柱族文件。

◆ 垂直柱:放置于地坪垂直的柱,一般用得较多。

◆ 斜柱:放置与垂直方向呈一定角度柱,是Revit提供的特别柱编辑工具,由于实际工程使用较少,在这里不做过多介绍,读者可以自己探索。

◆ 在轴网处:在选中的范围内的所有轴网交点处放置柱。

◆ 在柱处:在放置建筑柱的地方放置结构柱。

◆ 标记:在放置时进行自行添加柱名称标记,用法同门窗标记,这里不再做过多介绍。

在该选项卡状态下不选择任何项,则系统将在鼠标单击处添加柱,本例中选择"垂直柱"在"轴网处"两个选项,不单击"在放置时标记",选项栏设置如图2-242。

图2-242 选项栏设置对话框

不勾选"放置后旋转",放置方法为"高度",至标高"F3"。"放置后旋转"是指在放置柱到指定位置后再根据系统提示,完成柱的角度旋转。

设置完成后,打开属性面板,单击"编辑类型"按钮,在弹出的"类型属性"对话框中,选择柱的类型为"450×450",复制新建一个柱类型,命名为"练习-结构柱300×300",修改属性值 b 为"300",H 为"300",如图2-243所示,完成编辑后单击"确定"退出。

在属性面板勾选"随轴网移动"、"房间边界"选项,修改"结构材质"为"混凝土-现场浇注混凝土",如图2-244所示。

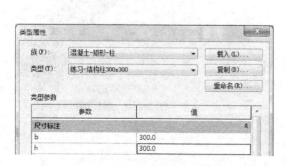

图2-243 "类型属性"对话框

图2-244 属性面板

设置完成后,单击"应用"按钮。在绘图区域框选所有的轴网,如图2-245所示,单击"模式">"完成"退出编辑模式,删除多余的柱,移动个别柱的位置进行调整,完成后如图2-246所示。

2.10 柱 和 梁

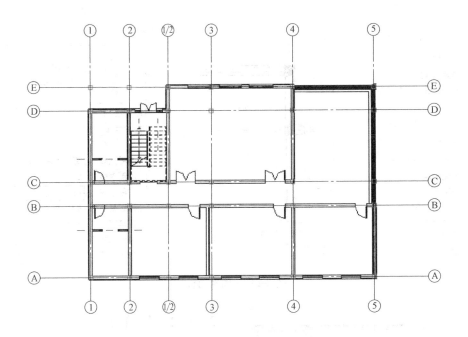

图 2-245 绘图区域选择轴网

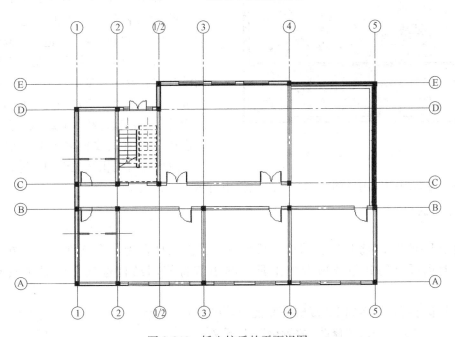

图 2-246 插入柱后的平面视图

选中任意一个柱，单击右键，在快捷菜单中选择"选择全部实例">"在视图中可见"，选中全部柱，打开属性面板，在面板中设置底部标高为"室外地坪"，其他参数不变，如图 2-247 所示，单击"应用"完成修改。

切换到默认三维视图，配合剖面框的使用，可以看到柱已经在模型中正确显示了，如图 2-248 所示。

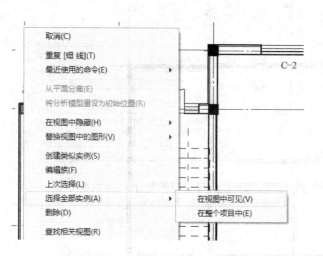

图 2-247 属性面板

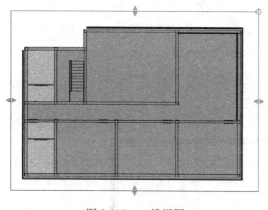

图 2-248 三维视图

2.10.2 建筑柱

在 Revit 中，建筑柱和结构柱的绘制方式是大致相同的，单击"建筑">"构建">"柱">"建筑柱"，进入"修改 | 放置 柱"上下文选项卡中，在该选项卡界面没有"放置"、"多个"、"标记"这几个面板，这是因为建筑柱是为了美观而设置的构件，通常通过载入族载入专门创建的柱模型，大面积放置多个的情况相对较少，故而没有提供相关选项，除此之外选项栏和属性面板的使用皆同结构柱，这里就不再做重复介绍了。

2.10.3 梁

由于 Revit2014 将建筑、结构、系统三大建模工具合为一个软件，所以在创建建筑模型时也可以用其他选项卡的工具，本小节将使用结构选项卡的梁工具来完善模型。

接上节练习，切换到 F2 楼层平面视图，单击"结构">"梁"进入"修改|放置梁"上下文选项卡，面板界面如图 2-249 所示。选择"在轴网上"工具，在绘图区域选择要创建梁的轴网，将依次在选中的模型轴网上创建出多个梁，用法类似结构柱中该工具，其他工具与创建柱模型时用法相同，不再重复介绍。

图 2-249 面板界面

本节练习中由于创建的梁较少，故选择"绘制">"直线"工具，选项栏如图 2-250 所示。

图 2-250 "选项栏"对话框

◆ 放置平面：选择梁的放置平面标高。
◆ 结构用途：选择梁的结构用途，有"大梁"、"托梁"、"檩条"等多个选项。

在本例中，选择放置梁在"F2"标高，结构用途设为"自动"，不勾选"三维捕捉"和"链"的选项。

打开属性面板，单击"编辑类型"按钮，打开"类型属性"对话框，选择"矩形梁"类型，复制新建一个梁类型，命名为"练习-梁"，修改梁高为"400"，梁宽为"300"，如图 2-251 所示，单击"确定"按钮退出。

在属性面板修改 Y 轴对正"中心线"，Z 轴对正"顶"，如图 2-252 所示，意为绘制的梁线对正梁的中心，梁的顶面对正设置的标高，不更改其他选项，单击"应用"，完成设置。

图 2-251 "类型属性"对话框

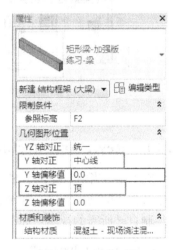

图 2-252 属性面板

在绘图区域绘制三条梁线，如图 2-253 所示，按 ESC 键退出梁的放置模式，由于梁顶部对正 F2 标高，故在平面视图中只能看见虚线框。

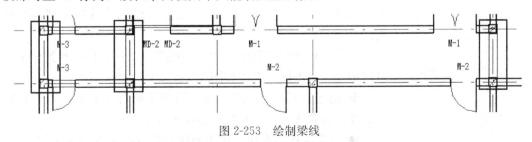

图 2-253 绘制梁线

切换到默认三维视图，配合剖面框，可以看到梁已经正确显示在模型中了，如图 2-254 所示。

选中所有梁，复制到剪贴板，单击"粘贴">"与选定标高对齐"，选择"F3"标高，单击"确定"，梁复制到 F3 标高，如图 2-255 所示。

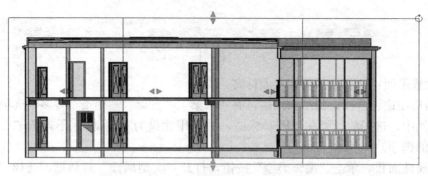

图 2-254　梁绘制后三维视图

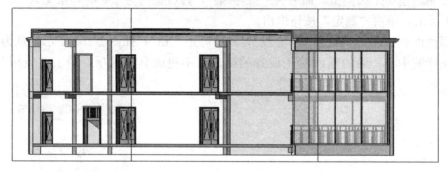

图 2-255　梁复制到 F3 标高后的效果图

2.11　Revit Architecture 视图生成

在 Revit 当中，提供了多种视图类型和用于生成视图的工具，用户可以根据自己的需求生成需要的视图类型，如平面图、立面图、剖面图和三维视图等，另外用户还可以方便地绘制自己所需的视图，如节点详图、大样图等。

2.11.1　平面图的生成

图 2-256　平面视图类型

在 Revit 中，创建一个标高默认生成一张楼层平面视图，所以我们可以看到，在浏览器中，如果没有特殊操作，标高与楼层平面视图往往是一一对应的，当然也可以创建其他类型的平面视图。

单击"视图">"创建">"平面视图"工具，可以看到该工具可以创建 5 种不同的平面视图类型，如图 2-256 所示。

◆ 楼层平面视图：使用最频繁的平面视图类型，通常在默认标高位置系统会自动对应的楼层平面视图。

◆ 天花板投影平面：用于创建天花板投影平面视图的工具，视图深度较小，主要表现天花板结构。

◆ 结构平面：用于创建结构平面的视图工具，在楼层平面视图中，选定剖切面后都是向下看的，而结构平面视图为了可以清晰地表现结构构造，可以选择"向上看"，这样柱、梁等结构就可以清晰地展现了。

◆ 平面区域：平面区域工具可以为平面上特定的一个区域设定视图，平面区域草图是闭合的，不可以重叠，但可以具有重合边线。它可以用来差分标高平面，也可以把在一个视图中不可见的区域显示使用复制粘贴的工具显示出来，另外还可以设置其可见性，单击"视图">"图形">"可见性图形"按钮，弹出图形可见性对话框，在注释类别中可以看到"平面区域"选项，不勾选该项，则该视图中的平面区域不可见，如图 2-257 所示。

◆ 面积平面：可以创建用于表现平面面积和功能区域划分的视图平面，在此类平面视图上会标注每个房间的功能和面积。

本节以楼层平面视图为例讲解平面视图的创建及属性。

打开练习文件，切换到南立面视图，创建标高"F1-2"，高程为 1.5m，不勾选生成平面视图选项，如图 2-258 所示。

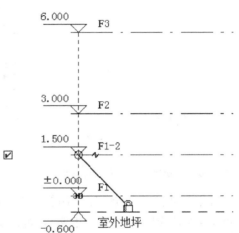

图 2-257 "平面区域"选项可见性设置　　图 2-258 创建标高

单击"视图">"创建">"平面视图">"楼层平面视图"，弹出"新建楼层平面"对话框，单击"编辑类型"按钮，弹出"类型属性"对话框，如图 2-259 所示，可以选择和设置不同的楼层平面视图类型，单击"确定"退出编辑，在"为新建的视图选择标高"区域选择创建的"F1-2"标高，勾选"不复制现有视图"，意为不把目前所在的平面视图复制到新建的平面视图当中，单击"确定"，如图 2-260 所示，创建了一个在标高"F1-2"的楼层平面视图。

打开属性面板，属性面板有关于平面视图的各项属性值的设置，如图 2-261 所示。

显示模型：有"标准""半色调"和"不显示"三个选项，"标准"模式下，正

图 2-259 "类型属性"对话框

常显示所有图元。"半色调"模式下，以浅色线显示普通模型图元，正常显示所有详图视图专有图元。"不显示"模式下，只显示详图视图专有图元，不显示其他图元。

图 2-260 "新建楼层平面"对话框　　　　图 2-261 属性设置

详细程度：有"粗略"、"中等"和"详细"三个选项，可以更改视图中图元显示的精细程度。例如在 F1-2，选择"粗略"，视图如图 2-262 所示，选择"精细"，视图如图 2-263 所示。

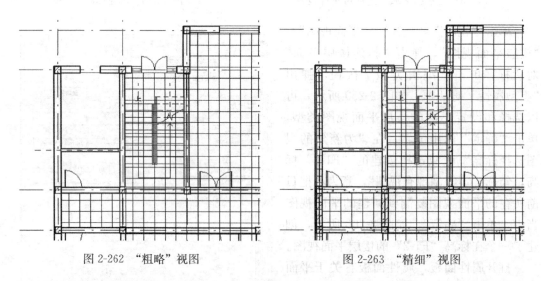

图 2-262 "粗略"视图　　　　图 2-263 "精细"视图

可见性/图形替换：单击弹出"可见性/图形替换"对话框，如图 2-264 所示，它将模型图元分为 5 个类别，可通过勾选或取消勾选可见性栏来设置该图元在本视图中的可见性。

◆ 图形显示选项：单击"编辑"，弹出"图形显示选项"按钮，有"模型显示"、"阴

图 2-264 "可见性图形替换"对话框

影"、"照明"和"摄影曝光"几个选项,可以为模型设置符合要求的显示形式。

◆ 基线:选择该视图的基线,通常从该视图上或下的楼层平面视图选择,虽然该层视图的线会变暗,但仍然可见。此项对于理解上下层结构间的关系是非常有用的。

◆ 基线方向:选择"平面"则基线视图为从上向下看,选择"天花板投影平面"则基线平面为从下向上看的视图。

◆ 方向:有"项目北"和"正北"两个选项,用于切换视图的显示方向,选择"项目北",则项目的北方对正视图上方。

◆ 墙连接显示:有"清理所有墙连接"和"清理同类型墙连接"两个选项,选择"清理所有墙连接",则所有墙只要相接就会自动连接,选择"清理同类型墙连接",则只会将同种墙连接在一起。

◆ 颜色方案位置:有"背景"和"前景"两个选项,选择"背景",则该色彩方案应用于背景图案,选择"前景",则该色彩方案应用于模型。

◆ 色彩方案:单击弹出"编辑颜色方案"对话框,如图 2-265 所示,在此对话框中可以为当前视图添加颜色方案,可以选择按"空间"或"房间"等编辑色彩方案,在图 2-265 中,以"房间"方案编辑色彩类型,单击确定后,可在视图上看到办公楼功能分区,如图 2-266 所示。

◆ 日光路径:勾选则显示日光情况下模型的视图样式。

◆ 视图样板:试图参照的样板,各项设置都在改样板基础上,如样板发生改变,则该视图也发生改变。

◆ 视图名称:显示该视图名称,单击可修改。

◆ 裁剪视图:勾选,可在视图上进行裁剪,裁剪区域将不可见。

图 2-265 "编辑颜色方案"对话框

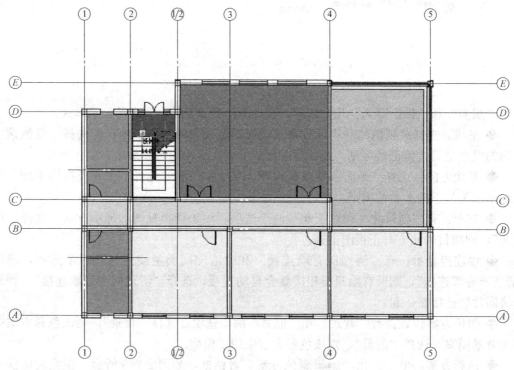

图 2-266 办公楼功能分区视图

图 2-267 "视图范围"对话框

◆ 裁剪区域可见：勾选，则可将裁剪区域显示。

◆ 视图范围：单击打开"视图范围"对话框，如图 2-267 所示，可在该对话框内修改该平面视图的剖面标高，顶部和底部的界限和视图的深度，以此来改变视图的显示范围。

2.11.2 立面图的生成

立面使用与观察模型在竖直方向上状态的视图类型，模板一般默认有"东"、"西"、"南"、"北"四个立面，用于观察模型的外立面，如果想要创建观察模型内部结构的立面视图，也可以根据自己的需求进行创建。

单击"视图">"创建">"立面"，有"立面"和"框架立面"两个选项，如图2-268所示，"立面"用于绘制普通立面视图，表现建筑内部立面的样式，"框架立面"用于绘制结构立面视图，主要表现建筑的结构形态，这里我们选择"立面"，进入"修改|立面"上下文选项卡。

在该选项卡下，"选项栏"如图2-269所示，勾选"附着到轴网"则该立面符号附着到轴网，勾选"参照其他视图"则该立面视图以其他试图为基准创建，本例中不勾选任何选项。

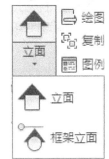

图2-268　立面选项对话框

图2-269　选项栏

在绘图区域移动鼠标则立面符号将会随鼠标移动，在空白区域按"Tab"键，立面符号会旋转方向，当它附着到墙上时，立面方向垂直于墙，在适当位置单击鼠标，该立面符号放置完成，如图2-270所示。

图2-270　立面符号放置

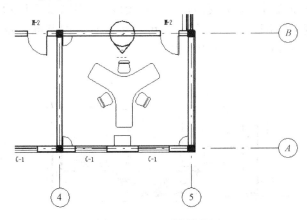

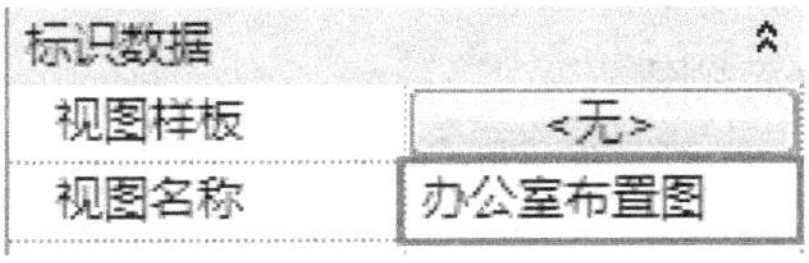

图2-271　属性编辑

系统会给该立面视图自动生成一个视图名称，在"属性栏中"可修改，如图2-271所示。

在该选项卡状态下，有剪裁和剖面两个面板，如图2-272所示，"尺寸剪裁"可用于调整立面视图的范围大小，"拆分线段"可用于绘制非矩形的视图范围轮廓，该工具与剖面图中该工具的用法相同，将在"生成剖面图"小节中详细介绍。

下面单击"尺寸剪裁"按钮，弹出"剪裁区域尺寸"对话框，如图2-273所示，"模型剪裁尺寸"是指该视图中模型可见范围的大小,"注释剪裁偏移"是指注释类别图元在多大范围内会被一起剪裁,不修改该对话框的任何值,单击"确定"退出。

在绘图区域,拖动视图范围框上的夹点同样可以修改模型的视图范围,如图 2-274 所示,适当拖动各夹点调整视图范围到满足需求。

图 2-272 剖面面板选项卡

图 2-273 "剪裁区域尺寸"对话框

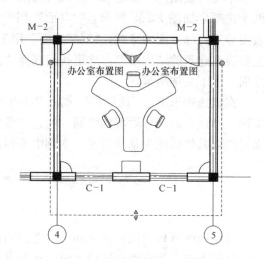

图 2-274 修改模型的视图范围

切换到"办公室布置图"立面视图,立面视图效果如图 2-275 所示,拖动各夹点仍可在立面范围内修改视图范围,单击①符号,可以将垂直视图截断,单击后如图 2-276 所示,将两夹点拖拽至重合可重新恢复原视图。

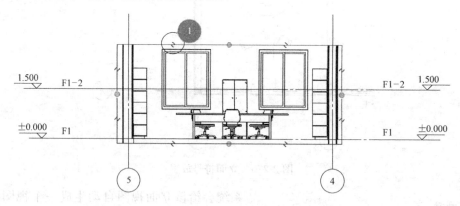

图 2-275 "办公室布置图"立面视图

2.11.3 剖面图的生成

剖面图用于显示三维模型的剖面情况,通常用来显示内部结构、位置等图元信息。

接上节练习,切换到 F1 楼层平面视图,单击"视图">"创建">"剖面",进入"修改|剖面"上下文选项卡,其选项栏如图 2-277 所示,不更改任何选项,开始绘制剖面线。

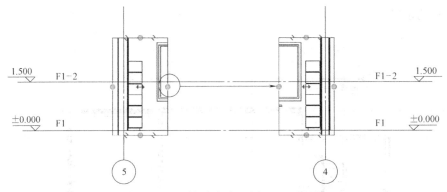

图 2-276 "办公室布置图"立面视图

图 2-277 选项栏

沿 2 轴线右侧从上向下拖动鼠标,在适当位置单击完成剖面线的绘制,如图 2-278 所示。

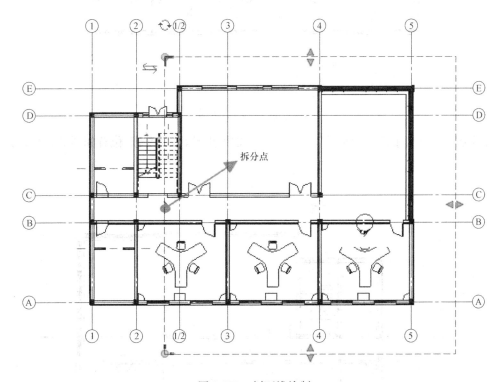

图 2-278 剖面线绘制

图中蓝色虚线框即为剖面图视图范围,同立面图视图范围一样也可以拖动进行范围修改,在该选项卡状态下,显示"剪裁"和"剖面"两个面板,如图 2-279 所示,这里详细讲解"拆分线段"工具的使用方法。

单击"拆分线段",在裁剪边框上单击,则该边框自此拆分为两段,本例在图 2-278 所示①位置单击拆分,移动裁剪边框,至如图

图 2-279 选项卡状态

2-280 所示的位置。

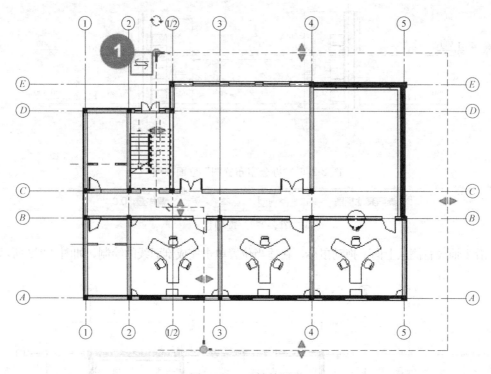

图 2-280 反转前图形

单击图 2-280 中①位置的翻转符号，则剪裁框发生翻转，翻转后位置如图 2-281 所示。

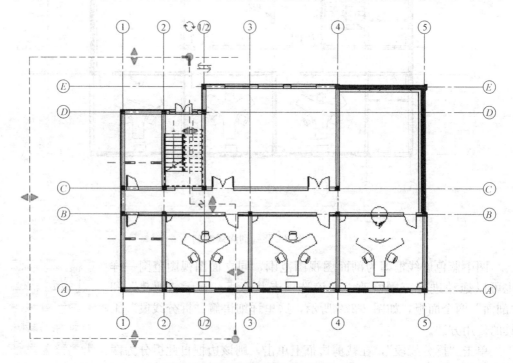

图 2-281 剪裁框发生反转后图形

2.11 Revit Architecture视图生成

双击剖面符号切换到该立面视图,立面视图效果如图 2-282 所示。

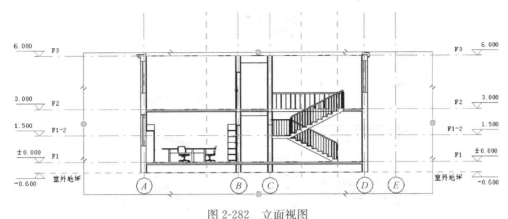

图 2-282 立面视图

单击"视图">"图形">"可见性图形"按钮,弹出"可见性/图形替换"对话框,选择楼梯,将楼梯的界面填充图案改为"实体填充",如图 2-283 所示。

图 2-283 "实体填充"对话框

在视图中选择需要隐藏的图元,右键单击,在弹出的快捷菜单中选择"在视图中隐藏">"图元",如图 2-284 所示,选中图元被隐藏。

在属性面板中,不勾选"裁剪区域可见"选项,如图 2-285 所示,则剖面裁剪框被隐藏起来,不修改其他属性选项。

调整好所有选项后的剖面视图如图 2-286 所示,在属性面板可以设置视图其余属性,具体参见平面视图。

2.11.4 详图索引、大样图的生成

详图索引、大样图用来标识具体的房间尺寸、内部布置,是详细表现模型内部情况的重要试图类型。

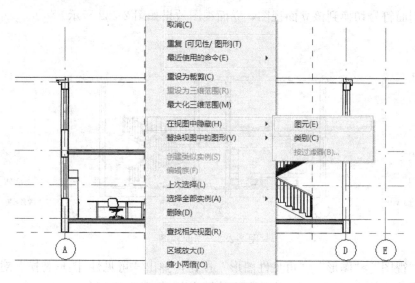

图 2-284 隐藏图元

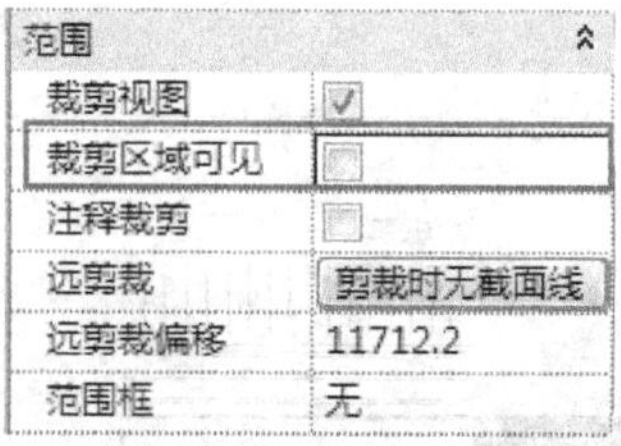

图 2-285 "裁剪区域可见"选项

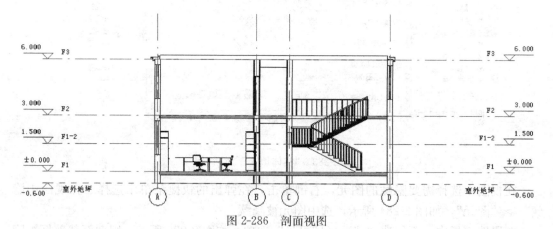

图 2-286 剖面视图

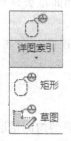

图 2-287 工具栏

单击"视图">"创建">"详图索引",在该菜单下有"矩形"和"草图"两个工具,如图 2-287 所示,"草图"工具用来绘制形状不规则的详图轮廓,选择"矩形",进入"修改|详图索引"上下文选项卡,状态栏如图 2-288 所示。

不勾选"参照其他视图",打开属性面板,单击"编辑类型"按钮,在类型属性对话框中选择族为"系统族:详图视图",类型为"详图索引-无标头",复制新建一个详图类型,命名为"练习-详图索

引"。单击"详图索引标记"后的值，弹出"详图索引标记类型属性对话框"，如图2-289所示，在该

图2-288 状态栏

对话框中选择类型为"详图索引标头，包括3mm转角半径"，单击"确定"退出。

单击"剖面标记"后的值，弹出"剖面标记类型属性对话框"，如图2-290所示，在该对话框中选择类型为"国内剖切号"，单击"确定"退出。

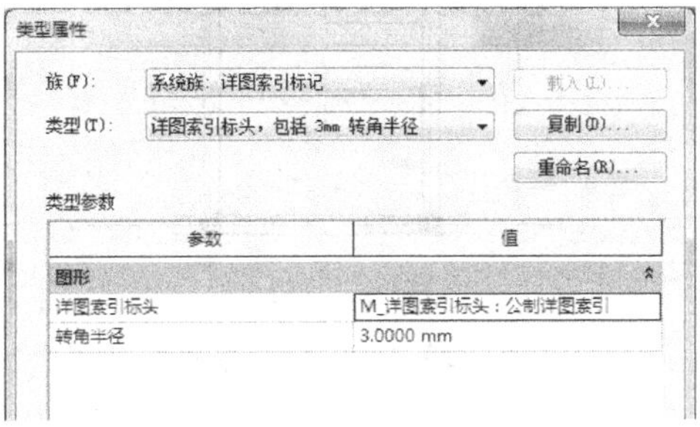

图2-289 详图索引标记类型属性对话框　　图2-290 剖面标记类型属性对话框

返回"详图视图类型属性对话框"，界面如图2-291所示，单击"确定"退出。

在途中适当位置拖动鼠标，截取大样图区域，如图2-292所示，单击大样图符号，使其处于选中状态，单击旋转符号，可将大样图区域旋转，拖动夹点可更改大样图范围。

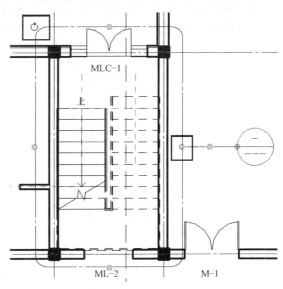

图2-291 详图视图类型属性对话框　　图2-292 大样图区域

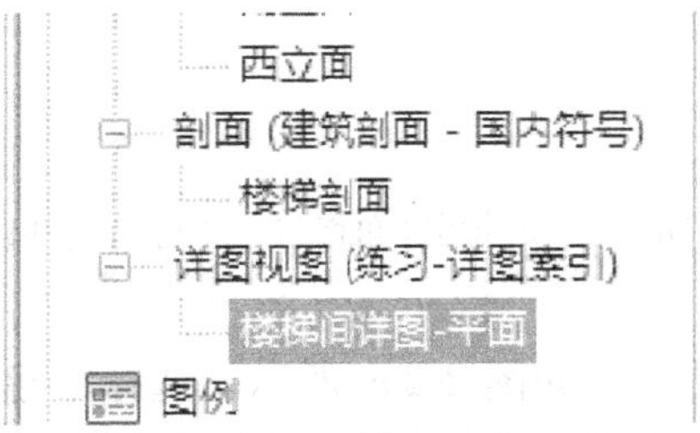

打开项目浏览器，将该视图重命名为"楼梯间详图-平面"，如图2-293所示，双击进入该视图。

该视图如图2-294所示，选中不需要的图元，单击鼠标右键，在弹出的快捷菜单中选择"在视图中隐藏">"图元"，隐藏不需显示的图元。

单击"注释">"尺寸标注">"对齐"工具，为该平面视图进行尺寸标注，标注完成后如图2-295所示。

图2-293 视图重命名

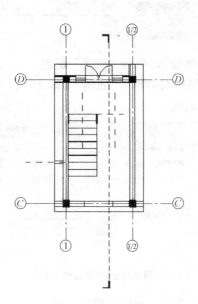 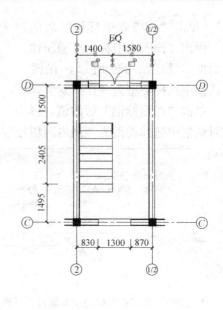

图 2-294　尺寸标注前　　　　　　　　　图 2-295　尺寸标注后

在属性面板单击"可见性/图形替换"按钮,打开"详图视图:楼梯间详图-平面的可见性/图形替换"对话框,选择墙的截面填充图案,弹出"填充样式图形"对话框,选择颜色和填充图案如图 2-296 所示,勾选"可见"选项,单击"确定"退出。

图 2-296　选择颜色和填充图案

编辑完成后,该视图显示如图 2-297 所示。

在属性面板中设置显示在"仅父视图",如图 2-298 所示,则该剖面图的剖面符号只显示在截取它的原视图中。

单击"视图样板"选项,弹出"应用视图样板"对话框,如图 2-299 所示,选择"建筑平面详图视图"样板,单击"V/G 替换模型",弹出"详图视图:楼梯间详图-平面的可见性/图形替换"对话框，单击替换主体层截面样式后的编辑按钮，进入"主体层线样式"对话框，设置线宽如图 2-300 所示，不更改其他选项，单击"确定"完成修改。

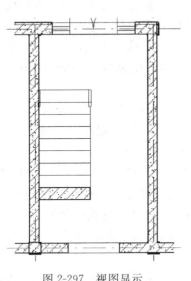

图 2-298 属性面板

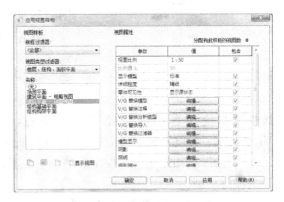

图 2-297 视图显示

图 2-299 应用视图样板

回到绘图区域观察修改后该视图大样情况，如图 2-301 所示。

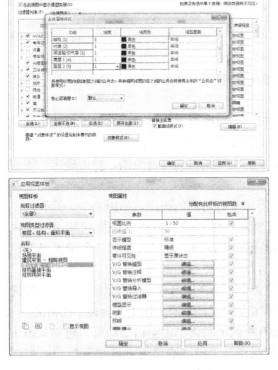

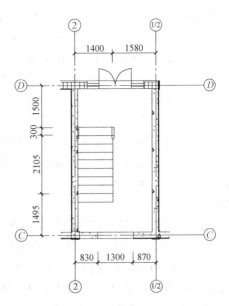

图 2-300 设置线宽

图 2-301 视图大样情况

2.11.5 三维视图的生成

图 2-302 工具栏

三维视图用于用户观察模型的三维效果，在 Revit 软件中三维视图是一个重要的视图选项，在该模式下用户可以观看模型接近真实的整体效果。在 Revit 中，系统会为用户自动创建"默认三维视图"，这是用户使用最多的三维视图，另外系统也为用户提供了创建三维视图的其他工具。

单击"视图">"创建">"三维视图"，可以看到在下拉菜单中有"默认三维视图"、"相机"和"漫游"三个工具，如图 2-302 所示。

"默认三维视图"用于打开默认三维视图，默认三维视图的使用在前面已经基本介绍过，其属性同"平面视图"大致相同，配合 ViewCube、导航栏和"剖面框"，可以方便地进行各角度、各位置地视图观察。

"漫游"选项用于创建模型的动画三维漫游，在视图上指定漫游路径，可生成相应路径的漫游动画。

在这里，我们主要介绍"相机"这个工具，使用该工具可以创建任意位置、方向的三维视图。单击"相机"按钮，进入放置相机的状态，选项栏如图 2-303 所示。

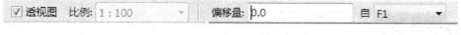

图 2-303 选项栏

透视图：勾选该项所创建的三维视图为透视图，体现近大远小的透视规则，不够选则创建正交三维视图，远近部件的大小显示都相同。

偏移量：指相机的高度关于参照平面高度的偏移量。

自：选择相机放置的参照标高平面。

用于设定标高的选项只有在平面视图中创建三维视图时才会显示，在里面视图中选项栏不显示该项。本例中，选项栏设置如图 2-303 所示。

在绘图区域任意位置单击放置相机，拖动鼠标决定相机的可视范围，单击确定，放置好后如图 2-304 所示。

切换到该视图中，视图显示以该角度和视图深度剪切到的画面，如图 2-305 所示。

该视图并不完全满足观察要求，故我们需要对它做进一步调整，切换到默认三维视图，如图 2-306 所示，通过拖拽粉色圆点可调整范围框的方向，通过拖拽蓝色圆点可调整视图范围的大小。注意，在其他视图中也可以对相机的位置和范围进行调整。

当其他视图中不显示该相机时，在项目浏览器中，该视图名称上单击鼠标右键，在快捷菜单中选择"显示相机"，如图 2-307 所示，则在相机可见的所有视图中都会显示该相机。

想要关闭相机，在除该三维视图之外的所有视图上只需单击空白处即可，想要关闭该视图上的相机现实的图框，则需单击"视图控制栏"上的"隐藏剪裁区域"按钮，如图 2-308 所示，或在属性面板上不勾选"剪裁区域可见"选项。

2.11 Revit Architecture视图生成

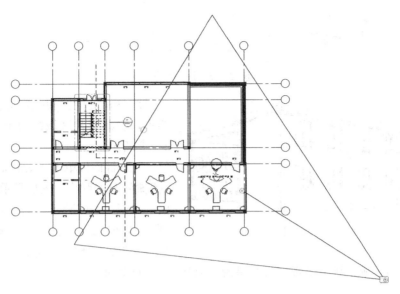

图 2-304　放置相机

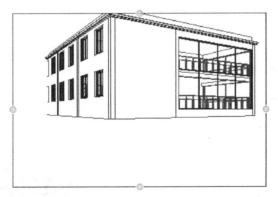

图 2-305　剪切画面

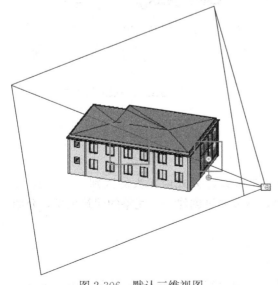

图 2-306　默认三维视图

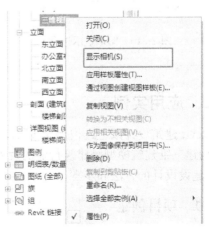

图 2-307　显示相机

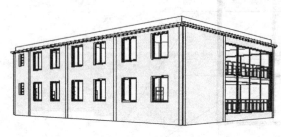

图 2-308 属性面板

调整相机位置和观察方向直到满足要求,隐藏剪裁区域的边框,效果如图 2-309 所示。

在属性面板单击"图形显示选项"后的编辑按钮,弹出"图形显示选项"对话框,如图 2-310 所示,更改模型样式为"真实",勾选"投射阴影"选项,设置背景为"渐变",单击"确定"按钮退出。

图 2-309 效果图

观察绘图区域,该三维视图最终呈现效果如图 2-311 所示。

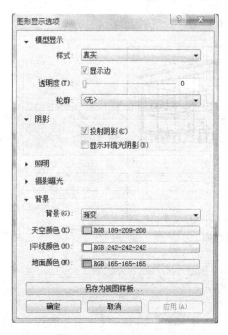

图 2-310 图形显示选项

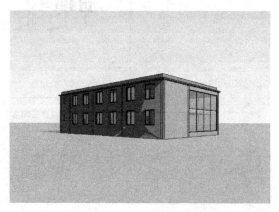

图 2-311 三维视图最终效果图

2.12 应用实例

Revit 建筑设计以三维模型为基础,与传统二维设计模式由较大的区别,应用 Revit 软件构建三维建筑模型是建筑行业的发展趋势。本节通过创建一个完整的建筑模型,介绍 Revit 建设设计的方法和步骤。

2.12.1 项目创建

某住宅是 6 层砖混结构,内部由卧室、餐厅、卫生间、厨房等建筑构件设施,满足建筑的功能要求。创建该项目的步骤：项目样板文件定制-标高确定-绘制轴网-添加结构柱-添加门窗-创建楼板和屋顶-添加楼梯-完善细节。

启动 Revit 后，单击左上角的"应用程序菜单"，选择"新建"|"项目"选项，打开"新建项目"对话框，在样本文件选择"建筑样本"文件，单击"确定"按钮。

2.12.2 绘制标高

创建标高是建筑建模的第一步。在建模时首先要进入立面视图。本例是六层住宅，每层层高是 2.8m，主体高度是 14m，室内外高差是 1.5m。

（1）进入"建筑"选项卡，在"基准"面板中单击"标高"按钮；系统激活"修改|放置 标高"选项卡。

（2）在"绘制"面板中单击"直线"确定绘制标高的方法，在选项栏中启用"创建平面视图"视图，单击"平面视图类型"选项，系统将打开"平面视图类型"的对话框，如图 2-312 所示，选择"楼层平面"选项，单击确定。

图 2-312 "平面视图类型"的对话框

（3）设置完相应的参数后，将光标放在 F2 标高的左侧，系统会自动捕捉最近的标高线，并显示临时尺寸标注，此时，输入相应的标高参数值，并依次单击捕捉确定所绘制标高线两个端点，即可完成标高的绘制。绘制后的效果如图 2-313 所示。

图 2-313 标高绘制后的效果图

(4)利用上述相同的方法绘制其他标高。单击标高名称,在打开的文本框中更改标高名称,并按下 Enter。在打开对话框中单击"是"按钮,即可在更改标高名称的同时更改相同视图的名称。至此,完成所有标高的绘制。

2.12.3 绘制轴网

(1)在"项目浏览器"中双击"视图"|"楼层平面"| F1 视图,进入 F1 视图。

(2)切换到"建筑"选项卡,在"基准"面板中单击"轴网"按钮,进入"修改|放置 轴网"选项卡,单击"绘制"面板中的直线按钮。在绘图区左下角的适当位置,单击并垂直向上移动光标,在适当位置再次单击完成第一条轴线的创建。

(3)继续移动光标指向现有轴线的交点,系统会自动捕捉该端点,并显示临时尺寸标注,此时,输入相应的尺寸参数值,并依次单击确定第二条轴线的起点,然后向上移动光标,确定第二条轴线的终点后单击,即可完成该轴线的绘制。

(4)利用该方法按照图示的尺寸依次绘制该建筑水平方向的各轴线,然后通过双击各水平轴线的编号,对轴线编号进行修改。

(5)利用该方法按照图示的尺寸依次绘制该建筑竖直方向的各轴线,然后通过双击轴线编号,对轴线编号进行修改。绘制后的效果如图 2-314 所示。

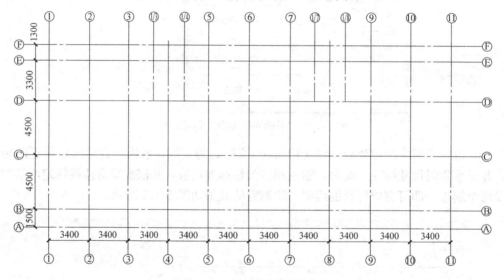

图 2-314 轴线绘图后的图形

2.12.4 绘制墙体

Revit 的墙模型不仅可以显示墙的形状,而且可以给出墙的详细的构造做法和参数。一般墙分为外墙和内墙。本例住宅的外墙构造从外向内依次为 10mm 厚外抹灰、10mm 厚保温、240mm 厚砖和 10mm 厚内抹灰,内墙构造从外向内依次为 10mm 厚外抹灰、240mm 厚砖和 10mm 厚内抹灰。

1. 创建外墙

(1)切换至 F1 楼层平面视图,在"建筑"选项卡下的"构建"面板中单击"墙:建筑"按钮,系统打开"修改|放置 墙"选项卡。在"属性"面板的类型选择器中,选择

列表中的"基本墙"族下面的"常规－200mm"类型，以该类型为基础进行墙类型的编辑，如图 2-315 所示。

（2）单击"属性"面板中"编辑类型"按钮，打开"类型属性"对话框。单击该对话框中"复制"按钮，在打开的"名称"对话框中输入"住宅-外墙｜240mm"，单击"确定"按钮，创建一个新类型，如图 2-315 所示。

图 2-315 "类型属性"对话框

（3）单击"结构"右侧的"编辑"按钮，打开"编辑部件"对话框，单击"层"选项列表下方"插入"按钮两次，插入新的构造层，并设置各构造层厚度、材质等参数，如图 2-316 所示。

图 2-316 "编辑部件"对话框

(4) 完成外墙构造参数设置后，在"修改|放置 墙"选项卡中单击直线按钮，在选项栏中设置相关参数选项，然后在绘图区拾取相应轴线的交点绘制外墙墙线。绘制外墙后的平面视图如图 2-317 所示。

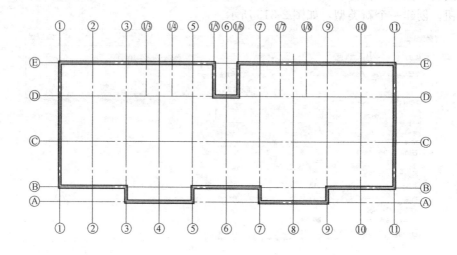

图 2-317　绘制外墙后的平面视图

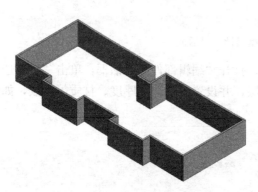

图 2-318　绘制外墙后的三维视图

(5) 在外墙"属性"面板中设置"底部限制条件"为"室外地坪"，顶部约束为"直到 F2"。切换视图选项卡，在创建面板中单击"默认三维视图"按钮，查看绘制外墙后的三维效果，如图 2-318 所示。

2. 创建内墙

本例内墙构造从外向内依次为 20mm 厚抹灰、240mm 厚砖和 20mm 厚内抹灰。内墙构造的设置方法与外墙相同，可以在外墙类型的基础上进行修改。

(1) 切换至 F1 楼层平面视图，在"建筑"选项卡下的"构建"面板中单击"墙：建筑"按钮，在"属性"面板的类型选择器中，选择"住宅-外墙 240mm"，单击"编辑类型"按钮，复制该类型创建"住宅-内墙 240mm"并设置"功能"为内部，如图 2-319 所示。

(2) 单击"结构"右侧的"编辑"按钮，打开"编辑部件"对话框，将保温构造层删除，并设置各构造层厚度、材质等参数，如图 2-320 所示。

(3) 完成内墙构造参数设置后，在"修改|放置 墙"选项卡中单击直线按钮，在选项栏中设置相关参数选项，然后在绘图区拾取相应轴线的交点绘制内墙墙线。绘制后的平面图如图 2-321 所示，三维效果如图 2-322 所示。

2.12 应用实例

图 2-319 "类型属性"对话框

图 2-320 "编辑部件"对话框

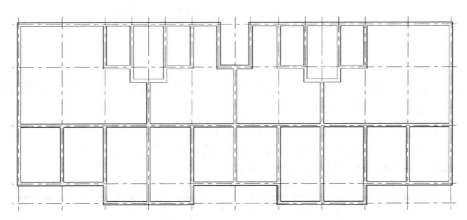

图 2-321 绘制内墙后的平面视图

2.12.5 绘制结构柱

建筑的梁柱板是建筑的承重构件。在平面视图中结构柱的截面和墙截面是各自独立。

（1）切换至 F1 楼层平面视图，在"建筑"选项卡下的"构建"面板中单击"结构柱"按钮，系统打开"属性"面板。在"属性"面板的类型选择器中，选择"混凝土-正方形-柱"类型中 300mm×300mm 的

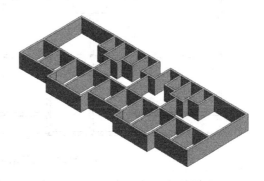

图 2-322 绘制内墙后的三维视图

型号，单击"编辑类型"按钮，在打开的"类型属性"对话框中，单击"复制"按钮，创建 240mm×240mm 的新柱类型，如图 2-323 所示。

图 2-323 "类型属性"对话框

（2）在选项栏中设置高度为 F6，并在选项卡中放置方式为"垂直柱"，在绘图区的轴网交点处依次单击，系统可自动添加指定的结构柱。

（3）切换至视图选项卡，单击"图形"面板中的"细线"按钮，进入细线显示模式。然后切换至"修改"选项卡，单击"修改"面板的"对齐"按钮，依次对齐所有位于建筑外侧的结构柱，修改后的效果如图 2-324 所示。

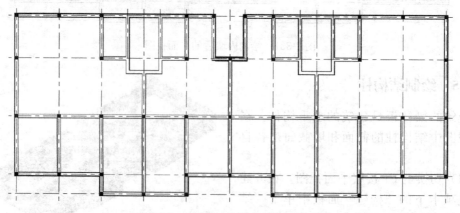

图 2-324 绘制结构柱后的平面图形

（4）选择任意一个结构柱，在右击后的快捷菜单中"选择全部实例"|"在视图中可

见"选项,系统将选中视图中所有结构柱。在"属性"面板中设置"底部标高"为"室外地坪"选项,单击应用按钮。切换至三维视图,三维效果如图 2-325 所示。

2.12.6 创建门窗

在 Revit 系统中,门窗图元属于外部族,在添加门窗之前,需要在项目中载入所需的门窗族,才能在项目中使用。

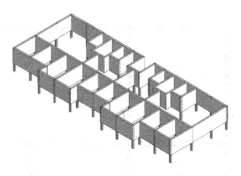

图 2-325 绘制结构柱后的三维效果图

1. 创建门

(1) 切换至 F1 视图,在"建筑"选项卡下的"构建"面板中单击"门"工具,系统打开"修改|放置 门"选项卡,单击"模式"面板"载入族"按钮,系统弹出"载入族"对话框,选择建筑门中的"双扇平开玻璃门"族文件,并单击"打开"按钮,载入该族,如图 2-326 所示。

图 2-326 载入门族文件对话框

(2) 单击"打开"按钮后,系统"属性"面板类型选择器自动选择该族类型,在该族类型下拉列表中选择"1500×2400"型号,将光标指向墙体的某点位置,单击后即可添加门图元,如图 2-327 所示。

(3) 利用上述方法,载入"单扇平开木门 1"族文件,在该族类型下拉列表中选择"900×2100"型号,将光标指向墙体的某点位置,单击后即可添加门图元,如图 2-328 所示。

(4) 在"单扇平开木门 1"族类型下拉列表中选择"800×2100"型号,将光标指向墙体的某点位置,单击后即可添加厨房和卫生间的门图元,如图 2-329 所示。

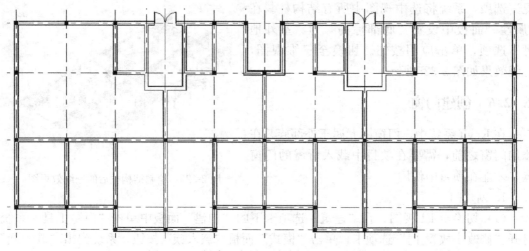

图 2-327 创建双扇平开玻璃门后 F1 平面视图

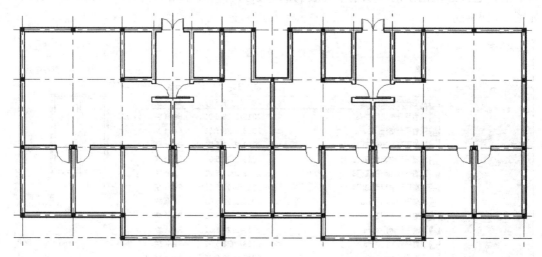

图 2-328 创建单扇平开木门后平面视图

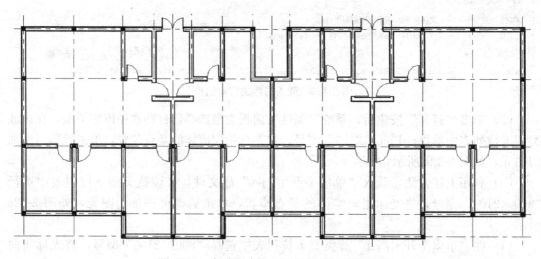

图 2-329 创建厨房和卫生间的门后平面视图

(5) 切换到三维视图，插入各地点门后的三维效果图形如图 2-330 所示。

2. 创建窗

窗是基于主体的构件，可以添加到任何类型的墙内，可以在平面视图、立面视图、剖面视图和三维视图中添加窗。首先需要选择窗的类型，然后指定窗在主体图元上的位置，系统将自动剪切洞口并放置窗，操作步骤如下。

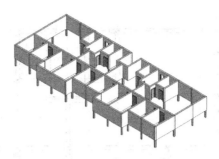

图 2-330　创建门后三维视图

(1) 在"建筑"选项卡下的"构建"面板中单击"窗"工具，系统打开"修改｜放置窗"选项卡，单击"模式"面板"载入族"按钮，系统弹出"载入族"对话框，选择建筑窗中的"推拉窗 4-带贴面"族文件，在"类型属性"对话框中，复制类型并命名为"C1800×1500"，在"属性"面板中设置"默认窗台高度""底高度"为 900.0，其他参数默认。

(2) 单击"打开"按钮后，系统"属性"面板类型选择器自动选择该窗族类型，将光标指向墙体的某点位置，单击后即可添加窗图元。按照上述方法，依次插入各地点窗，完成后图形如图 2-331 所示。

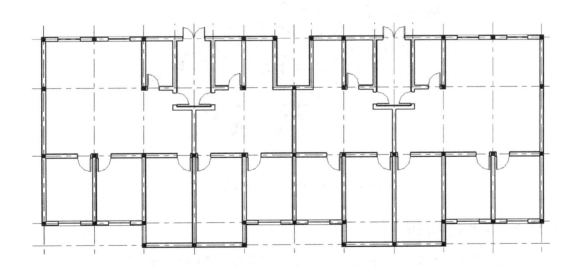

图 2-331　添加窗后平面图形

(3) 利用上述方法，载入"推拉窗 6"族文件，在"类型属性"对话框中，复制类型并命名为"C1000×1500"，在"属性"面板中设置"默认窗台高度""底高度"为 900.0，其他参数默认。

(4) 单击"打开"按钮后，系统"属性"面板类型选择器自动选择该窗族类型，将光标指向墙体的某点位置，单击后即可添加窗图元。按照上述方法，依次插入各地点窗，完成后图形如图 2-332 所示。三维效果图如图 2-333 所示。

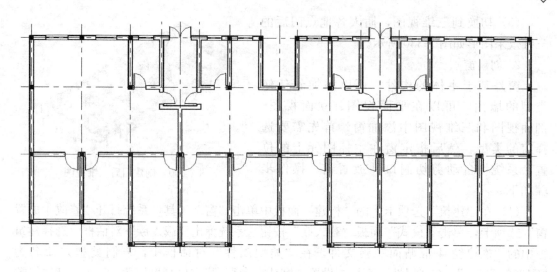

图 2-332 添加窗后平面图形

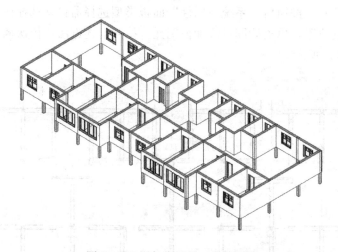

图 2-333 添加窗后的三维效果图

2.12.7 创建室内楼板

在创建楼板前需要先定义楼板类型,定义楼板类型按照下列步骤。

(1) 切换至 F1 楼层平面视图,在"建筑"选项卡下的"构建"面板中单击"楼板"下拉按钮,选择"楼板:建筑"选项,打开"修改|创建楼层边界"选项卡进行草图绘制模式。

(2) 单击"属性"面板中"编辑类型"按钮,打开"类型属性"对话框,如图 2-334 所示。单击该对话框中"复制"按钮,在打开的"名称"对话框中输入"现场浇筑混凝土 120",单击"确定"按钮,创建一个新类型。

(3) 单击"结构"右侧的"编辑"按钮,打开"编辑部件"对话框,单击"层"选项列表下方"插入"按钮两次,插入新的构造层;分别设置两个构造层的"功能"和"厚度"选项。具体参数如图 2-335 所示。

2.12 应用实例

图 2-334 "类型属性"对话框

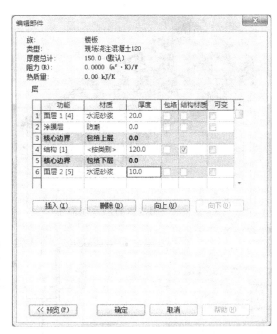

图 2-335 "编辑部件"对话框

（4）完成楼板结构参数的设置后，单击"绘制"面板中"拾取墙"按钮，并在选项栏中设置相应的参数选项。然后在墙体图元上单击，绘制楼板轮廓线，如图 2-336 所示。完成后单击"模式"面板中的"完成编辑模式"按钮 ✓，即可完成该层楼板的创建。

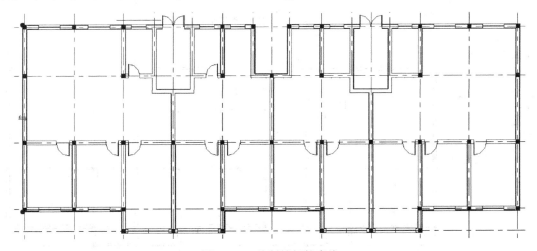

图 2-336 绘制楼板轮廓线

（5）切换到三维视图，绘制楼板后的三维效果图形如图 2-337 所示。利用上述相同方法，可绘制其他楼层平面的绘制。

2.12.8 绘制其他楼层建筑构件

1. 创建其他楼层外墙

（1）右击任意一外墙，在弹出的快捷菜单中选择"选择全部实例"中"在视图中可

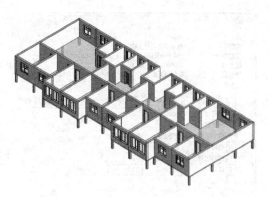

见"选择全部外墙,在"属性"栏中设置"限制条件"中"顶部约束"为"直到标高:F6"。创建其他各层外墙,如图2-338所示。

(2)右击任意一内墙,在弹出的快捷菜单中选择"选择全部实例"中"在视图中可见"选择全部外墙,在"属性"栏中设置"限制条件"中"顶部约束"为"直到标高:F6"。创建其他各层内墙,如图2-339所示。

图2-337 绘制楼板后的三维效果图

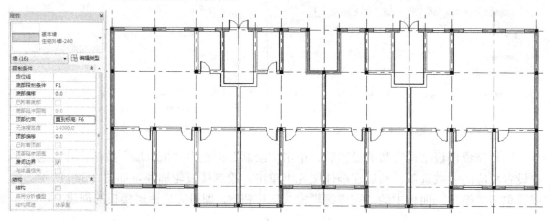

图2-338 创建其他楼层外墙

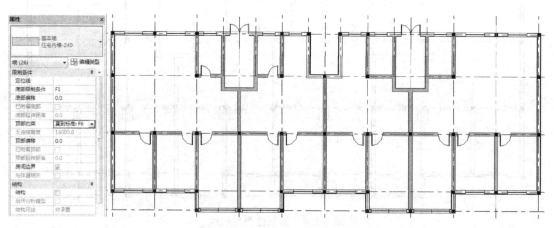

图2-339 创建其他楼层内墙

2. 创建其他各层结构柱

右击任意一柱,在弹出的快捷菜单中选择"选择全部实例"中"在视图中可见"选择全部柱,在"属性"栏中设置"限制条件"中"顶部约束"为直到标高:F6"。创建其他各层柱。

3. 创建其他各层门窗

(1) 选择 F1 平面视图中所有图元，单击"选择"面板中"过滤器"，出现"过滤器"对话框，在"类别"栏中去掉墙和柱的勾选，单击"确定"按钮，可选择门、窗和楼板图元。单击"剪贴板"面板中的"复制"按钮，将所有选择的图元复制到剪贴板中。

(2) 切换到 F2 平面视图，单击"剪贴板"面板中的"粘贴"按钮的下拉列表中"与选定标高对齐"，出现如图 2-340 所示"选择标高"对话框，选择 F2 至 F5，单击"确定"按钮，门、窗和楼板图元 F2 至 F5 层。

(3) 分别切换 F2、F3、F4、F5 平面视图，将楼梯间门删除，在"建筑"选项卡，插入"C1800×1500"窗。切换到三维视图，如图 2-341 所示。

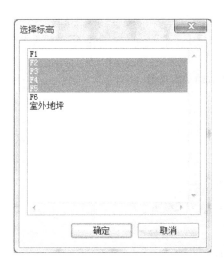

图 2-340 "选择标高"对话框

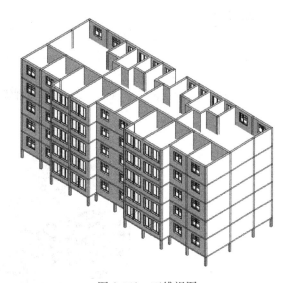

图 2-341 三维视图

2.12.9 创建屋顶

(1) 切换至 F6 平面视图，在"建筑"选项卡下的"构建"面板中单击"屋顶"下拉按钮，选择"迹线屋顶"选项，打开"修改|创建屋顶迹线"选项卡。单击"属性"面板中"编辑类型"按钮，打开"类型属性"对话框。单击该对话框中"复制"按钮，在打开的"名称"对话框中输入"保温屋顶-混凝土-平屋顶"，单击"确定"按钮，创建一个新类型。

(2) 单击"结构"右侧的"编辑"按钮，打开"编辑部件"对话框，单击"层"选项列表下方"插入"按钮两次，插入新的构造层；分别设置两个构造层的"功能"和"厚度"选项。

(3) 单击"绘制"面板中的"拾取墙"按钮，在选项栏中禁用"定义坡度"选项，设置"悬挑"值为 480，并启用"延伸到墙中（至核心层）"选项，在"属性"面板中设置"自标高的底部偏移"选项为 480。

(4) 依次单击墙体图元，生成屋顶轮廓线，如图 2-342 所示。单击"模式"面板中"完成编辑模式"按钮，在打开的对话框中单击"是"按钮，完成屋顶的绘制，如图2-343所示。

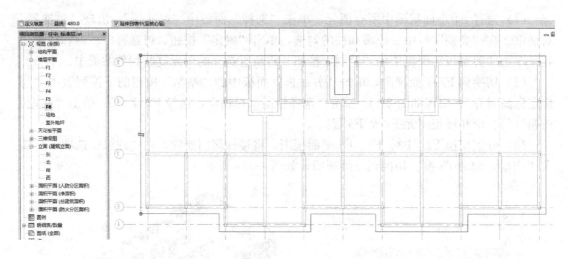

图 2-342 屋顶轮廓线生成后的平面视图

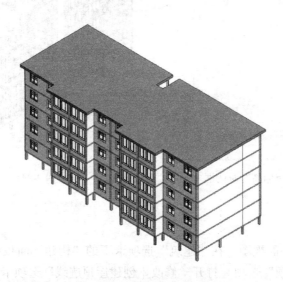

图 2-343 屋顶轮廓线生成后的三维视图

本章小结

本章介绍了 Revit 的工作界面、建筑族（门窗族、栏杆族）的创建方法；建筑模型的创建，内容包括：创建标高、轴网、墙体、门窗、楼板、屋顶和楼梯等；介绍了建筑平面图、立面图、剖面图、详图和三维视图的生产方法。通过实例介绍了建筑模型的创建方法和步骤。

思考与练习题

2-1　Revit Building 的族文件的扩展文件名为（　　）

A. rvp　　　　B. rvt　　　　C. rfa　　　　D. rft

2-2　墙门窗属于（　　）
A. 施工图构件　　B. 模型构件　　C. 标注构件　　D. 体量构件

2-3　下列哪个按键可以将光标范围所指的图形构件轮流切换（　　）
A. Tab　　　　B. Alt　　　　C. Ctrl　　　　D. F2

2-4　Revit Building 中，在哪里设置渲染材质目录的位置（　　）
A. 菜单"设置"-"选项"-"文件位置"
B. 菜单"设置"-"选项"-"渲染"
C. 菜单"文件"-"导入/链接"
D. 以上都不对

2-5　下面哪个命令可将填充样式从一个项目复制到另一个项目中（　　）
A. 保存到库中　　B. 传递项目标准　　C. 导出　　D. 另存为

2-6　新建的线样式保存在（　　）
A. 项目文件中　　B. 模板文件中　　D. 线型文件中　　C. 族文件中

2-7　在使用"移动"工具时，希望对所选对象实现"复制"操作而不是移动对象，应该在哪里修改移动的选项（　　）
A. "工具"工具栏　B. 选项栏　　C. 标题栏　　D. "编辑"工具栏

2-8　Revit 项目单位规程不包括下列哪项内容（　　）
A. 公共　　　　B. 结构　　　　C. 电气　　　　D. 公制

2-9　项目浏览器是用于导航和管理复杂项目的有效方式，哪项不属于此部分功能（　　）
A. 打开一个视图　B. 修改项目样板　C. 管理链接　　D. 修改组类型

2-10　Revit 的界面不包括下列哪项（　　）
A. 菜单栏　　　　B. 绘图区　　　　C. 工具栏　　　　D. 设置栏

2-11　在使用修改工具前（　　）
A. 必须退出当前命令　　　　B. 必须切换至"修改"模式
C. 必须先选择图元对象　　　D. 以上均正确

2-12　关于修剪/延伸错误的说法是（　　）
A. 修剪/延伸可以使用选择框来选择多个图元进行修剪
B. 修剪/延伸只能单个对象进行处理
C. 以上均正确
D. 以上均错误

2-13　使用建筑图元进行能量分析是将能量分析模型发送给哪种软件用于分析（　　）
A. Autodesk Green；Building Studio　　B. Autodesk Ecotect
C. Autodesk InfraWorks　　　　　　　　D. Autodesk Navisworks

2-14　为避免未意识到图元已锁定而将其意外删除的情况，可以对图元进行什么操作（　　）
A. 锁定　　　　B. 固定　　　　C. 隐藏　　　　D. 以上均可

2-15　不能捕捉下面哪个对象上的特征点来对齐图纸中的轴网向导（　　）

A. 视口中的裁剪区域 　　　　　　　　B. 标高
C. 墙线 　　　　　　　　　　　　　　D. 轴网线

2-16　在 Revit 中，有关建筑红线设置，下列说法正确的是（　　）

A. 要创建建筑红线，可以直接将测量数据输入到项目中，Revit 会使用正北值对齐测量数据
B. 将项目导出到 ODBC 数据库中时，可以导出建筑红线面积信息
C. 可以创建建筑红线明细表，明细表可以包含"名称"和"面积"建筑红线参数
D. 以上说法均正确

2-17　要建立排水坡度符号，需使用哪个族样板（　　）

A. 公制常规模型 　　　　　　　　　　B. 公制常规标记
C. 公制常规注释 　　　　　　　　　　D. 公制详图构件

2-18　要修改永久性尺寸标注的数值，必须首先选择（　　）

A. 该尺寸标注
B. 该尺寸标注所参照的构件或几何图形
C. 强参照
D. 弱参照

2-19　如果需要将已放置在图纸上的详图大样编号由默认的 3 修改为 5，则应该修改视口图元属性中的哪个参数（　　）

A. 显示模型　　　B. 详细程度　　　C. 详图编号　　　D. 在图纸上旋转

2-20　可以通过按哪个键切换到多段尺寸标注链中的各个线段，并删除线段（　　）

A. Alt　　　　　B. Tab　　　　　C. Ctrl　　　　　D. Shift

2-21　如果在三维视图中对建筑构件的材质进行标记，需要（　　）

A. 先锁定图元 　　　　　　　　　　　B. 先锁定视图
C. 先将视图放置到图纸上 　　　　　　D. 可直接标记

2-22　对某些项目，需要标注时对同一对象进行两种单位标注，如何进行操作（　　）

A. 建立两种标注类型，两次标注　　　B. 添加备用标注
C. 无法实现该功能　　　　　　　　　D. 使用文字替换

2-23　以下哪项属于视口标题在图纸上的显示方式（　　）

A. 是 　　　　　　　　　　　　　　　B. 否
C. 当具有多个视口时 　　　　　　　　D. 以上都是

2-24　在图纸视图中，选择图纸中的视口，激活视口后使用文字工具输入文字注释，则该文字注释（　　）

A. 仅会显示在图纸视图中
B. 仅会显示在视口对应的视图中
C. 会同时显示在视口对应的视图和图纸视图中
D. 仅会显示在视口对应的视图中，同时会以复本的形式显示在图纸

2-25　要修改视图标题中水平线的线宽、颜色或线型，或从视图标题略去该线，下列操作正确的是（　　）

A. 创建或修改视口类型　　　　　　　B. 修改图纸上的视图标题

C. 修改视图所在图纸的属性　　　　　D. 以上答案均不正确

2-26　将视图放置在图纸上后，选择图纸中视口，如果将该视口实例属性中"图纸上标题"清除，则该视口在图纸中（　　）

A. 没有标题　　　　　　　　　　　B. 默认使用视图名称
C. 仅会显示视图编号　　　　　　　D. 视口将从图纸上删除

2-27　为了增强演示图纸的效果，要在图纸上绘制一片黑色填充图案，如何实现（　　）

A. 直接到图纸上用"填充面域"命令绘制
B. 先激活视图，在视图周围，用"填充面域"命令绘制
C. 回到演示图视图去绘制
D. 填充图案在图纸视图中不显示

2-28　在图纸上放置特定视图时，可以使用遮罩区域隐藏视图的某些部分，对于遮罩区域，下列描述错误的是（　　）

A. 遮罩区域不参与着色，通常用于绘制绘图区域的背景色
B. 遮罩区域不能应用于图元子类别
C. 将遮罩区域导出到 dwg 图形时，任何与遮罩区域相交的线都终止于遮罩区域
D. 将遮罩区域导出到 dwg 图形时，遮罩区域内的线也将被导出

2-29　下列关于面积标记的使用描述，错误的选项是（　　）

A. 面积标记显示了面积边界内的总面积
B. 放置面积标记时名称必须唯一
C. 可同时标记视图中所有未标记的面积
D. 平面视图中删除（取消放置）面积时，其标记也会随之删除

2-30　下列选项中能创建的概念设计分析类型是哪一项（　　）

A. 创建面积分析明细表
B. 创建明细表以分析外表面积
C. 创建周长分析明细表
D. 以上分析都可以在 Revit 中进行

2-31　关于视图的阶段属性，下列说法错误的是（　　）

A. "阶段"属性是视图阶段的名称，当打开或创建视图时，它会自动带有"阶段"值
B. 通过"阶段过滤器"属性，可以控制图元在视图中的显示样式
C. 添加到项目中的每个图元都具有"创建的阶段"属性和"拆除的阶段"属性
D. 在添加阶段之后可以再重新排列其顺序

2-32　下面哪些是阶段的命令（　　）

A. 阶段　　　　　B. 阶段过滤器　　　C. 图形替换　　　D. 以上都正确

2-33　在使用工作集进行协作时，如果您要对没有编辑权限的图元进行修改和编辑，必须（　　）

A. 重新设置工作集　B. 图元借用　　　C. 隔离图元　　　D. 关闭工作集

2-34　对工作集和样板的关系描述正确的是（　　）

A. 可以在工作集中包含样板　　　　B. 可以在样板中包含工作集
C. 不能在工作集中包含样板　　　　D. 不能在样板中包含工作集

2-35　要缩短渲染图像所需的时间，下列方法中哪些是错误的（　　）
A. 隐藏不必要的模型图元
B. 减少材质反射表面的反射次数
C. 将视图的详细程度修改为精细
D. 减小要渲染的视图区域

2-36　在 Revit 中，创建全景图，可使用的功能为（　　）
A. 相机　　　　B. 云渲染　　　　C. 漫游　　　　D. 光线追踪

2-37　主体放样实例包括（　　）
A. 墙饰条、墙分隔缝　　　　B. 屋顶封檐带、檐槽
C. 楼板边　　　　　　　　　D. 以上均正确

2-38　下列不能够通过编辑屋顶草图而实现的屋顶修改是哪一项（　　）
A. 修改屋顶坡度　　　　　　B. 向屋顶添加切口或洞口
C. 修改拉伸屋顶高度　　　　D. 修改屋顶基准标高

2-39　在对楼板高程点编辑后，使用哪个工具可以恢复原始楼板状态（　　）
A. 修改子图元　　B. 重设形状　　C. 添加分割线　　D. 拾取支座

2-40　新的数据模型加入了扩展的材质资源集，包括（　　）
A. 外观属性　　　B. 物理属性　　　C. 热度属性　　　D. 以上全部

2-41　为幕墙添加竖梃时，不能选择的添加方式是（　　）
A. 网格线　　　B. 单段　　　C. 全部网格线　　　D. 幕墙边缘

2-42　Revit 中创建楼梯说法正确的是（　　）
A. 通过绘制梯段、边界和踢面线创建楼梯
B. 使用梯段命令可以创建 365°的螺旋楼梯
C. 在完成楼梯草图后，不可以修改楼梯的方向
D. 修改草图改变楼梯的外边界，踢面和梯段不会相应更新

2-43　以下哪种形式不是屋顶封檐带的斜接形式（　　）
A. 水平　　　B. 垂直　　　C. 垂足　　　D. 平行

2-44　定位线的位置将根据绘制墙的方式变化，以下说法正确的是（　　）
A. 如果将定位线指定为"涂层面：内部"并从左至右绘制墙，则定位线会显示在墙的外侧
B. 如果将定位线指定为"涂层面：内部"并从右至左绘制墙，则定位线会显示在墙的外侧
C. 调整大小"命令不会移动墙定位线的位置
D. 以上都是正确的

2-45　在绘制坡道时，每一段坡道的长度受何参数限制（　　）
A. 类型属性中"最大斜坡长度"　　　B. 实例属性中"最大斜坡长度"
C. 类型属性中"坡道最大坡度"　　　D. 实例属性中"坡道最大坡度"

2-46　绘制墙体时，由于墙体的宽度，Revit 对墙进行定位将根据（　　）

A. 墙中线 B. 墙外边界
C. 墙内边界 D. 墙中线，核心层中心线，涂层面

2-47 删除坡道时，与坡道一起生成的扶手（   ）
A. 将被同时删除 B. 将被保留 C. 提示是否保留 D. 提示是否删除

2-48 在绘制扶手时，设置扶手的主体为"楼板"，生成扶手后，修改楼板的标高，则（   ）
A. 扶手会以绘制时的默认标高位置不发生变化
B. 扶手会以绘制时楼板的位置不发生变化
C. 扶手会随楼板的变化而变化
D. 扶手将会删除

2-49 以下哪个不是可设置的墙的类型参数（   ）
A. 粗略比例 B. 填充样式
C. 复合层结构材质 D. 连接方式

2-50 下列关于面幕墙系统说法正确的是（   ）
A. 可以用"面幕墙系统"编辑幕墙系统草图
B. 使用"面幕墙系统"命令创建的幕墙系统可以自动更新
C. 可以单独编辑面幕墙网格
D. 以上均正确

2-51 根据自身对 BIM 技术的理解和认识，简述 BIM 技术对建筑行业带来的好处。

2-52 某建筑共 50 层，其中首层地面标高为±0.00，首层层高为 6.0m，第二至第四层层高 4.8m，第五层及以上均层高 4.2m。请按要求建立项目标高，并建立每个标高的楼层平面视图，并按照以下平面图中的轴网要求回执项目轴网。最终结果以"标高轴网"为文件名保存为样板文件，放在考生文件夹中。

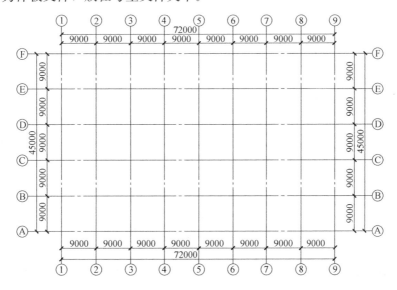

图 2-344 1～5 层轴网布置图

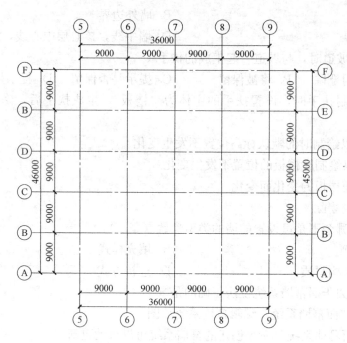

图 2-345　6 层及以上轴网布置图

第 3 章 BIM 技术在建筑结构设计中的应用

本章要点及学习目标

本章要点：
(1) 熟练掌握结构族的创建，包括：结构基础、结构柱、结构梁、桁架、结构连接件；
(2) 掌握建筑结构模型的新建、绘制、添加、复制、修改、保存等操作程序和命令，了解各项目命令的快捷操作方式；
(3) 掌握进行 Revit 结构构件实体配筋的绘制操作程序和命令，包括：手动绘制钢筋、通过插件生成钢筋。

学习目标：
(1) 能够熟练绘制出基本的 Revit 结构模型；
(2) 掌握结构族的概念及与单体构件绘制的区别和联系；
(3) 通过结构族、快捷键、插件生成钢筋等方式，快速准确地绘制出结构模型。

3.1 概述

全球经济正在飞速发展，科学技术在不断进步，传统设计方式略显单调，不能满足业主们日益丰富、造型先进的现代化建筑需求。将更丰富的设计理念带入建筑物中，使设计变得可视化，直观地变现出完整的设计概念，以满足人们的需求，是目前建筑业走向高附加值的发展方向。

在项目设计过程中，结构工程师需根据建筑图进行结构设计，一出现改动，可能结构上的图纸和各种表格全都需要改动，在传统的二维图纸设计工作中非常不方便。通过 BIM 进行结构设计，既能实时展示设计进度与实体模型，又能在产生变更时，项目的平面图、剖面图、楼梯图与大样详图能够实现同步变更。

Associates（BJA）是一家拥有悠久历史的位于洛杉矶的结构工程设计公司，2005 年开始采用 Revit Structure 结构设计软件进行结构设计。该公司在加利福尼亚州的"玫瑰碗"体育场项目中，便使用了 BIM 结构设计软件。通过 Revit 软件建立结构物理模型，项目中产生的任何修改都能自动反映到其他视图中，确保整个设计过程的准确性和协调性；软件中的明细表功能可以很方便地提取各种需要的量，如门窗统计、混凝土方量、钢筋重量等；物理模型建立时，能同时产生分析模型，并结合第三方分析软件进行结构分析。

Arup（奥雅纳）是英国的一家全球领先的设计与业务咨询公司。该公司目前已经采用Revit结构设计软件进行设计。在一个火车站的重新开发项目中,新加坡分公司CAD经理Chrisopher Pynn说"Revit结构软件能够更快地为建筑师提供信息,智能的设计变更处理能力使其工作方式发生了巨大转变,方便提供更好的施工图档。"

3.2 结构族的创建

Autodesk Revit中的所有图元都是基于族的。"族"是Revit中使用的一个功能强大的概念,有助于您更轻松地管理数据和进行修改。每个族图元能够在其内定义多种类型,根据族创建者的设计,每种类型可以具有不同的尺寸、形状、材质设置或其他参数变量。使用Autodesk Revit的一个优点是不必学习复杂的编程语言,便能够创建自己的构件族。使用族编辑器,整个族创建过程在预定义的样板中执行,可以根据用户的需要在族中加入各种参数,如距离、材质、可见性等等。可以使用族编辑器创建现实生活中的建筑构件、图形和注释构件。

3.2.1 创建结构基础

1. 独立基础

(1)选择样板文件。单击Revit Structure界面左上角的"应用程序菜单按钮">"新建">"族"。在图3-1所示的"新族-选择样板文件"对话框中,选择"公制结构基础.rft",单击"打开"。

图3-1 "新族-选择样板文件"对话框

(2)设置族类别。在进入族编辑器后,单击 按钮,打开"族类别和族参数"对话框,如图3-2所示。

由于所选用是基础样板文件,默认状态下"族类别"已被选择为"结构基础"。"族参数"对话框中还有一些参数可以勾选。

◆基于工作平面:可以通过勾选此项,在放置基础时,不仅可以放置在某一标高上,还可以放置在某一工作平面上。

◆总是垂直：不勾选此项，基础可以相对于水平面有一定旋转角度，而不总是垂直。

◆加载时剪切的空心：勾选该参数后，在项目文件中，基础可以被带有空心且基于面的实体切割时能显示出被切割的空心部分。默认设置为不勾选。

◆结构材质类型：可以选择基础的材料类型，有钢、混凝土、预制混凝土、木材和其他五类。

（3）绘制参照平面。① 在项目浏览器里打开"参照标高"视图，单击"常用"选项卡＞"基准"面板＞"参照平面"命令，单击左键开始绘制参照平面，如图 3-3 所示。

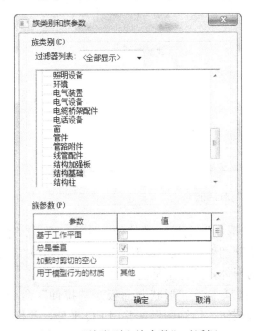

图 3-2 "族类别和族参数"对话框

图 3-3 绘制参照平面

② 单击"注释"选项卡＞"尺寸标注"面板＞"对齐"命令，标注横向的三条参照平面，在连续标注的情况下会出现 EQ 符号，单击 EQ，切换成 EQ（EQ 为距离等分符号），使三个参照平面间距相等，如图 3-4 所示，用相同方法标注纵向的三条参照平面。

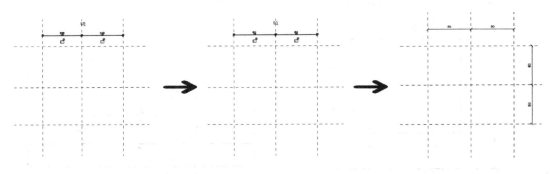

图 3-4 参照平面间距等分

快捷键标注参照平面尺寸：选择横向标注，单击"标签"＞"添加参数"，弹出"参数属性"对话框,在"名称"栏输入"边长",单击"确定",添加纵向标注为相同参数,如图3-5所示。

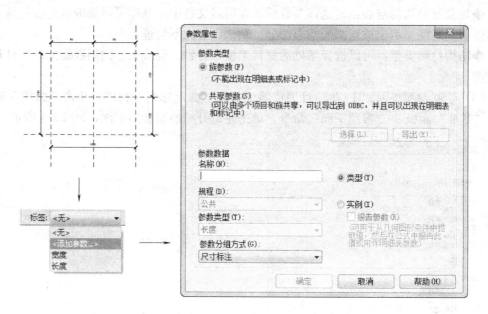

图 3-5 "参数属性"对话框

（4）绘制基础。①单击"常用"选项卡＞"形状"面板＞"拉伸"命令,单击"修改｜创建拉伸"选项卡＞"绘制"面板按钮,绘制图形,并和参照平面锁定。单击✓完成绘制。进入"前"立面视图,选中刚拉伸绘制的形体,拉伸下部与参照平面对齐锁定。

②回到"参照标高"视图,单击"常用"选项卡＞"形状"面板＞"拉伸"命令,单击"修改｜创建拉伸"选项卡＞"绘制"面板按钮,绘制图形,并用EQ平分,并标注添加参数,如图3-6所示。

③进入"前"立面视图,选中刚拉伸绘制的形体,拉伸下部与第一次绘制的形体的上部对齐锁定。标注图形高度并添加参数"H",如图3-7所示。

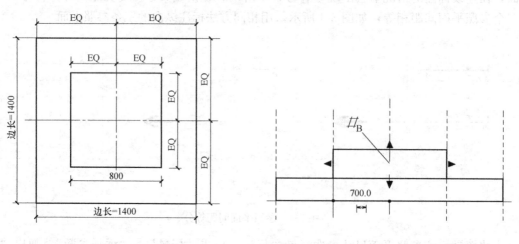

图 3-6 绘制基础平面视图　　　　　图 3-7 基础立面视图

(5) 添加材质参数。进入三维视图，选中绘制的图形，打开"属性"面板，单击"材质"按钮后，在弹出的"关联组参数"对话框中单击"添加参数"，在弹出的"参数属性"对话框中，在"名称"栏输入"材质"，单击两次"确定"，如图 3-8 所示，完成材质参数的添加。

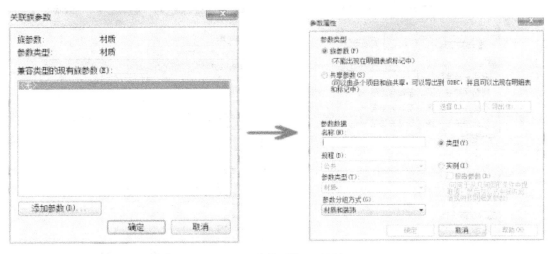

图 3-8 "参数属性"对话框

(6) 独立基础族绘制完成。三维效果视图如图 3-9 所示。

2. 墙下条形基础

条形基础是结构基础类别的成员，并以墙为主体，可在平面视图或三维视图中沿着结构墙放置这些基础，条形基础被约束到所支撑的墙，并随之移动。在 Revit Structure 中，墙下条形基础是系统族，用户不能自己创建族文件和加载，只能在软件自带的墙基础形状下修改和添加新的类型。下面来介绍墙下条形基础的应用方法和参数设置。

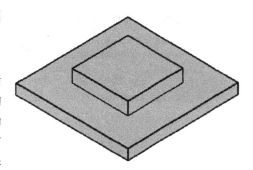

图 3-9 独立基础族三维效果图

首先单击"常用"选项卡＞"基础"面板＞"条形"命令进入墙基础编辑界面。在墙基础"属性"对话框中，可以选择墙基础的类型、设置钢筋的保护层厚度、启用分析模型等，如图 3-10 所示。

在"属性"对话框中单击"编辑类型"，打开"类型属性"对话框，在"类型属性"对话框中，可以修改或复制添加新的墙基础类型，如图 3-11 所示。

3. 板基础

板基础和墙基础一样是系统自带的族文件。板基础的性能和结构楼板有很多相似之处，下面来介绍板基础的应用参数设置。

首先单击"常用"选项卡＞"基础"面板＞"板"命令，在板基础的下拉菜单下有两种工具，分别是"基础底板"和"楼板边缘"。单击"基础底板"，进入"板基础"编辑状态，可以根据基础的边界形状选择合适的形状绘制工具，在绘图区域内绘制板基础的形状，如图 3-12 所示。

图 3-10 "属性"对话框

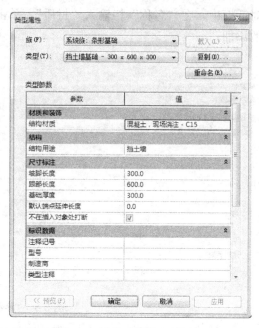

图 3-11 "类型属性"对话框

图 3-12 "基础"面板

本例属性和类型属性的设置也和结构楼板基本相同，但与结构楼板不同的是，在绘制板基础时，默认状态下没有板跨方向，用户可以通过单击"跨方向"按钮，然后选中绘图区域的"板基础"边界线，即可为板基础添加板跨方向，也可以通过单击"坡度箭头"按钮，为板基础添加坡度。

3.2.2 创建结构柱

结构柱是建筑的承重构建，结构柱主要是钢筋混凝土柱和钢柱。下面以 L 形柱为例，介绍一个结构柱的具体创建过程，具体步骤如下：

（1）选择样板文件。单击 Revit Structure 界面左上角的"应用程序菜单"桉钮＞"新建"＞"族"。在"新族-选择样板文件"对话框中，选择"公制结构柱.rft"，单击"打开"，如图 3-13 所示。

图 3-13　"新族-选择样板文件"对话框

（2）修改原有样板。进入"楼层平面"＞"低于参照标高"视图，删除原样板中的 EQ 等分标注，如图 3-14 所示。

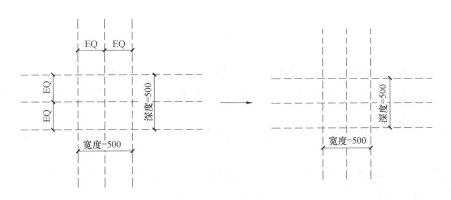

图 3-14　参照平面视图

移动两条参照平面，具体位置不重要。"宽度"和"深度"参数是原有的，而"厚度"参数需要新建，快捷键标注参照平面尺寸，如图 3-15 所示。

选中横向标注，单击"标签"＞"添加参数"，弹出"参数属性"对话框，在"名称"

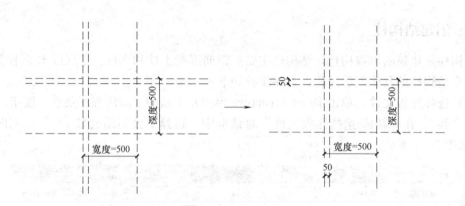

图 3-15 参照平面编辑

栏输入"厚度",单击"确定",如图 3-16 所示,用同样的另法添加竖向标注参数。

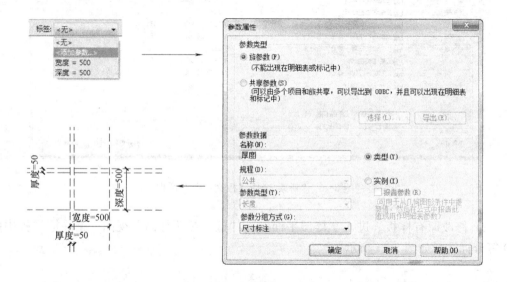

图 3-16 "参数属性"对话框

(3) 绘制柱。① 进入"楼层平面" > "低于参照标高"视图,单击"常用"选项卡 > "形状"面板 > "拉伸"命令按钮,绘制拉伸轮廓,并与参照平面锁定,如图 3-17 所示,重复上一步操作。

② 单击"修改"面板 > 命令。修改绘制的草图,如图 3-18 所示。单击√,完成拉伸绘制。

③ 打开"前"视图,选中刚绘制的矩形形体,拉伸上部并与"高于参照标高"锁定,拉伸下部并与"低于参照标高"锁定,如图 3-19 所示。

(4) 添加材质参数。进入三维视图,选中柱子,打开"属性"面板,单击"材质"后,在弹出的"关联族参数"对话框中单击"添加参数",在弹出的"参数属性"对话框中,在"名称"栏输入"柱子材质",单击两次"确定",如图 3-20 所示,完成材质参数的添加。

3.2 结构族的创建

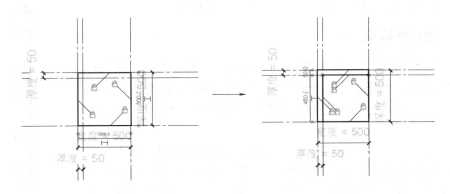

图 3-17　绘制柱

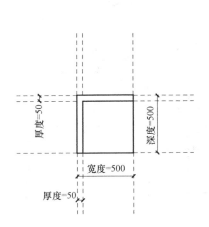

图 3-18　柱绘制后的前视图

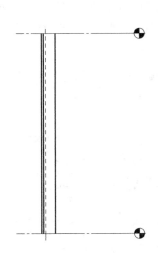

图 3-19　前视图的锁定

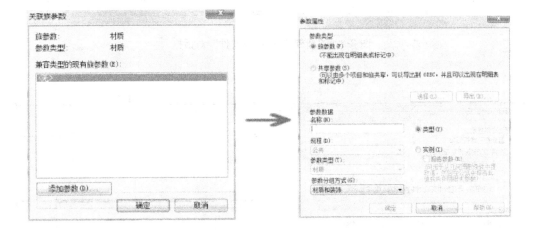

图 3-20　"关联族参数"和"参数属性"对话框

(5) L形柱族创建完成，三维视图如图3-21所示。

3.2.3 创建结构梁

(1) 选择样板文件。单击Revit Structure界面左上角"应用程序菜单"按钮＞"新建"＞"族"。在"新族-选择样板文件"对话框中，选择"公制结构框架-梁和支撑.rft"，单击"打开"，如图3-22所示。

(2) 修改原有样板。删除在梁中心的线和两条参照平面。

(3) 修改可见性。选中用"拉伸"命令创建的梁形体，单击"拉伸｜修改"上下文选项卡＞"设置"面板＞"可见性设置"命令，在弹出图3-23所示的"族图元可见性设置"对话框中，勾选"粗略"，单击"确定"。此时梁形体为黑色显示，而不再是灰色，如图3-24所示。

图3-21 L形柱三维视图

图3-22 "新族-选择样板文件"对话框

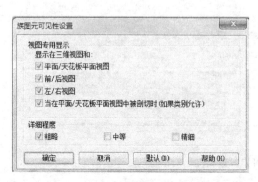

图3-23 "族图元可见性设置"对话框

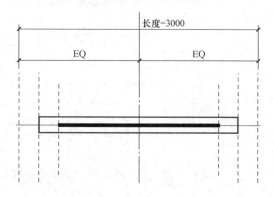

图3-24 结构梁绘制

(4) 修改拉伸。① 进入立面"右"视图，选中拉伸形体，单击"修改｜拉伸"上下文选项卡＞"模式"面板＞"编辑拉伸"命令，进入拉伸绘图模式，修改拉伸轮廓。② 等分参照平面。单击"注释"选项卡＞"尺寸标注"面板＞"对齐"命令，标注参照平面，在连续标注的情况下会出现 EQ 符号，单击 EQ，切换成 EQ（EQ 为距离等分符号），使三个参照平面间距相等。接着为草图添加尺寸标注，并将草图与参照平面锁定，如图 3-25 所示。③ 选中刚放置的"400"尺寸标注，单击"标签"＞"添加参数"，弹出"参数属性"对话框，在"名称"栏输入"梁中宽度"，选择"实例"。

(5) 添加材质参数。进入三维视图，选中绘制的梁，打开"属性"面板，单击"材质"后，在弹出的"关联族参数"对话框中单击"添加参数"，在弹出的"参数属性"对话框中，在"名称"栏输入"材质"，单击两次"确定"，完成材质参数的添加。

(6) 工字梁族绘制完成，三维视图如图 3-26 所示。

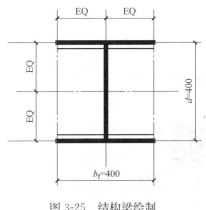

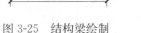

图 3-25　结构梁绘制

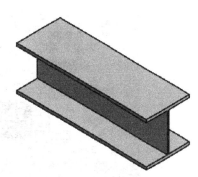

图 3-26　工字梁三维视图

3.3　BIM 结构模型创建

3.3.1　工程概况

江南大学医学大楼（图 3-27）总建筑面积 23117m^2，其中地上面积 21239m^2，地下建筑面积 1878m^2，建筑占地面积 5393m^2。建筑层数地上 5 层，地下 1 层，停车位 64 个（含 2 个无障碍车位），其中地上 18 个（含 2 个无障碍车位），地下 46 个。

工程项目开始时间为 2015 年 4 月，结束时间为 2016 年 5 月。期间要完成桩基工程、非地下室部位土方开挖、地下室部位土方开挖、一至六层结构、屋顶层和墙体砌筑、主体验收、内外墙粉刷、外墙保温、外墙贴面、幕墙工程、外架拆除、楼层地面、室内腻子涂料、水电暖安装。

3.3.2　操作界面

本章节将以江南大学医学大楼中的解剖楼为例，通过一些软件的操作，展示 BIM 模型创建的过程。Revit 2014 开始界面，包括菜单栏、新建项目、打开项目、项目预览等常见的界面布置，如图 3-28 所示。

图 3-27　医学大楼鸟瞰图

图 3-28　Revit 操作界面

3.3.3　新建项目

Revit 文件分为项目文件（*.rvt）、项目样本文件（*.rte）、族文件（*.rfa）等，而项目的建立是以项目样版文件为载体的，新建项目时应选择新建项目，而不是项目样本，这也是容易出错的地方。

对于项目样本，既可以使用别人制作好的样本文件，如官方制定的针对中国用户的 Structure Analysis-Default-CHNCHS.rte，也可以依据公司标准，创建功能齐全符合自己要求的项目样本文件，以此减少多余工作，快速创建信息模型，如图 3-29 所示。

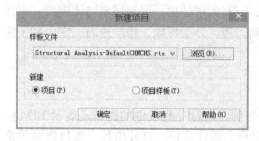

图 3-29　新建项目对话框

3.3.4　创建标高

Revit 中创建模型时首先需要确定建筑标高。通过"常用"选项卡面板中的"标高"

工具，可以在立面图中方便地绘制或修改标高。绘制时既可以一根一根地手动绘制，也可以通过阵列或多重复制添加，完成的标高会在结构平面和楼层平面中自动生成相应的楼层。对于标高的标头，可针对不同的项目要求，设置不同的标头，如国内常见的倒三角标头与国际通用的原型标头等，如图 3-30 所示。

3.3.5 绘制轴网

Revit 绘制轴网无法像天正建筑一样成批量的建立轴网，创建形式较为单一，只能手动逐根添加。当然 Revit 也有较为快速绘制轴网的方法，可以将 CAD 文件导入或链接到项目

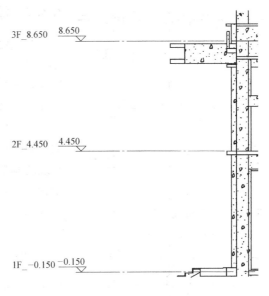

图 3-30 创建标高

中，通过拾取命令进行绘制。Revit 中绘制的轴网可以自动编号，轴号的单双侧显示、添加轴号弯头、轴线间的距离也能方便地更改，且在轴网发生变动时，与其相关联的柱梁等构件能够随之自动变化，以符合变更要求。本例绘制轴网如图 3-31 所示。

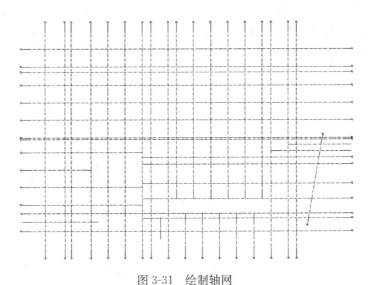

图 3-31 绘制轴网

3.3.6 添加桩基承台

对于基础的布置，Revit 软件系统自带有柱下独立基础、筏板基础、条形基础和桩基等构件；而对于一些异性承台、异性柱等构件，可以通过修改族文件自定义任意形式的结构基础或结构柱。布置基础时，只需先导入 CAD 底图，再通过自动拾取、复制、阵列等命令便能快速大量的放置桩基承台。本例绘制桩基承台平面视图如图 3-32 所示。

3.3.7 添加结构柱

绘制结构柱时，首先应点击"结构"选项卡中的"结构柱"功能，然后在系统列表中选择所需的截面尺寸，若列表中无所需尺寸，也可自定义结构柱截面尺寸或柱族类型，以达到图纸设计要求。在布置结构柱时，尚应设置柱的底标高、浇筑高度、结构材质及钢筋保护层（用于绘制实体钢筋）等，以免造成后期修改的麻烦。如图3-33所示为放置结构柱时的操作步骤截图，由于图纸存在变更，此处参照图纸为柱表修改图。结构柱KZ11，为一变截面柱，一、二层尺寸为700×700，三层为500×500，本项目将分层绘制，利于后期数据统计，制作明细表。

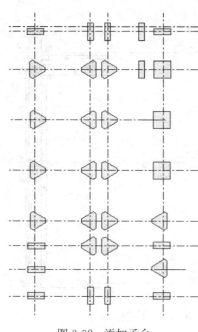

图3-32 添加承台

3.3.8 添加框架梁

添加框架梁的方法与添加框架柱类似，需选择梁截面尺寸、结构材质、钢筋保护层和对齐方式等，按照受力等级确定为主梁、次梁或由系统自动确定。同时应设置梁的起点标高和终点标高，通过此方法可以添加一些斜梁。而对于一些带有原位标注的梁，则应复制此跨梁并更改尺寸。该项目二层梁配筋平面图中B-KL7（4）400×500在3轴与4轴之间跨斜梁原位标注尺寸400×500，可复制B-KL7 400×500并重命名为B-KL7 400×450，导入CAD图纸后，通过拾取线绘制该斜梁。本例绘制框架梁平面视图如图3-34所示。

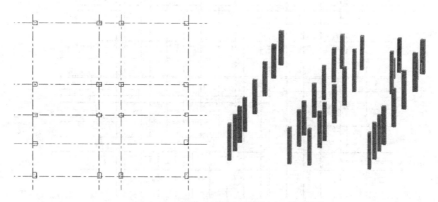

图3-33 添加结构柱平面和三维视图

3.3.9 添加楼板

通过Revit绘制楼板与其他软件如PKPM等方式相近，首先设置板厚、板顶标高、钢筋保护层等，再绘出闭合的边界线，完成楼板的绘制。而在板上存在预留洞口时，Revit能够很好地在楼板上画出洞口，绘制时只需将楼板边线和洞口的轮廓线拾取。完成楼板的绘制后，楼板的坡度、周长、面积及浇筑所需的混凝土厚度与体积等数据能够自动生成,这对以后的统计算量有很大的帮助。

3.3.10 添加其他楼层

完成一层的绘制后,若为标准层,则可以通过"复制"、"粘贴:与选定的标高对齐"命令,将已完成楼层复制到其他楼层标高,以此达到快速绘制模型的目的。添加楼层时,可为每一层的柱、梁、板等构件设置过滤器,如此便能分层分构件显示模型,既方便检查模型,发现图纸错误或操作失误,又利于明细表的生成,使构件清单清晰明了,还能为施工模拟提供便利,最终得到图 3-35、图 3-36 所示模型。

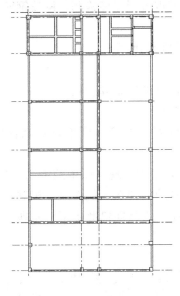

图 3-34　添加框架梁

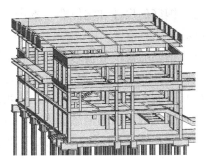

图 3-35　辅楼模型

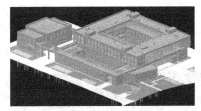

图 3-36　医学大楼整体模型

3.4　Revit 实体配筋

3.4.1　钢筋平法表示与实体表示

平法的全称为平面整体表示方法,其表现形式概括地说,就是把结构构件的形状、尺寸和配筋等信息,遵循平法制图规则,整体表示在结构构件的平面布置图上,再结合相关的标准构造详图大样,便组成了一套完整的新型结构设计。平法制图规则的制定,是为了规范人们使用建筑结构施工图平面整体设计方法,保证通过平法设计成的结构施工图全国统一,确保设计、施工的质量。

平法表达钢筋的优点:

(1) 绘图工作量小,工作时间缩短;

(2) 钢筋信息集中,可以大大减少图纸数量,低碳环保;

(3) 图面简洁,信息一目了然,方便施工图文档的提交与审阅;

(4) 通过平法绘制的 CAD 文件小,对硬件要求低,使用性广。

平法表达钢筋的缺点：

（1）平面表示的钢筋表达不直观，无法显示钢筋之间的三维空间位置关系，对于新手来说难以掌握；

（2）无钢筋长度信息，必须借助算量软件或手动进行钢筋算量；

（3）与施工脱节，无法对复杂节点进行钢筋间的碰撞避让。

图 3-37 为部分梁平法钢筋布置图，包括集中标注、原位标注、吊筋注释等信息。

相对于平法表示的钢筋，通过 Revit 或其他软件绘制的三维实体钢筋具有不少优点：

（1）使钢筋 3D 可视化，可在平面与三维视图中同步操作；

（2）钢筋的尺寸和定位非常准确，可以对复杂的节点进行碰撞检测，调校钢筋，并能直接指导施工；

（3）钢筋的长度等信息实时存在，可方便快捷地进行钢筋算量。

然而 Revit 绘制的实体钢筋却也有着明显的弱点：

（1）绘制实体钢筋工作量大，进度缓慢，无法与传统的二维算量竞争；

（2）生成的剖面图信息量太大，导致所需图纸增多；

（3）存在实体钢筋的模型文件非常庞大，对硬件要求过高，严重影响软件的运行速度。

图 3-38 为医学大楼辅楼模型的部分实体钢筋模型，不难发现，图中的钢筋一目了然，非常具有视觉冲击力。模型中的复杂节点部分也能直观地展现在人们面前，相对于传统地在脑海中凭空想象来说，实体钢筋更加清晰且易懂，施工人员能借此施工，监理方也能一边对照着模型，一边监管劳务方的施工质量。

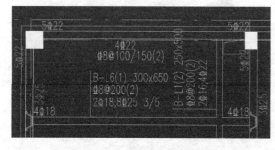
图 3-37　平法标注钢筋

图 3-38　实体钢筋效果

目前通过 Revit 进行结构钢筋的三维绘制为时尚早，它相对于平法制图来说，对硬件的要求过高，且效率太低，无法满足当前结构设计师快速出图的要求。随着科技的进步，适合中国的第三方插件正在逐步开发，平法融入 BIM、BIM 实体配筋等技术问题将逐一被克服，届时，BIM 将在建筑行业大放光彩。

3.4.2　Revit 手动绘制钢筋

通过 Revit 手动绘制钢筋，首先需要生成构件的剖面，在剖面视图中，利用"结构"选项卡中的"钢筋"功能，对各个构件进行配筋。系统中自带有大量的钢筋形状，基本能够满足常见的构件配筋，而对于一些特殊构件中的异性钢筋，我们也能够通过绘制草图来自定义一些钢筋形状。本章将以 WKL4 为例，简要说明 Revit 中简要绘制钢筋的步骤。

(1) 使用"剖面"命令,绘制构件的剖面,如图 3-39 所示。

(2) 使用"钢筋"命令,选择合适的钢筋形状,在构件中放置钢筋,如图 3-40 所示。

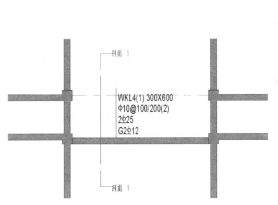

图 3-39 绘制剖面

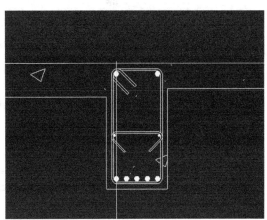

图 3-40 绘制钢筋

(3) 根据图纸说明及参照国家标准图集规范对钢筋长度进行调整,得出的钢筋模型如图 3-41 所示。

3.4.3 通过插件生成钢筋

为保持核心竞争力,欧特克公司收购了法国的 Robobat 公司,在该公司擅长的结构设计分析基础上,进行 Subscription (速博) 插件的研发,通过这款插件的使用,Revit 能够发挥其最大优势,快速地绘制钢筋。

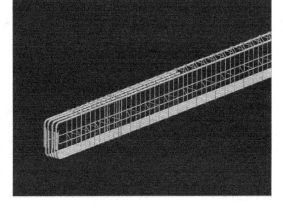

图 3-41 三维实体钢筋

速博插件所包含的功能主要有建模、分析、导入导出、钢筋、钢结构连接节点等,在绘制钢筋时,常用到的工具有梁、柱、基础、桩等。这些工具的使用,使得 Revit 中钢筋绘制变得更加简单方便,这大大地缩短了设计周期。

图 3-42 显示了 Revit 速博插件中对柱进行配筋的基本设置,包括柱的几何信息、柱箍筋布置、柱纵筋布置、插筋布置及钢筋面积的统计表等。添加钢筋时,首先需设置好钢筋的参数,确定后即初步生成了柱子钢筋模型;再参照手动配筋的过程,根据国家标准对柱纵筋进行断料与搭接处理,对节点区进行钢筋碰撞避让调节。这样绘制的钢筋模型既符合国家规范,又与实际情况贴切,由此便能对现场施工起到指导作用,减少工人师傅的工作量,加快工程建设的速度,同时还能提高建筑物的施工质量。以下为利用 Subscription 插件进行自动配筋的操作步骤。

(1) 核对结构梁的基本信息,避免在错误的模型中绘制钢筋,减少返工,如图 3-42 所示。

(2) 根据设计图纸中标注的钢筋信息,结合国家标准施工图集规范,设置好插件中的

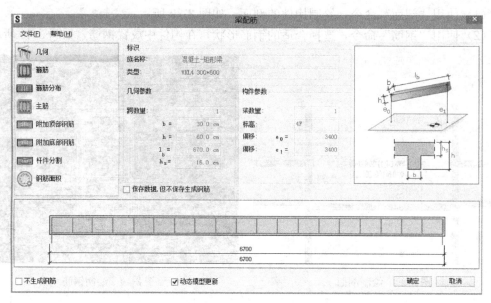

图 3-42 速博插件界面一

箍筋等级、箍筋分布及纵筋直径等相关信息，如图 3-43 所示。

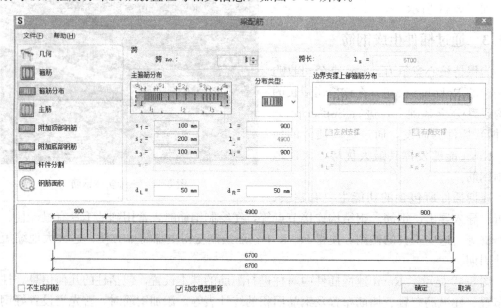

图 3-43 速博插件界面二

(3) 点击"确定"选项，软件自动生成钢筋，所得模型与手动配筋基本相同，如图 3-44 所示。在三维模型中检查钢筋的生成情况，以免出现因设置不当而造成的模型错误。

尽管目前的插件丰富多彩，各有所长，基本能够满足建模要求，软件在配筋方面的效率还是远远不能和传统的平法标注相媲美。传统的平法施工图，可以通过如 PKPM 等软件快速且大量的生成，而当前的 Revit 三维钢筋模型的布置却极其费时费力。数据量大、信息量大的同时，我们需要花费大量的时间将这些信息输入到软件中去，既没有工作效率，又会使工程文件变得十分臃肿，所需硬件配置提高，间接地增加了 BIM 的成本，在

图 3-44 辅楼钢筋模型

这方面还有很长一段路要走。

3.5 Revit 结构分析

3.5.1 Revit 分析模型

Revit 作为一个 BIM 软件，它能够将信息模型与结构分析模型联系起来，在三维模型与分析软件之间架起一座桥梁，这便是分析模型。在使用 Revit 进行建模的过程中，每一个结构构件都对应一个分析模型，且能够根据需要进行启用或取消某一构件的分析模型。这样在三维模型完成时，能够同时生成一个可以进行结构受力分析的分析模型，在产生图纸变更或结构修改时也能快速地变动，大大缩短结构设计师花在建模上的时间，并将更多地精力放在设计上，使设计出的建筑更加美观、合理与经济等。图 3-45 为结构模型，图 3-46 为结构分析模型。

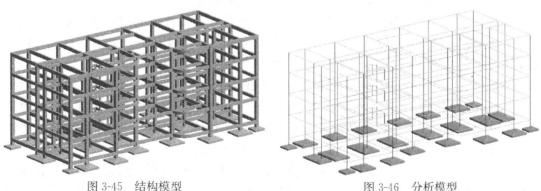

图 3-45 结构模型　　　　　　图 3-46 分析模型

在生成分析模型后，Revit 中还有一些结构分析的功能，如添加荷载、选择荷载工况与荷载组合、设置结构边界条件等，同时还能基于结构模型对分析模型进行调整，如图 3-47 所示。

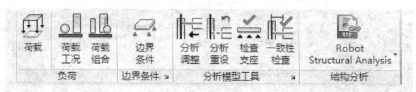

图 3-47 结构分析界面

Revit 虽然在信息模型上非常擅长，也能生成结构分析模型，进行荷载布置与荷载组合，但是它却不能像 PKPM 软件一样进行结构有限元计算。Revit 软件本身暂时还不能进行结构计算分析，但它可以通过与 Revit API（应用编程接口）连接的第三方分析应用软件，如 R-STARCAD 就是由 Revit 和 PKPM 共同开发的、能够实现 PKPM 与 Revit 结构模型和分析模型互相转换的插件。Revit 的侧重点在于 BIM 三维建模，联合各专业实现协调设计；而 PKPM 则在结构分析计算方面与国内规范结合最为紧密。通过软件间的模型互导，工程师在不同软件间切换计算时，只需建立一次模型便可，这极大地减少了重复建模的工作量，同时大幅提高工作效率并降低出错率。

3.5.2 IFC 标准

国际协同工作联盟 IAI（International Alliance Interoperability）为建筑业制定了国际工业标准（IFC，Industry Foundation Classes），它是建筑软件的通用语言。通过 IFC 标准，BIM 结构软件能与第三方软件进行数据互换，使得如 Revit 这样的不能进行结构受力分析与计算的软件能够将模型导出，并导入到如 PKPM、Etabs 等结构分析软件，进行分析计算。

IFC 标准是一套可以使计算机识别与处理建筑数据的表示方法和交换标准，而传统的 CAD 二维图纸所表达的信息只有人可以看懂，计算机是无法识别一张图纸中所表达的信息的。

IFC Schema 是 IFC 标准的主要内容。它为人们提供了建筑工程中的各种类型信息描述和定义的规范，这里的信息既可以描述为一个真实的物体，如建筑物的构件、施工器械等，也可表示抽象的概念，如过程、组织、空间和关系等。IFC Schema（由下至上）整体标准由资源层、核心层、共享层和领域层 4 个层次构建而成。

资源层（Resource layer）：包含一些独立于具体建筑构件的通用信息的实体（entities），如时间、尺寸、计量单位、材料、价格等信息。这些实体可与其上层建筑（核心层、共享层和领域层）的实体产生连接，从而定义上层实体的特性。

核心层（Core Layer）：提炼并定义了一些在整个建筑行业都能够通用的抽象概念，如 actor、group、process、product、control、relationship 等。例如一个建筑项目的建筑构件、建筑物、场地、空间等都被定义为 Product 实体的子实体，而建筑工程的作业任务、工序、工期等则被定义为 Process 和 Control 的子实体。

共享层（Interoperability layer）：共享层分类定义了一些适用于建筑工程项目各领域（如建筑设计、施工管理、设备管理等）的通用概念，以达到不同领域间信息交换与协同工作的目的。比如说，在 Shared Building Elements schema 中定义了梁、柱、门、墙等构成一个建筑结构的主要构件；而在 Shared Services Element schema 中定义了暖通、空调、机电设备、给水排水、防火等领域的通用概念。

领域层（Domain Layer）：分别定义了一个项目中的不同领域（如建筑、结构、暖通、设备管理等）独有的概念与信息实体。如施工管理领域中的人工、施工设备、供应商、承包商等，结构工程领域中的桩基、基础、支座等，暖通工程领域中的空调、风管、锅炉、冷却器等。

结构分析模型在 IFC2x2 版本中最终出现。从 IFC2x2 一直到 IFC4RC4，我们建立的结构分析模块里共有 25 至 30 个实体定义，其中建筑构件与结构构件的关联和定义有较大的变化。在 IFC2x3 版本中，可以通过 IfcRelConnectsStructuralElement 来对建筑构件和结构构件的关联进行实体表述，如：ENTITY IfcRelConnectsStructuralElement；SUB-TYPE OF (IfcRelConnects)；RelatingElement：IfcElement；RelatedStructuralMember：IfcStructuralMember；END_ENTITY。

通过上述定义我们能够建立结构构件与建筑构件的一一对应关系。结构分析模型应从 Revit 建筑信息模型中提取，并与之准确对应，采用相同的项目基点、相同的坐标系、相同的单位尺寸。从结构分析模型中导出结构计算模型，同时具备相应的信息反馈过程。

3.5.3 BIM 云计算

通过高速网络，将大量的计算资源统一调度管理，构成一个共享资源库，向用户提供按需服务，是云计算的核心思想。在结构设计方面，云计算功能很好地解决 Revit 或其他建模软件在结构分析计算方面的弱点。云计算具有四个独有的特征：

（1）基于大规模基础设施支撑的强大计算能力和存储能力；
（2）使用多种虚拟化技术提升资源利用率；
（3）依托弹性扩展能力支撑的按需访问、按需付费以及强通用性；
（4）专业的运维支持和高度的自动化技术。

云计算实现了资源的高度集中，包括各种软硬件等基础设施和设计人员及其项目工作文件，帮助人们更好地管理信息，保存备份数据，方便业务持续稳定地运行，极大地降低了工程项目的人力资源和采购成本。目前国内多家软件公司都在大力发展 BIM 以及 BIM 云计算等服务，如鲁班、广联达等公司。BIM 是未来建筑业的发展方向，而 BIM 云计算则是 BIM 未来的发展方向，云计算将融入我们的生活之中，因此我们必须开始习惯 BIM 与云计算，才不会被时代淘汰。

3.6 Revit 出图

Revit 软件在建立三维模型方面较为成熟且方便，可以针对各种方案进行调整编辑，快速更新出三维模型。虽然 BIM 三维模型可以起到指导施工的作用，但现阶段及将来很长一段时间内，传统的建筑工程都是以 2D 平面施工图为主的，包括设计阶段、施工阶段和审核阶段。因此，在 Revit 建立三维模型后，还需要通过三维模型生成平面施工图，并符合我国对施工图的平法标注等要求。

3.6.1 标注族

通过 Revit 出符合我国国家标准的平面施工图，需要建立大量的标注族，而 Revit 软件是面向全球的，并没有我们所需的平法标注族，因此必须创建标注族，得出符合要求的施工图。本章节将以柱标注族为例,简要介绍出图过程中标注族的创建。

(1) 新建族文件,选择"公制常规注释.Rft"。

(2) 在族类别和族参数选项卡中将族类别定义为结构柱标记。需要注意的是,这个步骤在创建所有族时都是必不可少的一步,它将决定你制作的族文件是否能够应用在自己需要的位置,如门、床、结构柱等,若此处选择不正确,则在族文件导入项目中时将无法使用,如图 3-48 所示。

(3) 选择族类别之后,需要定义结构柱的共享参数,如图 3-49 所示,包括柱编号、柱尺寸以及柱钢筋的各种信息。共享参数与 CAD 中的外部图块一样,可以应用于不同的项目中,且对共享参数编辑后,项目中的参数也能跟着改变。

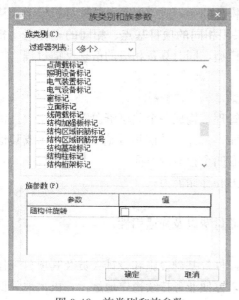

图 3-48 族类别和族参数

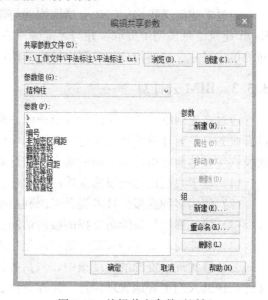

图 3-49 编辑共享参数对话框

(4) 为注释符号创建标签,将上一步骤定义的共享参数添加到标签中,同时对各参数位置进行调整,使得所建标签同平法标注。利用相同的方法,也能得到梁的集中标注或原位标注注释族,如图 3-50 和图 3-51 所示。

图 3-50 编辑标签

3.6 Revit出图

图 3-51 标签预览

3.6.2 制作施工图

创建完所需的标签族后，就可以将标签族导入项目中，开始制作施工图了。

（1）首先在绘制好的平面图中进行尺寸标注，如图 3-52 所示。

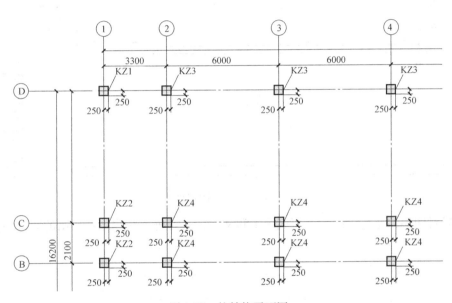

图 3-52 柱结构平面图

（2）在项目浏览器中的图纸选项卡上新建图纸，选择系统中自带的合适的图框，或者自己制作需要的图框族。Revit 中的图纸集能够方便的管理图纸，加快设计出图的效率，如图 3-53 所示。

（3）新建图纸后，可在图框中显示所需要的平面视图，如柱结构平面图等，同时加上视图标题，显示图纸的比例。也可以直接将楼层平面通过鼠标拖动至图框中，利用视图裁剪框屏蔽我们不需要的东西，从而达到绘制施工图的目的，如图 3-54 所示。

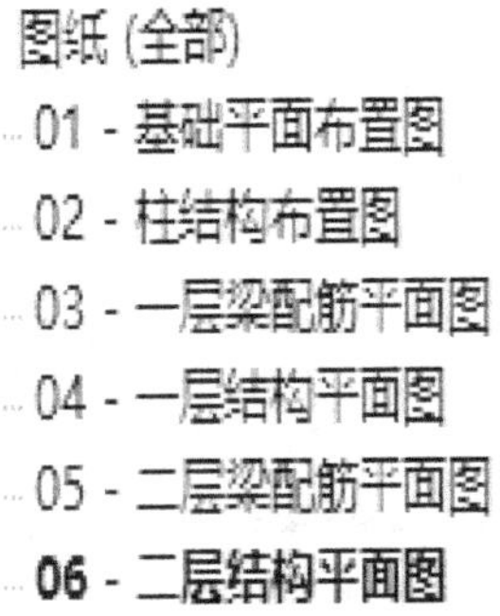

3.6.3 导出图纸

完成平面图的布置之后，既可以直接打印图纸，也可以将 Revit 绘制的施工图导出为 DWG 格式的 CAD 文件，再通过 AutoCAD 对图纸进行深度编辑及优化。导出为 DWG 格式

图 3-53 图纸管理

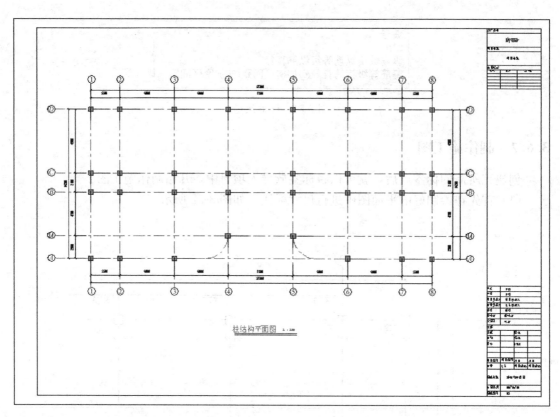

图 3-54 施工图预览

时,可以对图层的颜色、线型、填充图案和文字样式等进行修改,对导出的图纸预先设置(图 3-55)。

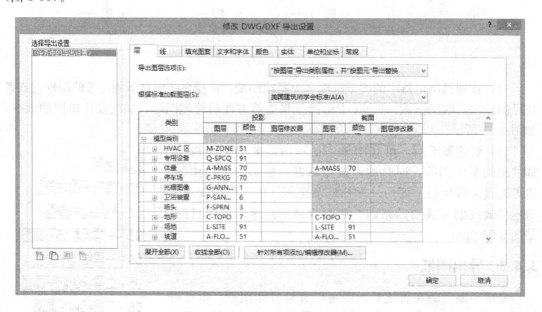

图 3-55 导出设置

3.7 BIM 在结构设计中的问题分析

通过 BIM 可以解决很多实际问题。在设计阶段，BIM 中的三维建模软件如 Revit 等可以丰富设计师的想象力，将脑海中晦涩的三维图像通过软件展示出来，同时也能够检查结构中不合理的成分，减少后期施工时产生的设计变更，节约项目成本；在项目招投标阶段，能够利用 BIM 制定出更加合理、具有夺人眼球的强大可视化方案，对工程量清单和工程造价精准地测算，大幅提高投标人的竞争力，增加竞标成功率；在施工阶段，通过 BIM 对工程项目的施工模拟，项目经理能够很好地控制工期，制定施工时标网络计划图，合理利用每一份材料和人力资源，快速并保证质量地完成工程项目。

本章节将就 BIM 在结构设计方面的应用进行探讨，针对江南大学医学大楼项目，将发现的问题制作成释疑单，研究 BIM 在实际项目中分析处理问题的能力。

3.7.1 标高问题

在江南大学医学项目中，最显而易见的问题便是标高问题。由于设计人员在设计过程中大部分是平面工作，即使考虑的再严谨，也会产生不少失误。建筑的构件种类繁多，分布较广，因此其标高容易出现错误。

（1）自下而上地检查模型中反映的图纸错误，首先发现了项目中工程桩的问题。通过框选与过滤器的使用，发现工程桩数量为 425 根，这与结构说明中的 426 根不符。试桩根数为 5 根，而说明中同时出现了 4 根和 5 根的说明，自相矛盾。对照审图修改后，承台平面布置图中 8 轴交 G 轴的 CT5 与 8 轴交 K 轴的 CT11 下的桩顶标高与承台底标高相同，未满足桩顶嵌入承台 100mm 的要求，如图 3-56 所示。

（2）根据审图修改后的柱表进行结构柱建模，却依然出现大量的框架柱上下存在缝隙、标高出现重叠、上下柱断层以及楼层内无结构柱等情况。如 KZ4a 柱在三层结构图与建筑图中有柱，而在柱表中却没有对应的柱截面及配筋信息；KZ32 柱在一层～二层标高为基础顶面～8.650，三层～四层标高为 8.650～17.050，五层标高为 4.450～21.300，我们能够清楚地看到，柱子上下有很大一部分重叠；KZ20 柱在三维模型中非常突兀，因为该柱下方没有与其对应的基础。

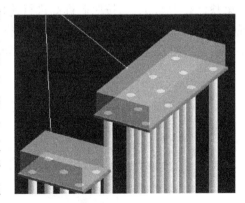

图 3-56 桩与承台

（3）模型中有不少问题是梁配筋图与大样详图标高不匹配的问题，施工时易出现分歧，需要进行设计变更。在一层梁配筋平面图中 4 轴交 D 轴与 4 轴交 L 轴之间的 DL4 标高为 −1.300，而在一层结构平面图中的大样详图 3 中表示的 DL4 梁顶标高却是 −1.350，如图 3-57 和图 3-58 所示。

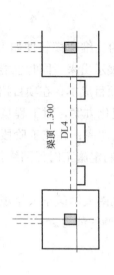

图 3-57 DL4 标高

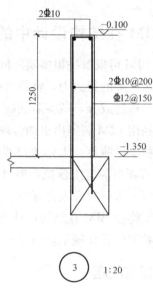

图 3-58 DL4 大样图

3.7.2 碰撞问题

BIM 目前应用最广的地方是碰撞检测与调整修改，包括结构与结构间的碰撞、结构与建筑之间的碰撞、结构与 MEP 间的碰撞等。图纸中的碰撞问题很难通过图纸会审全部解决，越是大型、复杂的工程建设项目，越需要碰撞检测，进行管线综合平衡，优化机电安装，完善施工管理技术。

（1）在三层结构平面图 B-KL6 在 A 轴交 2 轴与 4 轴之间的大样详图如图 3-59 所示，其梁顶标高为 8.350。按照此标高进行建模时，此跨梁与左右梁标高有明显差别，对照立面图后，发现若是按此标高进行施工，框架梁将与窗 C0531 产生碰撞，无法达到建筑效果，若是要符合建筑效果，如图 3-60 所示。

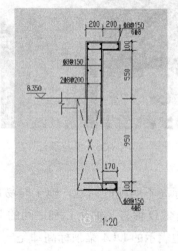

图 3-59 B-KL6 大样图

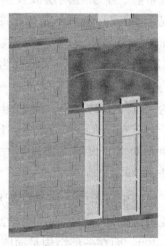

图 3-60 梁与窗碰撞

（2）三层梁配筋平面图中多功能报告厅的 A-WL7a 图纸中标注标高为 7.200，按平面图进行设计时，很难发现问题。在 Revit 中通过三维模型的剖切，就发现该梁底下净空不够，低于 2400mm，与门 M1024 产生冲突，如图 3-61 所示。

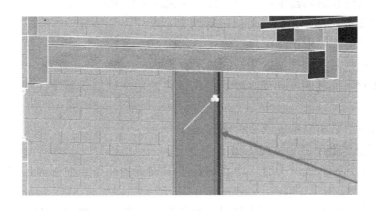

图 3-61　梁与门碰撞

（3）结构与暖通、给水排水的碰撞检测是现阶段 BIM 在工程建设中应用最广且最有效的。安装工程与土建工程的费用不相上下，而施工中因为管道碰撞产生的费用却相当的庞大。因此，利用 BIM 对 MEP 进行碰撞检测及调整修改是非常有必要的。在医学大楼的 MEP 建模过程中，也发现不少管道碰撞，包括管道与结构（图 3-62）、管道与管道之间（图 3-63），模型建立后，通过软件中的碰撞检测功能和 ID 警告功能，可以按照检测出的 ID 对碰撞部位进行精准定位，并根据相关规范进行修改调整。

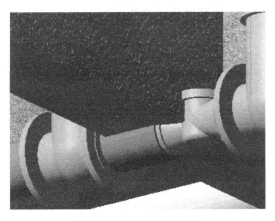　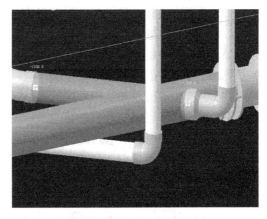

图 3-62　梁与管道碰撞　　　　　　　　　图 3-63　管道间的碰撞

本章小结

本章主要介绍了结构族的创建，包括结构基础、结构柱和结构梁；建筑结构模型的创建，包括项目创建标高、绘制轴网、结构柱、框架梁和楼板的创建；此外介绍了实体配筋的方法、结构模型分析、结构设计中的问题分析。

思考与练习题

3-1 在结构柱族编辑器中，选中"在平面视图中显示族的预剪切"表示（   ）

A. 在项目平面视图中结构柱可以被剪切

B. 在项目平面视图中始终按粗略方式显示柱

C. 项目平面视图的剖切面对于柱的显示有影响

D. 不管项目平面视图剖切面高度如何，柱将使用在族编辑器平面视图中指定的剖切面进行显示

3-2 下面关于梁和梁系统说法正确的是（   ）

A. 梁是用于承重用途的结构图元

B. 将梁添加到平面视图中时，将底剪裁平面设置为高于当前标高，则梁在该视图中不可见

C. 绘制方向绘制线，或使用拾取线工具拾取其他绘制线来定义方向时，将删除以前存在的任何方向绘制线

D. 以上说法均正确

3-3 Revit 对于复合结构的墙层，下列描述错误的选项是（   ）

A. 可以为复合结构的墙每个层指定一个特定的功能，使此层可以连接到它相应的功能层

B. 结构层具有最高优先级（优先级 1）

C. 结构层具有最低优先级（优先级 5）

D. 当层连接时，如果两个层都具有相同的材质，则接缝会被清除

3-4 建筑柱与结构柱的关系是（   ）

A. 建筑柱可以拾取结构柱生成

B. 结构柱可以拾取建筑柱生成

C. 建筑柱不可以和结构柱同时生成

D. 结构柱不可以与建筑柱重合

3-5 关于结构条形基础说法错误的是（   ）

A. 条形基础可依附于所有条形构件

B. 条形基础可手动绘制

C. 条形基础长度与附着主体长度固定一致

D. 条形基础可以随主体变化而更新

3-6 将 Revit 项目导出 CAD 格式文件，下列描述错误的选项是（   ）

A. 在导出之前限制模型几何图形可以减少要导出的模型几何图形的数量

B. 完全处于剖面框以外的图元不会包含在导出文件中

C. 对于三维视图，不会导出裁剪区域边界

D. 对于三维视图，裁剪区域边界外的图元将不会被导出

3-7 下列关于图案填充的描述，错误的选项是（   ）

A. 图案填充可以分为模型填充图案和绘图填充图案

B. 模型填充图案随模型一同缩放比例，因此只要视图比例改变，模型填充图案的比例就会相应改变

C. 绘图填充图案的密度与相关图纸的关系是固定的

D. 绘图填充图案相对于模型保持固定尺寸

3-8　在墙剖面视图中，如果设置视图显示精度为"粗略"，则墙剖面的显示的填充图案为（　　）

A. 墙实例属性中"粗略比例填充样式"设置的填充图案

B. 墙类型属性中"粗略比例填充样式"设置的填充图案

C. 墙类型参数中墙材质的"表面填充图案"中设置的填充

D. 墙类型参数中墙材质的"截面填充图案"中设置

3-9　使用过滤器列表按规程过滤类别，其类别类型不包括（　　）

A. 建筑

B. 机械

C. 协调

D. 管道

3-10　在设置"图形显示选项"视图样式光线追踪为灰色，则可以判断该视图不可能为（　　）

A. 三维视图

B. 楼层平面视图

C. 天花板视图

D. 立面视图

3-11　设置轴线类型属性中"非平面视图轴号（默认）"选项为"无"，则表示（　　）

A. 在平面视图中不显示轴线

B. 在平面视图中不显示轴号

C. 在立面视图中不显示轴线

D. 在立面视图中不显示轴号

3-12　关于"标高视图"，下列说法正确的是（　　）

A. 删除楼层平面后相应的标高也会跟随删除

B. 修改楼层平面名称，可以选择同步修改标高名称

C. 默认的楼层平面比例为1∶200

D. 楼层平面的相关标高选项可以修改

3-13　要修改标高的标头，需要使用的族样板名称是（　　）

A. 公制常规模型

B. 公制标高标头

C. 公制常规标记

D. 常规注释

3-14　使用拾取方式绘制轴网时，下列不可以拾取的对象是（　　）

A. 模型线绘制的圆弧

B. 符号线绘制的圆弧

C. 玻璃幕墙

D. 参照平面

3-15 要在屋顶上创建天窗,并希望在窗统计表中统计该天窗,应该使用哪个族模板( )

A. 公制窗

B. 公制天窗

C. 基于面的公制常规模型

D. 基于屋顶的公制常规模型

3-16 以下哪种模式不属于视图显示模式( )

A. 线框

B. 隐藏线

C. 着色

D. 渲染

3-17 下面哪项参数不能作为报告参数( )

A. 长度

B. 半径

C. 角度

D. 面积

3-18 关于族参数顺序正确的是( )

A. 新的族参数会按字母顺序升序排列添加到参数列表中创建参数时的选定组

B. 创建或修改族时,现在可以在"族类型"对话框中控制族参数的顺序

C. 使用"排序顺序"按钮(升序和降序)为当前族的参数按字母顺序进行自动排序

D. 以上均正确

3-19 创建族参数时,可以添加最多多少个字符的工具提示说明( )

A. 125

B. 450

C. 250

D. 650

3-20 如果您希望能够选择已经固定到位、无法移动的元素,您可以启用哪个选项( )

A. 选择固定元素

B. 选择底图元素

C. 按面选择元素

D. 选择时拖动元素

第 4 章 BIM 技术在建筑设备中的应用

本章要点及学习目标

本章要点:
(1) 熟练 Revit MEP 的工作界面和操作方法;
(2) 掌握阀门族和防火阀族的创建;
(2) 掌握水管系统、风管系统以及电气系统的创建方法和操作步骤。
学习目标:
(1) 熟练建筑设备族的创建方法;
(2) 应用 Revit MEP 软件熟练绘制给水排水系统、采暖系统、通风系统、空调系统等。

4.1 Revit MEP 的工作界面

Revit 建筑设计软件是一个综合性的应用程序,包括建筑设计、结构设计和 MEP (Mechanical Electrical Pluming) 三个功能。Revit MEP 软件提供了给水排水、暖通和电气三个专业的功能,从 2013 版开始,Revit 将 Architecture、Structure 和 MEP 三个功能整合在一起。用户界面的组成如图 4-1 所示。

图 4-1 MEP 用户界面
①—快速访问工具栏;②—信息中心;③—功能区当前选项卡的工具;
④—功能区上的面板;⑤—项目浏览器;⑥—"属性"选项板;⑦—视图控制栏

4.2 创建族

4.2.1 创建阀门族

1. 族样板文件的选择

单击"应用程序菜单">"新建">"族"按钮，打开一个"选择样板文件"对话框，选取"公制常规模型"作为族样板文件，如图4-2所示。

图4-2 "选择样板文件"对话框

2. 族轮廓的绘制

（1）锁定参照平面

从项目浏览器中进入到立面的前视图，选择参照平面，使用"修改|标高"选项卡下的"锁定"命令将参照平面锁定，如图4-3所示，可防止参照平面出现意外移动。

（2）隐藏参照标高

单击"视图"选项卡>"可见性/图形"按钮，在打开的对话框中选择"注释类别"选项卡，如图4-4所示，取消勾选"标高"复选框，此时，隐藏族样板文件中的参照标高。

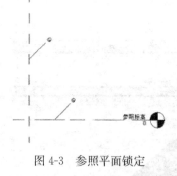

图4-3 参照平面锁定

图4-4 "注释类别"选项卡

4.2 创 建 族

（3）创建形状并添加参数

1）进入立面的前视图中，在已锁定的参照平面下绘制一条参照平面，如图4-5所示。

2）单击"创建"选项卡＞"形状"＞"拉伸"按钮，进入到立面左或右视图，以两个参照平面的交点为圆心绘制轮廓。完成绘制后，单击"注释"选项卡＞"尺寸标注"＞"径向"按钮对圆进行尺寸标注并添加参数"R中部柱"，单击"完成拉伸"按钮。进入到立面的前视图，将拉伸的轮廓拖拽至合适的位置，如图4-6所示。

3）单击"创建"选项卡＞"旋转"＞"边界线"按钮，选择"圆心-端点弧"与"直线"线型绘制轮廓，使用"尺寸标注"中的"径向"与"对齐"对轮廓进行标注，并添加实例参数"R上半弧"与"R中心部旋转"，如图4-7所示。

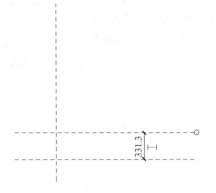

图4-5　绘制参照平面

图4-6　创建形状

4）选择下半部分的圆弧轮廓。在左侧"属性"对话框中勾选"中心标记可见"复选框，单击"确定"按钮，将圆弧的圆心与参照平面对齐锁定，如图4-8所示。

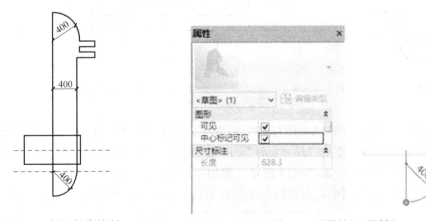

图4-7　阀门轮廓绘制　　　　　　图4-8　"属性"对话框

5）在法兰边缘绘制一条参照平面，将参照平面与两个法兰边缘用"对齐"命令锁定形成关联，使用"尺寸标注"命令标注出阀门的中心参照平面与法兰边的距离，并添加实例参数"R1"，如图4-9所示。

6) 使用"绘制"面板下的"轴线"命令绘制旋转的中轴线,如图4-10所示,之后单击"完成旋转"按钮。

7) 单击"修改"选项卡>"几何图形">"连接"下拉列表>"连接几何图形"按钮,逐个单击之前绘制的两个轮廓,连接结果如图4-11所示。

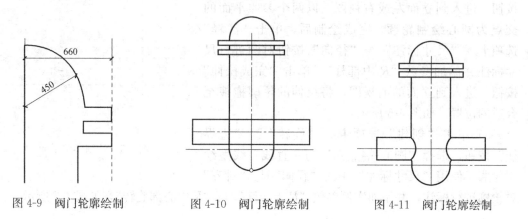

图4-9 阀门轮廓绘制　　图4-10 阀门轮廓绘制　　图4-11 阀门轮廓绘制

8) 在视图控制栏将"视觉样式"改成"着色",查看其视觉效果,如图4-12所示。

9) 用"参照平面"命令给阀门的法兰绘制参照平面,对两个参照平面进行尺寸标注并添加实例参数"法兰厚度",再用"对齐"命令将参照平面与法兰边对齐锁定,如图4-13所示。

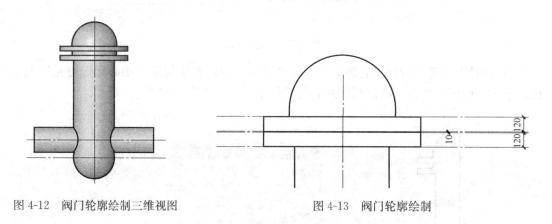

图4-12 阀门轮廓绘制三维视图　　图4-13 阀门轮廓绘制

10) 进入"楼层平面"的"参照标高"视图中,单击"创建"选项卡>"形状">"拉伸"按钮绘制一个圆,使用"尺寸标注"下的"径向"命令对圆进行标注并添加一个实例参数"R手柄中心柱",如图4-14所示,添加完成后单击"完成拉伸"按钮。

11) 进入里面的前视图中,对已拉伸的图形进行定位,并将下底边与法兰边锁定形成关联,如图4-15所示。

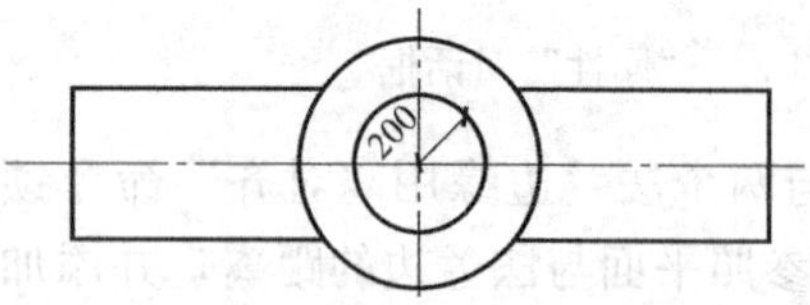

12) 进入"楼层平面"的"参照标高"视图中,单击"创建"选项卡>"形状">"拉伸"按钮绘制一个圆,使用"尺寸标注"下的"径向"命令对圆进行标注并添加一个实例参数"R手

图4-14 绘制手柄中心柱

柄",如图 4-16 所示,添加完成后单击"完成拉伸"按钮。

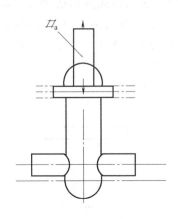

图 4-15 绘制手柄中心柱

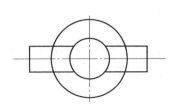

图 4-16 绘制手柄中心柱

13)进入立面的前视图中,拖拽蓝色控制柄将拉伸好的轮廓移到合适的位置,将手柄轮廓的下边缘与手柄中心柱的上边缘锁定,如图 4-17 所示。

14)给手柄添加两条参照平面,对两条参照平面进行尺寸标注并添加一个实例参数"t 手柄",如图 4-18 所示。

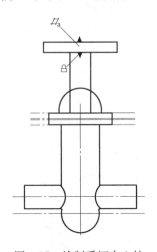

图 4-17 绘制手柄中心柱

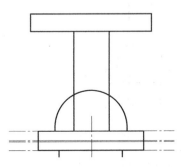

图 4-18 绘制手柄中心柱

15)使用"尺寸标注"命令对手柄上边缘与参照标高上的参照平面进行尺寸标注,选择标注的尺寸,在选项栏的"标签"下拉列表中选择"添加参数"选项,在打开的对话框中添加一个实例参数"H",如图 4-19 所示。

16)使用"尺寸标注"命令将法兰的下边缘与参照标高上的参照平面进行尺寸标注并添加实例参数"H 中心部分",如图 4-20 所示。

17)单击"修改"选项卡>"几何图形">"连接"下拉列表>"连接几何图形"按钮,逐个选择手柄中心柱与之前用实心旋转绘制的轮廓,连接后的形状如图 4-21 所示。

18)进入到立面左视图,使用"拉伸"命令绘制轮廓,使用"尺寸标注"对轮廓进行标注并添加实例参数"FR",选择轮廓,在"属性"对话框中勾选"中心标记可见"复选框，单击"确定"按钮。这时可以看见轮廓的圆心，再使用"对齐"命令将圆心分别与两条参照平面对齐锁定，在对齐的时候可以按"Tab"键在多条线段间切换选择。继续绘制轮廓圆使之与"R 中心柱"大小相同，并进行尺寸标注及添加实例参数"R 中部柱"，选择轮廓，在"属性"对话框中勾选"中心标记可见"复选框，单击"确定"按钮，用同样的方法将轮廓的圆心与两个参照平面对齐锁定，如图 4-22 所示。

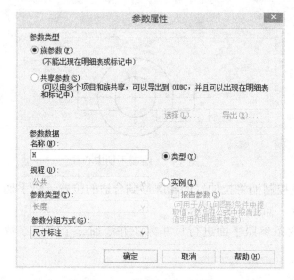

图 4-19 参数属性对话框

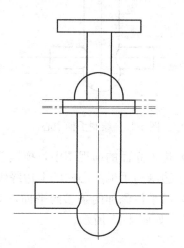

图 4-20 绘制手柄中心柱

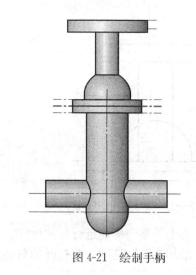

图 4-21 绘制手柄

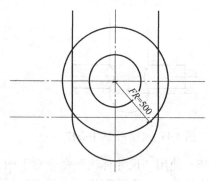

图 4-22 绘制法兰

19）进入到立面前视图中，将拉伸的轮廓拖拽至合适的位置，并将法兰边与线管边锁定，如图 4-23 所示。

20）使用"复制"工具将左边的法兰复制到右边并锁定，如图 4-24 所示，其他属性不变。

21）对两侧的法兰添加两条参照平面进行尺寸标注，对齐锁定参照平面与法兰的外边，添加已有的实例参数"法兰厚度"，如图 4-25 所示。

4.2 创建族

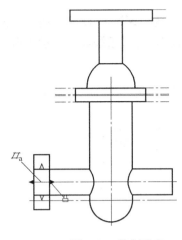

图 4-23 绘制法兰

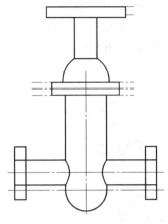

图 4-24 绘制法兰

22) 对两个法兰间的距离进行尺寸标注,添加实例参数"L",再对最下面的两条参照平面进行尺寸标注,添加参数"H下部",如图 4-26 所示。

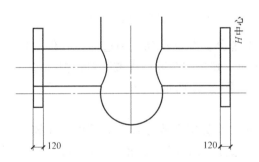

图 4-25 设置法兰厚度

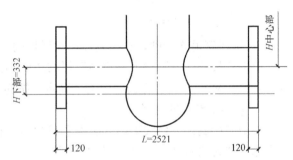

图 4-26 设置法兰参数

3. 参数值的设定

单击"族属性"面板下的"族类型"按钮,在打开的"族类型"对话框中再单击"添加参数",参数"名称"为"DN",设置"规程"为"管道","参数类型"为"管道尺寸","分组方式"为"尺寸标注",定义值为 600,再对已添加好的参数编辑公式,如图 4-27 所示。选择"类别"单选按钮,完成之后单击"确定"按钮。

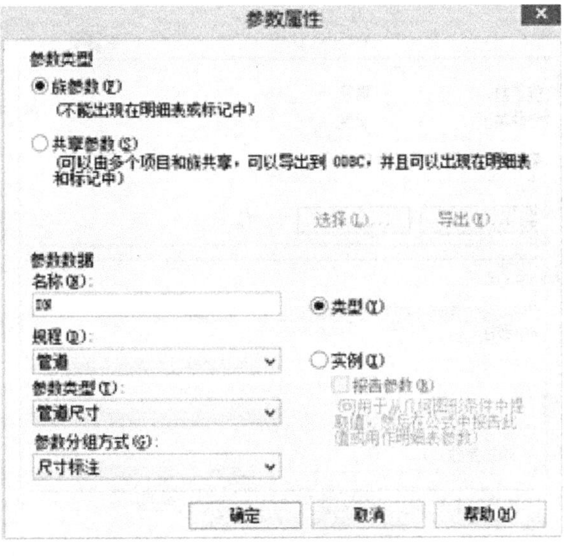

4. 添加连接件

1) 进入到三维视图中,单击"创建"选项卡 >"连接件" >"管道连接件"按钮,对阀门两侧的法兰

图 4-27 参数属性对话框

面添加连接件,如图4-28所示。

2)用同样的方法添加与管道连接件相关联的参数,名称为"MN",设置"规程"为"公共","参数类型"为"长度","分组方式"为"尺寸标注",再对已添加好的参数编辑公式为"$2\times R$中部柱",如图4-29所示。

图4-28 添加连接件

图4-29 族类型对话框

3)选择管道连接件,在"属性"对话框的"系统分类"下拉列表中选择"管件"选项。单击"尺寸标注"栏下"直径"栏右边的小按钮,弹出"关联族参数"对话框选择对应的参数"MN",设置完成后单击"确定"按钮,如图4-30所示。

5. 族类型参数的选择

单击"族属性"面板下的"类型和参数",打开"族类别和族参数"对话框,在族类别中选择"管路附件",在族参数的"零件类型"中选择"插入",如图4-31所示。

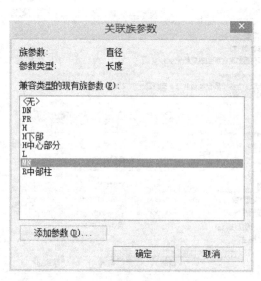

图4-30 族类型对话框

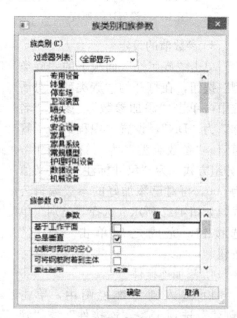

图4-31 "族类别和族参数"对话框

4.2 创 建 族

6. 族载入测试

单击"创建"选项卡>"族编辑器">"载入到项目中"按钮,首先在项目中绘制一根管道,再单击"创建"选项卡>"卫浴和管道">"管路附件"按钮,选择刚刚载入的族,将其添加到项目中,如果阀门大小随着管道的尺寸变化,表面族基本没有问题。为了进一步确认可以再绘制另一根尺寸不同的管道,添加阀门可见其尺寸跟随管径的变化而变化,这时就能确认族可以在项目中使用。

4.2.2 创建防火阀族

1. 族样板文件选择

单击"应用程序菜单">"新建">"族"按钮,打开一个"选择样板文件"对话框,选取"公制常规模型"作为族样板文件,如图 4-32 所示。

图 4-32 "选择样板文件"对话框

2. 族轮廓的绘制

(1) 锁定参照平面

从项目浏览器中进入到立面的前视图,选择参照标高,单击"修改|标高"选项卡>"锁定"按钮,将参照平面锁定。

(2) 隐藏参照标高

单击"视图"选项卡>"可见性/图形"按钮,在打开的对话框中选择"注释类别"选项卡,取消勾选"标高"复选框,此时,隐藏族样板文件中的参照标高。

(3) 绘制轮廓

进入到立面的左视图中,单击"创建"选项卡>"形状">"拉伸"按钮绘制矩形线框。

1) 单击"创建"选项卡>"基准">"参照平面"按钮对轮廓添加参照平面,如图 4-33 所示。

2)单击"注释"选项卡>"尺寸标注">"对齐尺寸标注"按钮,对添加好的参照平面进行尺寸标注,并用"EQ"命令平分尺寸,再用"对齐"命令将轮廓边与参照平面对齐锁定,如图4-34所示。

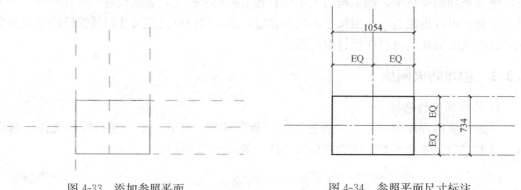

图4-33 添加参照平面　　　　　图4-34 参照平面尺寸标注

3)选择尺寸标注,在选项栏中的"标签"下拉列表中选择"添加参数"选项,打开"参数属性"对话框,在"名称"文本框中输入"风管宽度",设置"参数分组方式"为"尺寸标注",如图4-35所示。

4)在右边的标注上添加一个实例参数"风管厚度"。单击"完成拉伸"按钮,进入到立面的前视图中,将拉伸好的轮廓拖拽至合适的位置,如图4-36和图4-37所示。

图4-35 "参数属性"对话框　　　　图4-36 添加"风管厚度"后平面视图

5)给轮廓的上面添加两条参照平面,使用"尺寸标注"命令对两条参照平面进行标注,接着用"EQ"平分尺寸,并用"对齐"命令将轮廓边与参照平面对齐锁定,如图4-38所示。

6)选择尺寸标注,在选项栏中的"标签"下拉列表中选择"添加参数"选项,打开"参数属性"对话框,在"名称"文本框中输入"L",效果如图4-39所示。

7)单击"创建"选项卡>"形状">"拉伸"按钮绘制矩形线框,如图4-40所示。

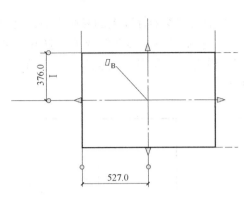

图 4-37 添加后视图

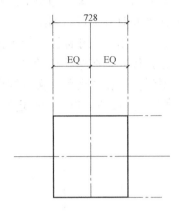

图 4-38 添加参照平面

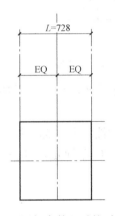

图 4-39 "添加参数"后的平面视图

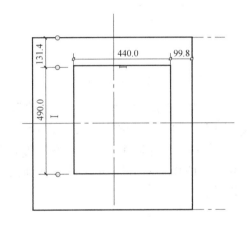

图 4-40 绘制矩形线框

8) 单击"详图"选项卡＞"尺寸标注"＞"对齐"按钮,对轮廓进行尺寸标注,并与"EQ"平分尺寸,选择尺寸标注,在选项栏中的"标签"下拉列表中选择"添加参数"选项,打开"参数属性"对话框,在"名称"文本框中输入"W",如图 4-41 所示。

9) 同理,在右边的标注上添加一个实例参数"H",单击"完成拉伸"按钮,进入"楼层平面"中的"参照标高"视图,将拉伸的轮廓拖拽至合适的位置,如图 4-42 所示。

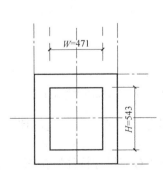

图 4-41 "添加参数"后的平面视图

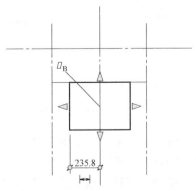

图 4-42 拖拽后视图

10) 给这个轮廓添加两个参照平面，使用"对齐"命令将两个轮廓相连的边分别与一个参照平面对齐锁定，如图 4-43 所示。

11) 使用"尺寸标注"命令把刚对齐的参照平面与参照标高上的参照平面进行尺寸标注，选择尺寸，在选项栏的"标签"下拉列表中选择"添加参数"选项，打开"参数属性"对话框，在"名称"文本框中输入"$L1$"，设置"参数分组方式"为"其他"，选择"实例"单选按钮，单击"确定"按钮，如图 4-44 所示。

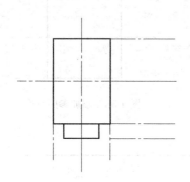
图 4-43　添加参照平面

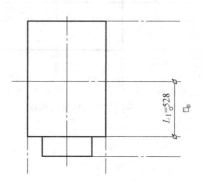
图 4-44　尺寸标注

12) 单击"族属性"面板下的"类型"，打开"族类型"对话框，在刚刚添加的实例参数"$L1$"后的公式中填写"风管宽度/2"，如图 4-45 所示。

13) 使用"尺寸标注"命令对另外两个参照平面进行尺寸标注，并对标注后的尺寸添加参数，在使用"对齐"命令将最下面的参照平面与轮廓边对齐锁定，如图 4-46 和图 4-47所示。

图 4-45　"族类型"对话框

图 4-46　"参数属性"对话框

14) 进入到立面视图中的左视图，单击"创建"选项卡＞"形状"＞"拉伸"按钮，绘制图中的轮廓，如图 4-48 所示。

15) 单击"注释"选项卡＞"尺寸标注"下拉列表＞"对齐尺寸标注"按钮，对轮廓进行尺寸标注，并用"EQ"平分标注，如图 4-49 所示。

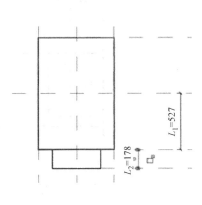

图 4-47 尺寸标注

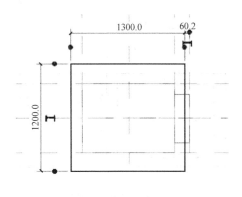

图 4-48 绘制防火阀轮廓

16)选择标注,在选项栏的"标签"下拉列表中"添加参数"选项,在打开的"参数属性"对话框中添加参数"法兰宽度",如图 4-50 所示。

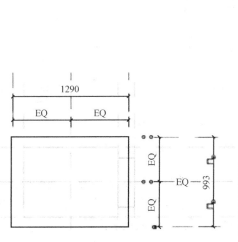

图 4-49 轮廓尺寸标注和平分

图 4-50 "参数属性"对话框

17)同理,在右边的标注上添加一个参数"法兰厚度",单击"完成拉伸"按钮,进入到立面的前视图中,将拉伸轮廓拖拽至合适的位置,并将法兰边与风管边锁定,如图 4-51 所示。

18)使用"尺寸标注"命令对法兰进行标注,如图 4-52 所示。

19)选择标注,在选项栏的"标签"下拉列表中选择"添加参数"选项,添加参数"法兰高度",如图 4-53 所示。

3. 参数设置

1)单击"族属性"面板下的"类型",打开"族类型"对话框,在"法兰厚度"后的公式中编辑公式"风管厚度+150",同理,在"法兰宽度"后的公式中编辑公式"风管宽度+150",编辑完成后单击"确定"按钮,如图 4-54 所示。

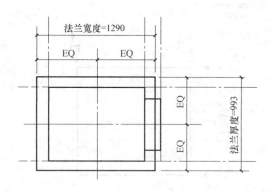
图 4-51 添加参数后平面视图

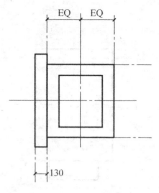
图 4-52 法兰标注

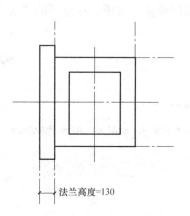
图 4-53 添加"法兰高度"

图 4-54 "族类型"对话框

2)选择法兰,单击"修改|拉伸"选项卡>"修改">"复制"按钮,选取复制的移动点,在选项栏中取消勾选"约束"复选框,将法兰复制到矩形风管的右边,并将矩形风管与法兰边锁定,如图 4-55 所示,复制过去的法兰使其属性保持不变。

4. 添加连接件

1)进入到三维视图中,单击"创建"选项卡>"连接件">"风管连接件"按钮,选择法兰面,如图 4-56 所示。

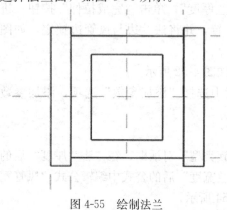
图 4-55 绘制法兰

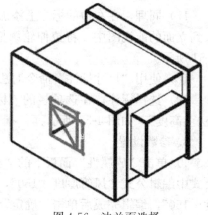
图 4-56 法兰面选择

4.2 创 建 族

2)选择连接件,在"属性"对话框的"系统类型"下拉列表中选择"管件"选项,在"尺寸标注"组中将"高度"、"宽度"与"风管厚度"、"风管宽度"关联起来。设定好连接件的高度与宽度之后,单击"确定"按钮,如图4-57所示。

3)同理,在右边添加风管连接件,设定其高度与宽度,如图4-58所示。

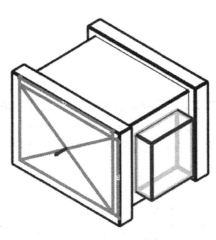

图4-57 选择连接件

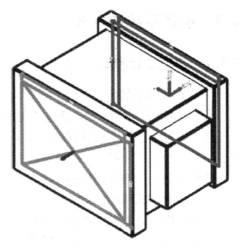

图4-58 设定高度与宽度

5. 族类型参数的选择

选择"族属性"面板下的"类型和参数",打开"族类型和族参数"对话框,在"族类别"中选择"风管附件"选项,在"族参数"中的"零件类型"下拉列表中选择"阻尼器"选项,然后单击"确定"按钮,如图4-59所示。

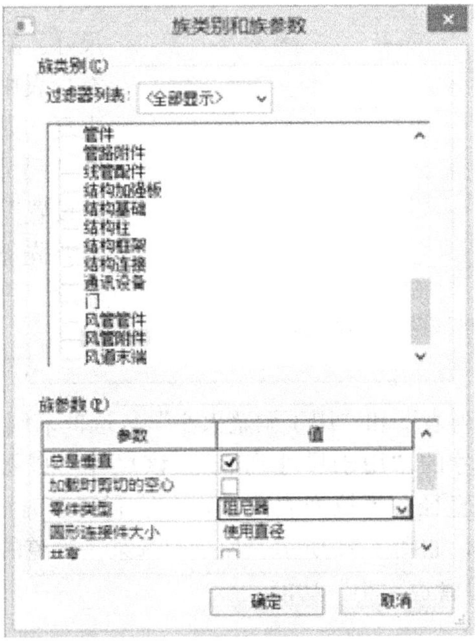

图4-59 "族类型和族参数"对话框

6. 族载入测试

设置好之后可以将其保存为"BIM 矩形防火阀",也可以直接载入到项目中进行测试。

4.3 水管系统的创建

4.3.1 管道设计参数设置

1. 管道尺寸设置

在 Revit MEP 2014 中,通过"机械设置"中的"尺寸"选项设置当前项目文件中的管道尺寸信息。打开"机械设置"对话框可以通过三种方式:①单击"管理"选项卡＞"设置"＞"MEP 设置"＞"机械设置"按钮;②单击"系统"选项卡＞"机械"按钮;③直接键入 MS（机械设置快捷键）。

（1）添加/删除管道尺寸

打开"机械设置"对话框后选择"管段尺寸"选项,右侧面板会显示可在当前项目中使用的管道尺寸列表。在 Revit MEP 2014 中,管道尺寸可以通过"管段"进行设置,"粗糙度"用于管道的水力计算。

图 4-60 "机械设置"对话框

图 4-60 显示了热熔对接的不锈钢 10s 的管道的公称直径、ID（管道内径）和 OD（管道外径）。

单击"新建尺寸"或"删除尺寸"按钮可以添加或删除管道尺寸。新建管道的公称直径和现有列表中管道的公称直径不允许重复。如果在绘图区域已经绘制了某尺寸的管道,该尺寸在"机械设置"尺寸列表中将不能删除,需要先删除项目中的管道,才能删除"机械设置"尺寸列表中的尺寸。

（2）尺寸应用

通过勾选"用于尺寸列表"和"用于调整大小"复选框来调节管道尺寸在项目中的应用。如果勾选一段管道尺寸的"用于尺寸列表",该尺寸可以被管道布局编辑器和"修改｜放置管道"中管道"直径"下拉列表调用,在绘制管道时可以直接在选项栏的"直径"下拉列表中选择尺寸,如图 4-61 所示。如果勾选某一管道的"用于调整大小",该尺寸可以应用于"调整风管/管道大小"功能。

2. 管道类型设置

这里主要是指管道和软管的族类型。管道和软管都属于系统族,无法自行创建,但可以创建、修改和删除族类型。

4.3 水管系统的创建

图 4-61 选择尺寸

1) 单击"系统"选项卡>"卫浴和管道">"管道"按钮,通过绘图区域左侧的"属性"对话框选择和编辑管道类型,如图 4-62 所示。Revit MEP 2014 提供的"Plumbing-DefaultCHSCHS"项目样板文件中默认配置了两种管道类型:"PVC-U"和"标准"管道类型。

2) 单击"编辑类型"按钮,打开管道"类型属性"对话框,对管道类型进行设置,如图 4-63 所示,在"属性"栏中,"机械"列表下定义的是和管道属性相关的参数,与"机械设置"对话框中"尺寸"中的参数相对应。其中,"连接类型"对应"连接","类别"对应"明细表｜类型"。

图 4-62 属性面板

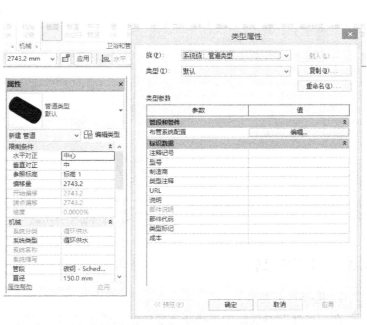

图 4-63 "类型属性"对话框

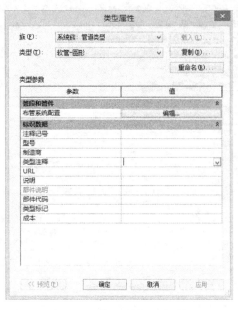

图 4-64 "类型属性"对话框

3) 通过在"管件"列表中配置各类型管件族,可以指定绘制管道时自动添加到管路中的管件,管件类型可以在绘制管道时自动添加到管道中的有弯头、T形三通、接头、四通、过渡件、活接头和法兰。如果"管件"不能在列表中选取,则需要手动添加到管道系统中,如 Y 形三通、斜四通等。同时,也可用相似方法来定义软管类型。

4) 单击"系统"选项卡>"卫浴和管道">"软管"按钮,在"属性"对话框中单击"编辑类型"按钮,打开软管"类型属性"对话框,如图 4-64 所示。和管道设置不同的是,在软管的类型属性中可编辑其"粗糙度"。

3. 流体设计参数

在 Revit MEP 2014 中,除了能定义管道的各种设计参数外,还可以对管道中流体的设计参数进行设置,提供管道水力计算依据。在"机械设置"对话框中,选择"流体",通过右侧面板可以对不同温度下的流体进行"黏度"和"密度"的设置,如图 4-65 所示。Revit MEP 2014 输入的有"水"、"丙二醇"和"乙二醇"3 种流体。可通过"新建温度"和"删除温度"按钮对流体设计参数进行编辑。

图 4-65 "机械设置"对话框

4.3.2 管道绘制

1. 选择管道类型

在"属性"对话框中选择所需要绘制的管道类型,如图 4-66 所示。

2. 选择管道尺寸

4.3 水管系统的创建

图 4-66 "属性"对话框

在"修改|放置管道"选项栏的"直径"下拉列表中,选择在"机械设置"中设定的管道尺寸,也可以直接输入欲绘制的管道尺寸,如果在下拉列表中没有该尺寸,系统将从列表中自动选择和输入最接近的管道尺寸。

3. 指定管道偏移

默认"偏移量"是指管道中心线相对于当前平面标高的距离。重新定义管道"对正"方式后,"偏移量"指定的距离含义将发生变化。在"偏移量"下拉列表中可以选择项目中已经用到的管道偏移量,也可以直接输入自定义的偏移量数值,默认单位为毫米。

4. 指定管道起点和终点

将鼠标指针移至绘图区域,单击一点即可指定管道起点,移动至终点位置再次单击,这样即可完成一段管道的绘制。可以继续移动鼠标指针绘制下一管段,管道将根据管路布局自动添加在"类型属性"对话框中预设好的管件。绘制完成后,按 ESC 键,或者单击鼠标右键,在弹出的快捷菜单中选择"取消"命令,退出管道绘制。

5. 管道对齐

(1) 绘制管道

在平面视图和三维视图中绘制管道,可以通过"修改|放置管道"选项卡下"放置工具"中的"对正"按钮指定管道的对齐方式。打开"对正设置"对话框,如图 4-67 所示。

• 水平对正:用来指定当前视图下相邻两端管道之间的水平对齐方式。"水平对正"方式有"中心"、"左"和"右"3 种形式。"水平对正"后效果

图 4-67 "对正设置"对话框

还与绘制管道的方向有关，如果自左向右绘制管道，选择不同"水平对正"的方式绘制。

• 水平偏移：用于指定管道绘制起始点位置与实际管道绘制位置之间的偏移距离。该功能多用于指定管道和墙体等参考图元之间的水平偏移距离。比如，设置"水平偏移"值为500mm后，捕捉墙体中心线绘制宽度为100mm的管段，这样实际绘制位置是按照"水平偏移"值偏移墙体中心线的位置。同时，该距离还与"水平对齐"方式及绘制管道方向有关，如果自左向右绘制管道，3种不同的水平对正方式下管道中心线到墙中心线的距离标注。

• 垂直对正：用来指定当前视图下相邻两段管道之间的垂直对齐方式。"垂直对正"方式有"中"、"底"、"顶"3种形式。"垂直对正"的设置会影响"偏移量"。当默认偏移量为100mm时，绘制公称管径为100mm的管道，设置不同的"垂直对正"方式，绘制完成后的管道偏移量（即管中心标高）会发生变化。

（2）编辑管道

管道绘制完成后，每个视图中都可以使用"对正"命令修改管道的对齐方式。选中需要修改的管段，单击功能区中的"对正"按钮，进入"对正编辑器"，根据需要选择相应的对齐方式和对齐方向，单击"完成"按钮，如图4-68所示。

图4-68 "对正编辑器"选项

（3）自动连接

在"修改|放置管道"选项卡中的"自动连接"按钮用于某一段管道开始或结束时自动捕捉相交管道，并添加管件完成连接，如图4-69所示。默认情况下，这一选项是激活的。当激活"自动连接"时，在两管段相交位置自动生成四通；如果不激活，则不生成管件。

图4-69 "修改|放置管道"选项卡

（4）坡度设置

在Revit MEP 2014中，可以在绘制管道的同时指定坡度，也可以在管道绘制结束后再对管道坡度进行编辑。

1) 绘制坡度

在"修改|放置管道"选项卡>"带坡度管道"面板上可以直接指定管道坡度，如图4-70所示。

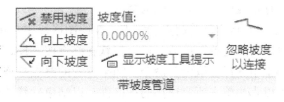

图4-70 管道坡度设置选项

通过单击"向上坡度"按钮修改向上坡度数值，或单击"向下坡度"按钮修改向下坡度数值。图4-71显示了当偏移量为100mm，坡度为0.8000%，200mm管道应用正、负坡度后所绘制的不同管道。

图4-71 绘制管道坡度

2) 编辑管道坡度

◆ 选中某管段，单击并修改其起点和终点标高来获得管道坡度，如图4-72所示。当管段上的坡度符合出现时，也可以单击该符号修改坡度值。

图4-72 管道坡度编辑

◆ 选中某管段，单击功能区中"修改|管道"选项卡中的"坡度"，激活"坡度编辑器"选项卡，如图4-73所示。在"坡度编辑器"选项栏中输入相应的坡度值，单击 按钮可调整坡度方向。同样，如果输入负的坡度值，将反转当前选择的坡度方向。

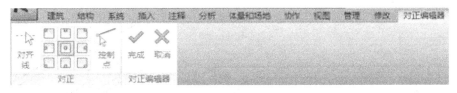

图4-73 "坡度编辑器"选项栏

6. 软管绘制

在平面视图和三维视图中可绘制软管。按照以下步骤来绘制软管：

1) 选择软管类型。在软管"属性"对话框中选择需要绘制的软管类型。

2) 选择软管管径。在"修改|放置软管"选项栏的"直径"下拉列表中选择软管尺寸，或者直接输入需要的软管尺寸，如果在下拉列表中没有该尺寸，系统将输入与该尺寸最接近的软管尺寸。

3) 指定软管偏移。默认"偏移量"是指软管中心线相对于当前平面标高的距离。在"偏移量"下拉列表中可以选择项目中已经用到的软管偏移量，也可以直接输入自定义的偏移量数值,默认单位为毫米。

4)指定软管起点和终点。在绘图区域中,单击指定软管的起点,沿着软管的路径在每个拐点处单击鼠标,最后在软管终点按"Esc"键,或者单击鼠标右键,在弹出的快捷菜单中选择"取消"命令。如果软管的终点是连接到某一管道或某一设备的管道连接件,可以直接单击所要连接的连接件,以结束软管的绘制。

7. 修改软管

在软管上拖拽两端连接件,顶点和切点,可以调整软管路径,如图4-74所示。

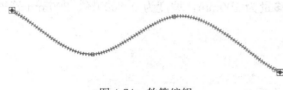

图4-74 软管编辑

: 连接件,允许重新定位软管的端点。通过连接件可以将软管与另一构件的管道连接起来,也可以断开与该管道连接件的连接。

: 顶点,允许修改软管的拐点。在软管上单击鼠标右键,在弹出的快捷菜单中选择"插入顶点"或"删除顶点"命令可插入或删除顶点。使用顶点可在平面视图中以水平方向修改软管的形状,在剖面视图或中面视图中以垂直方向修改软管的形状。

: 切点,允许调整软管首个和末个拐点处的连接方向。

8. 设备接管

设备的管道连接件可以连接管道和软管。连接管道和软管的方法类似,本节将以浴盆管道连接件连接管道为例,介绍设备连管的3种方法。

1)单击浴盆,用鼠标右键单击其冷水管道连接件,在弹出的快捷菜单中选择"绘制管道"命令。在连接件上绘制管道时,按空格键,可自动根据连接件的尺寸和高程调整绘制管道的尺寸和高程,如图4-75所示。

2)直接拖动已绘制的管道到相应的浴盆管道连接件上,管道将自动捕捉浴盆上的管道连接件,完成连接,如图4-76所示。

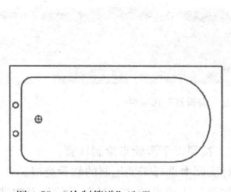

图4-75 "绘制管道"选项

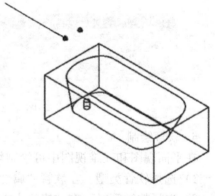

图4-76 连接

◆ 单击"布局"选项卡>"连接到"按钮,为浴盆连接管道,可以便捷地完成设备连管。

◆ 将浴盆放置到视图中指定的位置,并绘制欲连接的冷水管。选中浴盆,并单击

"布局"选项卡＞"连接到"按钮。选择冷水连接件,单击已绘制的管道。至此,完成连管。

9. 管道的隔热层

Revit MEP 2014 可以为管道管路添加相应的隔热层。进入绘制管道模式后,单击"修改｜管道"选项卡＞"管道隔热层"＞"添加隔热层"按钮,输入隔热层的类型和所需的厚度,将视觉样式设置为"线框"时,则可清晰地看到隔热层,如图 4-77 所示。

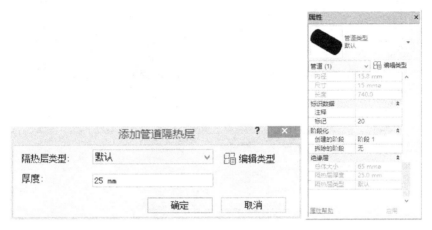

图 4-77 "添加隔热层"对话框

4.3.3 管道显示

在 Revit MEP 2014 中,可以通过一些方式来控制管道的显示,以满足不同的设计和出图的需要。

1. 视图详细程度

Revit MEP 2014 有 3 种视图详细程度:粗略、中等和精细。在粗略和中等详细程度下,管道默认为单线显示,在精细视图下,管道默认为双线显示。在创建管件和管路附件等相关族的时候,应注意配合管道显示特性,尽量使管件和管路附件在粗略和中等详细程度下单线显示,精细视图下双线显示,确保管路看起来协调一致。

2. 可视性/图形替换

单击"视图"选项卡＞"图形"＞"可见性/图形替换"按钮,或者通过 VG 或 VV 快捷键打开当前视图的"可见性/图形替换"对话框。

(1) 模型类型

在"模型类别"选项卡中可以设置管道可见性。既可以根据整个管道族类别来控制,也可以根据管道族的子类别来控制。可通过勾选来控制它的可见性。如图 4-78 所示,该设置表示管道族中的隔热层子类别不可见,其他子类别都可见。

"模型类别"选项卡中的"详细程度"选项还可以控制管道族在当前视图显示的详细程度。默认情况下为"按视图",遵守"粗略和中等管道单线显示,精细管道双线显示"的原则。也可以设置为"粗略"、"中等"或"精细",这时管道的显示将不依据当前视图详细程度的变化而变化,而始终依据所选择的详细程度。

(2) 过滤器

图 4-78 "可见性/图形替换"对话框

在 Revit MEP 2014 的视图中，如需要对于当前视图上的管道、管件和管路附件等依据某些原则进行隐藏或区别显示，可以通过"过滤器"功能来完成。

单击"编辑/新建"按钮，打开"过滤器"对话框，如图 4-79 所示，"过滤器"的族类别可以选择一个或多个，同时可以勾选"隐藏未选择类别"复选框，"过滤条件"可以使用系统自带的参数，也可以使用创建项目参数或者共享参数。

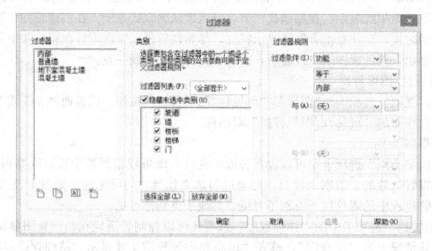

图 4-79 "过滤器"对话框

3. 管道图例

在平面视图中，可以根据管道的某一参数对管道进行着色，帮助用户分析系统。

(1) 创建管道图例

单击"分析"选项卡>"颜色填充">"管道图例"按钮,将图例拖拽至绘图区域,单击鼠标确定绘制位置后,选择颜色方案,如"管道颜色填充-尺寸",Revit MEP 将根据不同管道尺寸给当前视图中的管道配色。

(2) 编辑管道图例

选中已添加的管道图例,单击"修改|管道颜色填充图例"选项卡>"方案">"编辑方案"按钮,打开"编辑颜色方案"对话框。在"颜色"下拉列表中选择相应的参数,这些参数值都可以作为管道配色依据。

"编辑颜色方案"对话框右上角有"按值"、"按范围"和"编辑格式"选项,它们的意义分别如下:

◆ 按值:按照所选参数的数值来作为管道颜色方案条目。
◆ 按范围:对于所选参数设定一定的范围来作为颜色方案条目。
◆ 编辑格式:可以定义范围数值的单位。

4. 隐藏线

除了上述控制管道的显示方法,这里介绍一下隐藏线的运用,打开"机械设置"对话框,如图 4-80 所示,左侧"隐藏线"是用于设置图元之间交叉、发生遮挡关系时的显示。

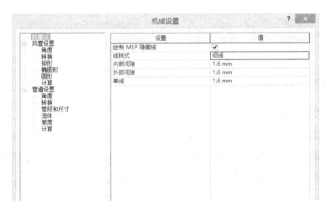

图 4-80 "机械设置"对话框

展开"隐藏线"选项其右侧面板中各参数的意义如下:

◆ 绘制 MEP 隐藏线:绘制 MEP 隐藏线是指将按照"隐藏线"选项所指定的线样式和间隙来绘制管道。

◆ 线样式:指在勾选"绘制 MEP 隐藏线"的情况下,遮挡线的样式。

◆ 内部间隙、外部间隙、单线:这 3 个选项用来控制在非"细线"模式下隐藏线的间隙,允许输入数值的范围为 0.0~19.1。"内部间隙"指定在交叉段内部出现的线的间隙。"外部间隙"指定在交叉段外部出现的线的间隙。"内部间隙"和"外部间隙"控制双线管道/风管的显示。在管道/风管显示为单线的情况下,没有"内部间隙"这个概念,因此"单线"用来设置单线模式下的外部间隙。

5. 注释比例

在管件、管路附件、风管管件、风管附件、电缆桥架配件这几类族的类型属性中都有"使用注释比例"这个设置,这一设置用来控制上述几类族在平面视图中的单线显示。

除此之外,在"机械设置"对话框中也能对项目中的"使用注释比例"进行设置,如图4-81所示。默认状态为勾选。如果取消勾选,则后续绘制的相关族将不再使用注释比例,但之前已经出现的相关族不会被更改。

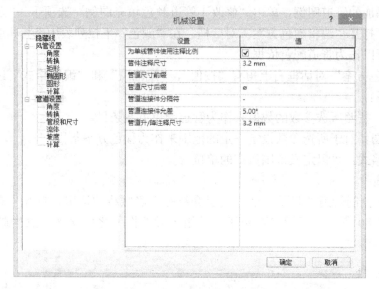

图4-81 "机械设置"对话框

4.3.4 管道标注

管道的标注在设计过程中是不可或缺的。本节将介绍在Revit MEP 2014中如何进行管道的各种标注,其中包括尺寸标注、编号标注、标高标注和坡度标注4类。管道尺寸和管道编号是通过注释符号族来标注的,在平、立、剖中均可使用。而管道标高和坡度则是通过尺寸标注系统族来标注的,在平、立、剖和三维视图均可使用。

1. 尺寸标注

(1) 基本操作

Revit MEP 2014中自带的管道注释符号族"M管道尺寸标记"可以用来进行管道尺寸标注,有以下两种方式。

◆ 管道绘制的同时进行标注。进入绘制管道模式后,单击"修改|放置管道"选项卡>"标记">"在放置时进行标记"按钮,绘制出的管道将会自动完成管径标注,如图4-82所示。

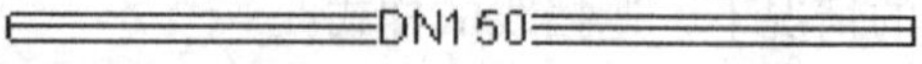

图4-82 管径标注

◆ 管道绘制后再进行管径标注。单击"注释"选项卡>"标记"面板下拉列表>"载入的标记"按钮,就能查看到当前项目文件中加载的所有的标记族。某个族类别下排在第一位的标记族为默认的标记族。当单击"按类别标记"按钮后,Revit MEP 2014将默认使用"M管道尺寸标记"。

◆ 单击"注释"选项卡>"标记">"按类别标记"按钮,将鼠标指针移至视图窗口的管道上,如图 4-83 所示。上下移动鼠标可以选择标注出现在管道上方还是下方,确定注释位置单击完成标注。

(2) 标记修改

在 Revit MEP 2014 中,为用户提供了以下功能方便修改标记,如图 4-84 所示。

图 4-83 管道尺寸标记

◆ "水平"、"竖直"可以控制标记放置的方式。

◆ 可以通过勾选"引线"复选框,确认引线是否可见。勾选"引线"复选框即引线,可选择引线为"附着端点"或是"自由端点"。"附着端点"表示引线的一个端点固定在被标记图元上,"自由端点"表示引线两个端点都不固定,可进行调整。

图 4-84 修改标记选项卡

(3) 尺寸注释符号族修改

因为在 Revit MEP 2014 中自带的管道注释符号族 "M 管道尺寸标记"和国内常用的管道标注有些不同,故可以按照以下步骤进行修改。

◆ 在族编辑器中打开 "M 管道尺寸标记.rfa"。

◆ 选中已设置的标签"尺寸",在"修改标签"选项卡中单击"编辑标签"。

◆ 删除已选标签参数"尺寸"。

◆ 添加新的标签参数"直径",并在"前缀"列中输入"DN"。

◆ 将修改后的族重新加载到项目环境中。

◆ 单击"管理"选项卡>"设置">"项目单位"按钮,选择"管道"规程下的"管道尺寸"选项,将"单位符号"设置为"无"。

◆ 按照前面介绍的方法进行管道尺寸标注,如图 4-85 所示。

图 4-85 管道尺寸标注

图 4-86 "注释"选项卡

2. 标高标注

单击"注释"选项卡>"尺寸标注">"高程点"按钮来标注管道标高,如图4-86所示。

打开高程点族的"类型属性"对话框,在"类型"下拉列表中可以选择相应的高程点符合族,如图 4-87 所示。

◆ 引线箭头:可根据需要选择各种引线端点样式。

◆ 符号:这里将出现所有高程点符号族,选择刚载入的新建族即可。

◆ 文字与符号的偏移量:为默认情况下文字和"符号"左端点之间的距离,正值表明文字在"符号"左端点的左侧；负值则表明文字在"符号"左端点的右侧。

◆ 文字位置：控制文字和引线的相对位置。

◆ 高程指示器/顶部指示器/底部指示器：允许添加一些文字、字母等，用来提示出现的标高是顶部标高还是底部标高。

◆ 作为前缀/后缀的高程指示器：确认添加的文集、字母等在标高中出现的形式是前缀还是后缀。

（1）平面视图中管道标高

平面视图中的管道标高注释需在精细模式下进行（在单线模式下不能进行标高标注）。一个直径为100mm、偏移量为2000mm的管道的平面视图上的标高标注如图4-88所示。

（2）立面视图中管道标高

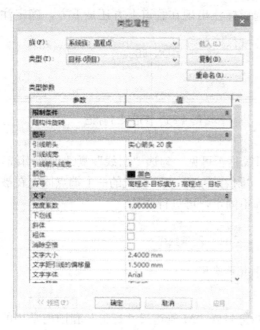

图4-87 "类型属性"对话框

和平面视图不同，立面视图中在管道单线即粗略、中等的视图情况下也可以进行标高标注，但此时仅能标注管道中心标高。而对于倾斜管道的管道标高，斜管上的标高值将随着鼠标指针在管道中心线上的移动而实时更新变化。如果在立面视图上标注管顶或者管底标高，则需要将鼠标指针移动到管道端部，捕捉端点，才能标注管顶或管底标高，如图4-89所示。

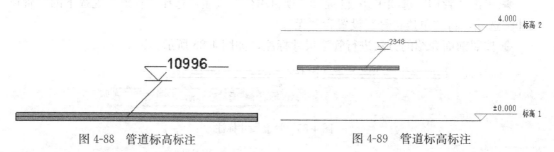

图4-88 管道标高标注　　　　　　　图4-89 管道标高标注

当对管道截面进行管道标注时，为了方便捕捉，建议关闭"可见性/图形替换"对话框中管道的两个子类别"升"、"降"，如图4-90所示。

3. 坡度标注

在Revit MEP 2014中，单击"注释"选项卡>"尺寸标注">"高程点坡度"按钮来标注管道坡度，如图4-91所示。

进入"系统族：高程点坡度"可以看到控制坡度标注的一系列参数。高程点坡度标注与之前介绍的高程标注非常类似，此处就不再一一赘述。可能需要修改的是"单位格式"，设置成管道标注时习惯的百分比格式，如图4-92所示。

选中任一坡度标注，会出现"修改|高程点坡度"选项栏。其中，"相对参照的偏移"表示坡度标注线和管道外侧的偏移距离。"坡度表示"选项仅在立面视图中可选，有"箭

4.3 水管系统的创建

图 4-90 "可见性/图形替换"对话框

图 4-91 "注释"选项卡

图 4-92 "类型属性"对话框

头"和"三角形"两种坡度表示方式，如图 4-93 所示。

4.3.5 管道系统创建

1. 绘制水系统

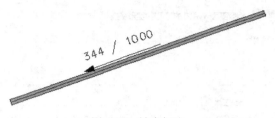

图 4-93 坡度标注

(1) 水管干管的绘制

◆ 在"类型属性"对话框中通过复制创建两个新的水管类型 ZP2L（C)-12，这样方便之后给管道添加颜色。

◆ 单击"系统"选项卡＞"卫浴和管道"＞"管道"按钮，或使用快捷键 PI，在自动弹出的"修改｜放置管道"上下文选项卡中输入或选择需要的管径（本案例中所有管道管径均为 100mm），修改偏移量为该管道的标高（本案例中管道标高距梁底部 200mm，故设为 2895mm），在绘图区域中绘制水管，首先选择系统末端的水管，在起始位置单击鼠标，拖拽光标到需要转折的位置并单击鼠标，再继续沿着底图线条拖拽光标，直到该管道结束的位置再次单击鼠标，然后按"Esc"键退出绘制，再选择另一条管道用相同的方法进行绘制。在管道转折处会自动生成弯头。

◆ 在绘制过程中，如需改变管道管径，在绘制模式下修改管径即可。

◆ 管道绘制完毕后，使用"对齐"命令（快捷键 AL）将管道中心线与底图相应位置对齐。

(2) 水管立管的绘制

单击"管道"按钮，或使用快捷键 PI，输入管道的管径、标高值，绘制一段管道，然后输入变高程后的标高值。继续绘制管道，在变高程的地方会自动生成一段管道的立管，如图 4-94 所示。

(3) 坡度水管的绘制

选择管道后，设置坡度值，即可绘制，如图 4-95 所示。

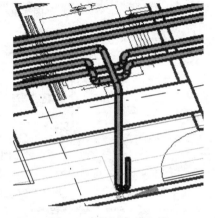

图 4-94 绘制水管立管

图 4-95 设置水管坡度值界面

(4) 管道三通、四通、弯头的绘制

1) 管道弯头的绘制

在绘制一条管道后，改变方向绘制第二条管道，在改变方向的地方会自动形成弯头，如图 4-96 所示。

2) 管道三通的绘制

单击"管道"按钮，输入管径与标高值，绘制主管，再输入支管的管径与标高值，将鼠标指针移动到主管道合适位置的中心处，单击确认支管的起点，再次单击确认支管的终点，在主管与支管的连接处会自动生成三通。先在支管终点单击，再拖拽光标至与之交叉的管道的中心线处，单击鼠标也可以生成三通，如图 4-97 所示。

4.3 水管系统的创建

图 4-96 绘制管道弯头

图 4-97 绘制管道三通

3）管道四通的绘制

方法一：绘制完成三通后，选择三通，单击三通处的加号，三通会变成四通，然后，单击"管道"按钮，移动鼠标指针到四通连接处，出现捕捉的时候，单击确认起点，再次单击确认终点，即可完成管道绘制。同理，单击减号可以将四通转换为三通，如图 4-98 所示。

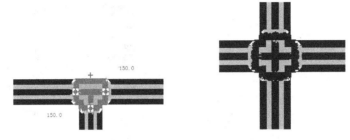

图 4-98 绘制管道四通

方法二：先绘制一条水管，再绘制与之相交叉的另一条水管，两条水管的标高一致，第二条水管横贯第一条水管，可以自动生成四通，如图 4-99 所示。

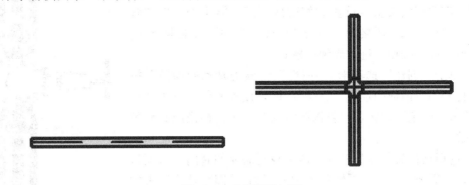

图 4-99 绘制管道四通

2. 添加水系统阀门

（1）添加水平水管阀门

单击"系统"选项卡＞"卫浴和管道"＞"管路附件"按钮，或使用快捷键 PA，软件自动弹出"修改|放置管路附件"上下文选项卡。

在"修改图元类型"下拉列表中选择所需的阀门。将鼠标指针移动至风管中心线处，

图 4-100　添加水管阀门

捕捉到中心线时（中心线高亮显示），单击即可完成阀门的添加，如图 4-100 所示。

（2）添加立管阀门

1）进入三维视图，单击"修改"选项卡＞"修改"＞"拆分"按钮，在绘图区域中立管的合适位置单击鼠标，该位置处将出现一个活接头，这是因为在管道的"类型属性"对话框中有该项设置，如图 4-101 所示。

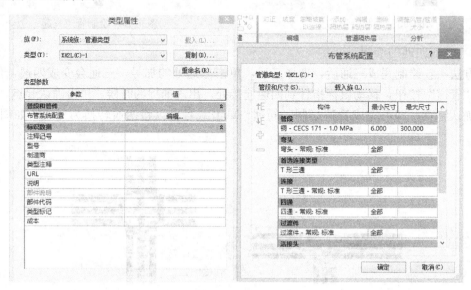

图 4-101　"类型属性"对话框

2）选择活接头，发现在类型选择器中并没有需要的阀门种类，因为活接头的族类型为"管件"，阀门的族类型为"管路附件"，为了将活接头替换为阀门，需要将活接头的族类型修改成阀门的族类型，即"管路附件"按钮。选择活接头，单击"修改 | 管件"选项卡＞"模式"＞"编辑族"按钮，进入族编辑模式。

3）单击"创建"选项卡＞"属性"＞"族类别和族参数"按钮，在打开的对话框中选择"管路附件"，设置零件类型为"标准"，单击"确定"按钮，并将该族载入项目中，替换原有族类型和参数。

4）选择活接头，在类型选择器中找到需要的阀门（若项目中没有，则需要自行载入系统族库中的闸阀），即可替换原来的活接头，其他阀门也可以按照这种方法添加。需要注意的是，必须保证活接头和阀门的族类别相同才可以进行替换，如图 4-102 所示。

图 4-102　添加立管阀门

4.3.6　连接消防箱

消防箱的连接都与水管接头相连，以案例中的消防箱为例，按照下列步骤完成消防箱和水管的连接。

(1) 载入消防箱项目用族。单击"插入"选项卡＞"从库中载入"＞"载入族"按钮，选择光盘中的消防栓项目用族文件，单击"打开"按钮，将该族载入项目中。

(2) 放置消防箱项目用族。单击"系统"选项卡＞"机械"＞"机械设备"按钮，在类型选择器中选择消防箱，将消防栓放置在视图中的合适位置单击鼠标，即可将消防栓添加到项目中，如图 4-103 所示。

图 4-103　放置消防箱族

(3) 绘制水管。选择消防栓，用鼠标右键单击水管接口，在弹出的快捷菜单中选择"绘制管道"命令，即可绘制管道。与消防栓相连的管道和主管道有一定的标高差异，可用竖直管道将其连接起来，如图 4-104 所示。

(4) 根据 CAD 图纸，将消防栓与干管相连，效果如图 4-105 所示。

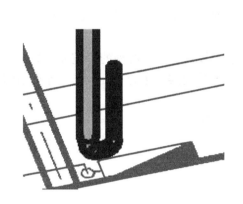

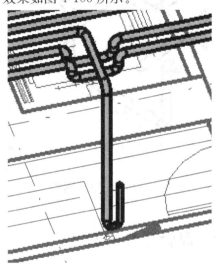

图 4-104　绘制水管　　　　　　　　　图 4-105　消防栓与干管连接图

注：图中管道颜色的改变原理同风管系统颜色的改变，即通过过滤器进行设置。

4.3.7　水管系统的碰撞检查与修改

当绘制水管过程中发现有管道发生碰撞时，需要及时进行修改，以减少设计、施工中出现的错误，提高工作效率。

1. 修改同一标高水管间的碰撞

当同一标高水管间发生碰撞时，如图 4-106 所示，可以按照以下步骤进行修改。

(1) 单击"修改"上下文选项卡＞"编辑"＞"拆分"按钮，或使用快捷键 SL，在发生碰撞的管道两侧单击，如图 4-107 所示。

(2) 选择中间的管道，按"Delete"键删除该管道。

(3) 单击"管道"按钮，或使用快捷键 PI，将鼠标移动到管道缺口处，出现捕捉时单击，输入修改后的标高，移至另一个管道缺口处，单击即可完成管道碰撞的修改，如图 4-108 所示。

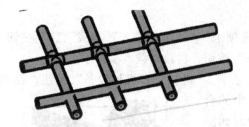
图 4-106 水管间的碰撞图

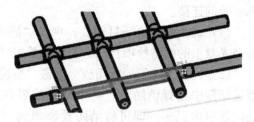
图 4-107 管道拆分

2. 修改水管系统与其他专业管线间的碰撞

水管与其他专业管线的碰撞修改必须要依据一定的修改原则，具体如下：

（1）电线桥架等管线在最上面，风管在中间，水管在最下方。

（2）满足所有管线、设备的净空高度的要求，即管道高距离梁底部 200mm。

（3）在满足设计要求、美观要求的前提下尽可能节约空间。

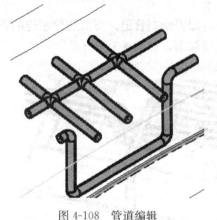
图 4-108 管道编辑

（4）当重力管道与其他类型的管道发生碰撞时，应修改、调整其他类型的管道，即将管道偏移 200mm。

（5）其他优化管线的原则参考各个专业的设计规范。

4.4 风管系统的创建

4.4.1 风管设计功能

1. 风管参数设置

在绘制风管系统前，先设置风管设计参数：风管类型、风管尺寸及设置（添加/删除）风管尺寸、其他设置。

（1）风管类型设置方法

单击功能区中的"系统"选项卡＞"风管"按钮，通过绘图区域左侧的"属性"对话框选择和编辑风管类型，如图 4-109 所示。Revit MEP 2014 提供的"Mechanical-Default CHSCS.rte"和"Systems-Default CHSCHS.rte"项目样板文件中都默认配置了矩形风管、圆形风管及椭圆形风管，默认的风管类型与风管连接方式有关。

单击"编辑类型"按钮，打开"类型属性"对话框，可对风管类型进行配置，如图 4-110 所示。

单击"复制"按钮，可以在已有风管类型基础模板上添加新的风管类型。

图 4-109 "属性"对话框

4.4 风管系统的创建

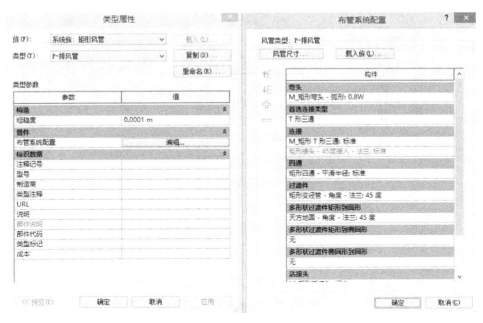

图 4-110 "布管系统配置"对话框

通过在"管件"列表中配置各类型风管管件族,可以指定绘制风管时自动添加到风管管路中的管件。通过编辑"标识数据"中的参数为风管添加标注。

(2)风管尺寸设置

在 Revit MEP 中,通过"机械设置"对话框编辑当前项目文件中的风管尺寸信息。单击功能区中"管理"选项卡>"MEP 设置"下拉列表>"机械设置"按钮,如图 4-111 所示。

图 4-111 "机械设置"对话框

(3)设置风管尺寸

打开"机械设置"对话框后,单击"矩形">"椭圆形">"圆形"按钮可以分别定义对应形状的风管尺寸。单击"新建尺寸"或者"删除尺寸"按钮可以添加或删除风管的尺寸。软件不允许重复添加列表中已有的风管尺寸。如果在绘图区域已经绘制了某尺寸的风管,该尺寸在"机械设置"尺寸列表中将不能删除,需要先删除项目中的风管,才能删除"机械设置"尺寸。列表中的尺寸如图 4-112 所示。

2. 风管显示设置

图 4-112 "机械设置"对话框

(1) 视图详细程度

Revit MEP 2014 的视图可以设置 3 种详细程度：粗略、中等和精细。在粗略程度下，风管默认为单线显示；在中等和精细程度下，风管默认为双线显示。

(2) 可见性/图形替换

单击功能区中的"视图"选项卡＞"可见性/图形替换"按钮，或者通过快捷键 VG 或 VV 打开当前视图的"可见性/图形替换"对话框。在"模型类别"选项卡中可以设置风管的可见性。设置"风管"族类别可以整体控制风管的可见性，还可以分别设置风管族的子类别，如衬层、隔热层等分别控制不同子类别的可见性。如图 4-113 所示的设置表示风管族中所有子类别都可见。

(3) 隐藏线

单击"机械"按钮右侧的箭头，在打开的"机械设置"对话框中，"隐藏线"用来设置图元之间交叉、发生遮挡关系时的显示，如图 4-114 所示。

3. 风管绘制方法

(1) 基本操作

在平、立、剖视图和三维视图中均可绘制风管。风管绘制可以单击系统"选项卡＞"风管"按钮或使用快捷键 DT，按照以下步骤绘制风管：

1) 选择风管类型。在风管"属性"对话框中选择需要绘制的风管类型。

2) 选择风管尺寸。在风管"修改｜放置风管"选项栏的"宽度"或"高度"下拉列表中选择风管尺寸。

3) 指定风管偏移。默认"偏移量"是指风管中心线相对于当前平面标高的距离。在"偏移量"下拉列表中可以选择项目中已经用到的风管偏移量，也可以直接输入自定义的偏移量值，默认单位为毫米。

4) 指定风管起点和终点。将鼠标指针移至绘图区域，单击鼠标指定风管起点，移动至终点位置再次单击，完成一段风管的绘制。可以继续移动鼠标绘制下一管段，风管将根

4.4 风管系统的创建

图 4-113 "可见性/图形替换"对话框

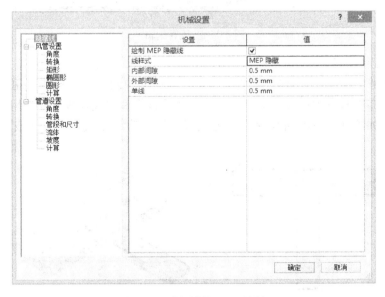

图 4-114 "机械设置"对话框

据管路布局自动添加"类型属性"对话框中预先设置好的风管管件。绘制完成后，按【Esc】键，或者单击鼠标右键，在弹出的快捷菜单中选择"取消"命令，退出风管绘制命令。

（2）绘制风管

在平面视图和三维视图中绘制风管时,可以通过"修改|放置风管"选项卡中的"对正"工具指定风管的对齐方式。单击"对正"按钮,打开"对正设置"对话框,如图4-115所示。

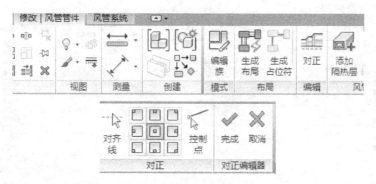

图 4-115 "对正设置"对话框

(3) 编辑风管

风管绘制完成后,在任意视图中可以使用"对正"命令修改风管的对齐方式。选中需要修改的管段,单击功能区中的"对正"按钮,如图 4-116 所示。进入"对正编辑器"界面,选择需要的对齐方式和对齐方向,单击"完成"按钮。

图 4-116 风管编辑

(4) 自动连接

激活"风管"命令后,"修改|放置风管"选项卡中的"自动连接"用于某一段风管管路开始或者结束时自动捕捉相交风管,并添加风管管件完成连接。默认情况下,这一选项是激活的。如绘制两段不同高程的正交风管,将自动添加风管管件完成连接,如图 4-117 所示。

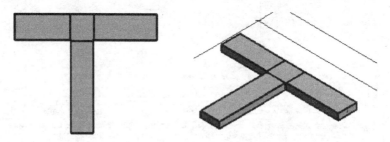

图 4-117 风管自动连接

4. 风管管件的使用

(1) 放置风管管件

1) 自动添加。绘制某一类型风管时,通过风管"类型属性"对话框中"管件"指定的风管管件,可以根据风管自动布局加载到风管管路中。目前一些类型的管件可以在"类型属性"对话框中指定弯头、T形三通、接头、四通、过渡件(变径)、多形状过渡件矩形到圆形(天圆地方)、多形状过渡件椭圆形到圆形(天圆地方)、活接头。用户可根据需要选择相应的风管管件族。

2)手动添加。在"类型属性"对话框中的"管件"列表中无法指定的管件类型,如Y形三通、斜T行三通、斜四通、多个端口(对应非规则管件),使用时需要手动插入到风管中或者将管件放置到所需位置后手动绘制风管。

(2)编辑管件

在绘图区域中单击某一管件,管件周围会显示一组管件控制柄,可用于修改管件尺寸、调整管件方向和进行管件升级或降级,如图 4-118 所示。

(3)风管附件放置

单击"系统"选项卡>"风管附件"按钮,在"属性"对话框中选择需要插入的风管附件到风管中,如图 4-119 所示。

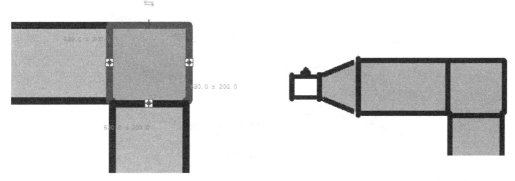

图 4-118　管件编辑　　　　　　　　图 4-119　风管附件放置

5. 绘制软风管

(1)选择软风管类型

单击"系统"选项卡>"软风管"按钮,在软风管"属性"对话框中选择需要绘制的风管类型。目前,Revit MEP 2014 提供了一种矩形软管和一种圆形软管,如图 4-120 所示。

(2)选择软风管尺寸

矩形软风管在"修改|放置软风管"选项卡的"宽度"或"高度"下拉列表中选择在"机械设置"中设定的风管尺寸。圆形风管在"修改|放置软风管"选项卡的"直径"下拉菜单中选择直径大小。如果在下拉列表中没有需要的尺寸,可以直接在"高度"、"宽度"、"直径"中输入需要绘制的尺寸。

(3)指定软风管偏移量

"偏移量"是指软风管中心线相当于当前平面标高的距离。在"偏移量"下拉列表中,可以选择项目中已经用到的软风管/风管偏移量,也可以直接输入自定义的偏移量数值,默认单位为毫米。

(4)指定软风管起点和终点

图 4-120　"属性"对话框

在绘图区域,单击指定软风管的起点,沿着软风管的路径在每个拐点单击鼠标,最后在软风管终点按【Esc】键,或者单击鼠标右键,在弹出的快捷菜单中选择"取消"命令。

(5) 修改软风管

在软风管上拖拽两端连接件、顶点和切点,可以调整软风管路径,如图4-121所示。

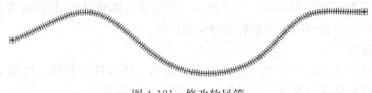

图4-121 修改软风管

6. 软风管样式

软风管"属性"对话框中的"软管样式"共提供了8种软风管样式,通过选取不同的样式可以改变软风管在平面视图中的显示。部分矩形软风管样式如图4-122所示。

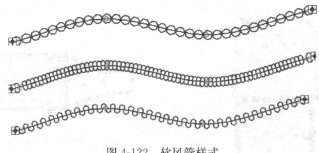

图4-122 软风管样式

7. 设备连接管

设备的风管连接件可以连接风管和软风管。介绍设备连接管的3种方法。

(1) 单击所选设备,用鼠标右键单击设备的风管连接件,在弹出的快捷菜单中选择"绘制风管"命令。

(2) 直接拖动已绘制的风管到相应设备的风管连接件,风管将自动捕捉设备上的风管连接件来完成连接,如图4-123所示。

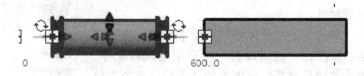

图4-123 设备与风管连接

(3) 使用"连接到"功能为设备连接风管。单击需要连接的设备,单击"修改/机械设备"选项卡>"连接到"按钮,如果设备包含一个以上的连接件,将打开"选择连接件"对话框,选择需要连接风管的连接件,单击"确定"按钮,然后单击该连接所有连接到的风管,完成设备与风管的自动连接,如图4-124所示。

8. 添加风管的隔热层和衬层

Revit MEP可以为风管管路添加隔热层和衬层,分别编辑风管和风管管件的属性,输

4.4 风管系统的创建

图 4-124 "选择连接件"对话框

入所需要的隔热层和衬层。

4.4.2 风管系统创建

1. 风管颜色的设置

一个完整的空调风系统包括送风系统、回风系统、新风系统、排风系统等。为了区分不同的系统，可以在 Revit MEP 样板文件中设置不同系列的风管颜色，使不同系统的风管在项目中显示不同的颜色，以便于系统的区分和风系统概念的理解。

风管颜色的设置是为了在视觉上区分系统风管和各种附件，因此应在每个需要区分系统的视图中分别设置。以上面所建系统为例，进入楼层平面 15 视图，直接输入快捷键"VV"或"VG"，进入"可见性/图形替换"对话框，打开"过滤器"选项卡，如图4-125所示。

图 4-125 "可见性/图形替换"对话框

如果系统自带的过滤器中没有所需系统，则可以自定义，具体步骤如下。

图 4-126 "添加过滤器"对话框

（1）单击"楼层平面：可见性/图形替换"对话框中的"添加"按钮，打开"添加过滤器"对话框，单击"编辑/新建"按钮，打开"过滤器"对话框，单击"新建"按钮，打开"过滤器名称"对话框，将名称定义为"S-送风"，如图 4-126 所示。

（2）设置过滤条件。在"类别"区域中勾选"风管"复选框，在"过滤条件"中选择"类型名称"、"等于"、"S-送风管"选项，如图 4-127 所示。完成后单击"确定"按钮。

（3）使用相同的方法再创建一个"P-排风"的过滤条件，如图 4-128 所示。完成后单击"确定"按钮。

图 4-127 "过滤器"对话框

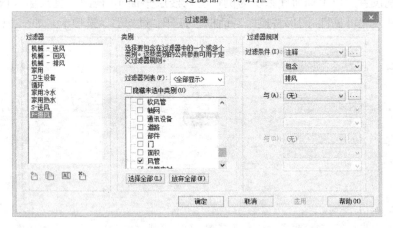

图 4-128 "过滤器"对话框

（4）在"添加过滤器"对话框中选择"S-送风"、"P-排风"，单击"确定"按钮，如图 4-129 所示。"S-送风"、"P-排风"则添加到了过滤器中。

如图 4-130 所示，过滤器中增加了"S-送风"、"P-排风"。勾选的选项待设置完成后会被着色，此时风管和风管管件会被着色，未勾选的风管附件和风格末端则不会被着色，如有需要，也可着色。单击"投影/表面"下的"填充图案"，按如图 4-130 所示进行设置，设置完成后单击两次"确定"按钮。

4.4 风管系统的创建

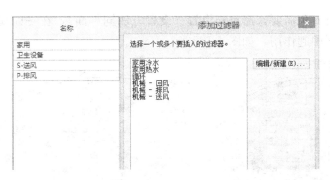

图 4-129 "添加过滤器"对话框

单击"确定"按钮，回到平面视图，显示如图 4-131 所示。

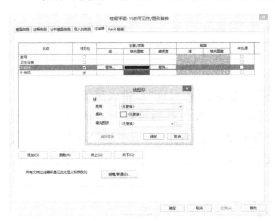

图 4-130 "可见性/图形替换"对话框

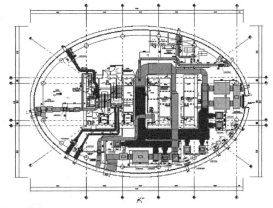

图 4-131 创建风管后的平面视图

同样，修改 P-排风系统的颜色，如图 4-132 所示。

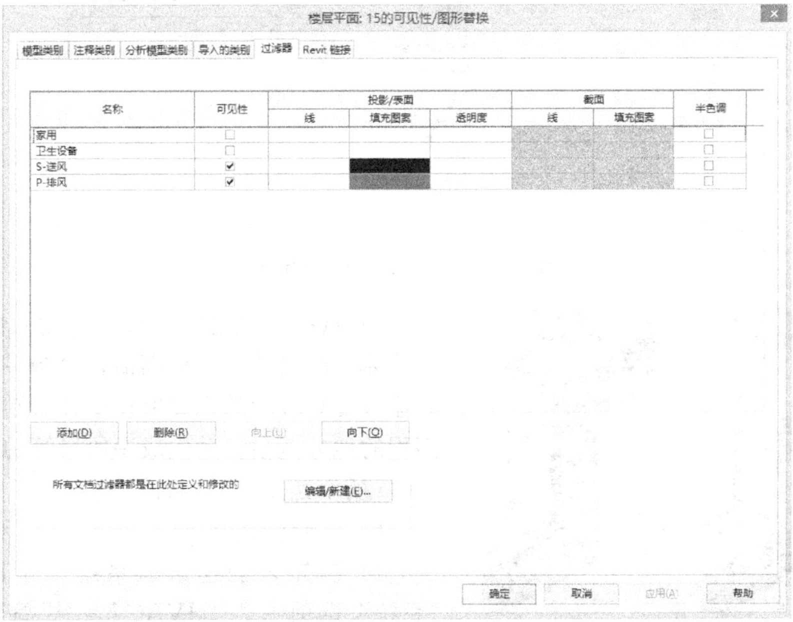

图 4-132 "可见性/图形替换"对话框

三维视图如有着色需要，需重新设置（设置方法同平面），在平面视图中设置的过滤器不会在三维视图中起作用，如图 4-133 所示。

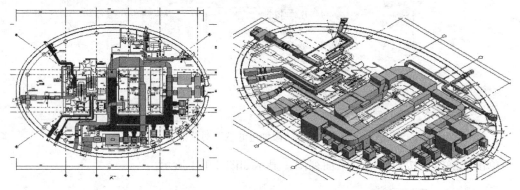

图 4-133　风管系统三维视图

2. 绘制风管

(1) 风管属性的设置

1) 单击"系统"选项卡>"风管"按钮，或使用快捷键"DT"，进入风管绘制界面。

2) 单击"属性"对话框中的"编辑类型"按钮，打开"类型属性"对话框，在"类型"下拉列表中有 4 种可供选择的管道类型，分别为半径弯头/T 形三通、半径弯头/接头、斜接弯头/T 形三通和斜接弯头/接头，如图 4-134 所示。

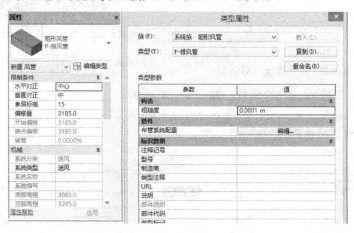

图 4-134　"类型属性"对话框

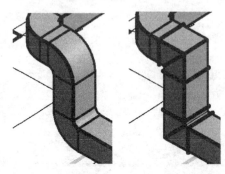

图 4-135　立管形式

3) 选择"风管"工具，或输入快捷键 DT，修改风管的尺寸值、标高值，绘制一段风管，然后输入变高程后的标高值；继续绘制风管，在变高程的地方就会自动生成一段风管的立管。如图 4-135 所示是立管的两种形式。

(2) 绘制风管

1) 首先来创建送风系统的主风管。单击"系统"选项卡>"HVAC">"风管"按钮，在"属性"对话框中单击"编辑类型"按钮，打开

"类型属性"对话框。单击"复制"按钮,弹出"名称"对话框,输入"S-送风管",单击"确定"按钮,如图 4-136 所示。

2)设置风管的参数。修改管件类型如图 4-137 所示,如果在下拉列表中没有所需类型的管件,可以从族库中导入。

图 4-136 "类型属性"对话框　　　　　图 4-137 "布管系统配置"对话框

3)绘制左侧楼梯间左边的送风风管。根据 CAD 底图,在选项栏中设置风管的宽度为 630,高度为 400,偏移量为 3185,如图 4-138 所示。

4)绘制如图 4-139 所示的一段风管,风管的绘制需要单击两次,第一次单击确认风管的起点,第二次单击确认风管的终点。绘制完毕后单击"修改"选项卡>"编辑">"对

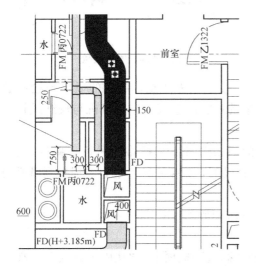
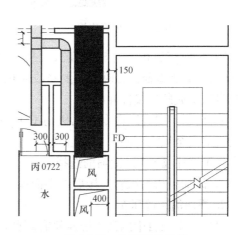

图 4-138　绘制送风风管　　　　　　　图 4-139　绘制送风风管

齐"按钮，将绘制的风管与底图位置对齐并锁定。

5) 选择绘制的风管，在末端下方块上单击鼠标右键，在弹出的快捷菜单中选择"绘制风管"命令，继续绘制下一段风管，连续绘制后面的管段，在转折处系统会根据设置自动生成弯头，绘制完毕后单击"修改"选项卡＞"编辑"＞"对齐"按钮，将绘制的风管与底图位置对齐并锁定。

4.4.3 添加并连接主要设备

1. 添加风机

（1）载入风机族

单击"插入"选项卡＞"从库中载入"＞"载入族"按钮，选择光盘中的风机族文件，单击"打开"按钮，将该族载入项目中。

（2）放置风机

风机放置方法是直接添加到绘制好的风管上，所以先绘制好风管再添加风机。按CAD底图路径绘制风管，设置风管的宽度为1000，高度为800，偏移为3185，如图4-140所示。将风管连接到已经绘制好的排风管上，系统自动生成连接。

1) 单击"系统"选项卡＞"机械"＞"机械设备"按钮，在右侧的类型选择器中选择排风机，在"属性"对话框中修改排风机尺寸"R：366"，然后在绘图区域排风机所在位置处单击鼠标，即可将风机添加到项目中，如图4-141所示。因为案例中风机两边的风管尺寸不同，如果风机放置在靠较细的风管一端，系统会提示错误。所以在放置时，可以暂时不按照CAD底图的位置放置后面再进行调整即可。

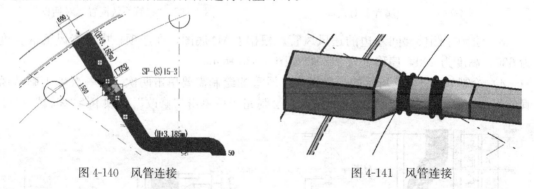

图4-140　风管连接　　　　　　　　图4-141　风管连接

2) 添加完风机，将视图样式更换为"线框"模式，需注意，添加的风机与绘制的CAD底图不能重合。此时，需要修改风机与较细的风管的连接。选择风机与较细风管间系统自动生成的连接件并删除。

3) 使用"对齐"命令将风机与CAD底图的风机对齐，选择将与风机连接的风管，拖动其端点至风机中心，系统自动生成连接。在拖动时，如果系统不能自动捕捉到风机的中点，可按住【Tab】键辅助选择。

4) 添加风机与风管连接后的平面视图如图4-142所示。

2. 添加消声静压箱

（1）在本项目中的消声静压箱有两种，单击"插入"选项卡＞"从库中载入"＞"载入族"按钮，选择光盘中的"消声静压箱"、"消声静压箱（两风口）"、"消声静压箱（三风口)"。"消声静压箱(两风口)"与添加风机的方式类似,先绘制风管,再插入静压箱,静压箱两端会自动连接到风管;"消声静压箱"和"消声静压箱(三风口)"也可以通过先放置好静压箱,再从静压箱的连接口绘制风管与原风管连接。

(2)复制一个新的矩形风管,命名为"P排风管",设置类型属性如图4-143所示。

排风管的绘制如图4-144所示。

(3)首先添加"消声静压箱(两风口)",单击"系统"选项卡＞"机械设备"按钮,在类型选择器中选择"消声静压箱(两风口)"选项,在"属性"对话框中设置设备和风口的尺寸(设置"长度:1500"、"宽度:1000"、"风口1宽度:600"、"风口1高度:600"、"风口2宽度:600"、"风口2高度:600"),放置在图4-145所示的位置。使用"对齐"命令,使之与CAD对齐,如图4-145所示。

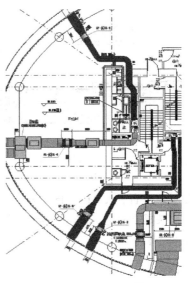

图4-142 风机与风管连接后的平面视图

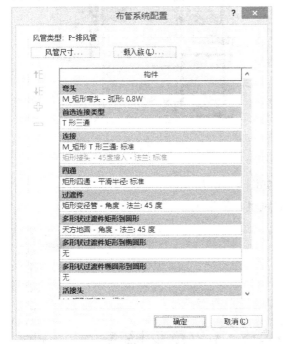

图4-143 设置类型属性

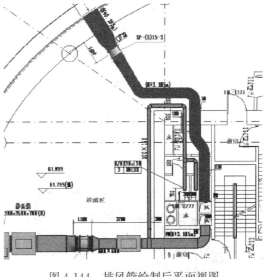

图4-144 排风管绘制后平面视图

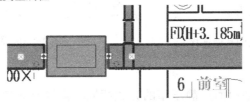

图4-145 静压箱

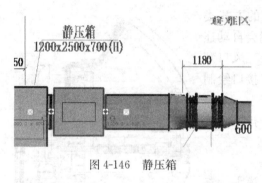

（4）使用相同的方法插入另一个静压箱，设置尺寸分别为"长度：1500"、"宽度：1400"、"风口1宽度：1000"、"风口1高度：500"、"风口2宽度：1000"、"风口2高度：500"，如图4-146所示。

（5）单击"系统"选项卡＞"机械设备"按钮，在类型选择器中选择"消声静压箱（三风口）"选项，首先需设置静压箱的偏移量，在"属性"对话框中修改偏移量为

图4-146 静压箱

2285，放置在CAD底图所示的位置并对齐，如图4-147所示。

选择上述插入的静压箱，单击右侧的按钮，绘制风管连接"消声静压箱（两风口）"，如图4-148所示。

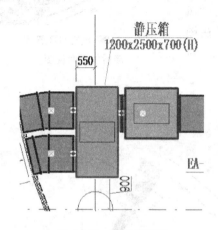

图4-147 修改偏移量

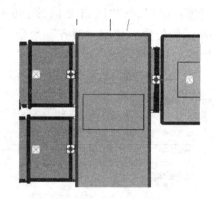

图4-148 绘制风管连接

按照上述方法绘制静压箱的其他连接管，如图4-149所示。

按照上述添加风机的方式添加该段管中的风机，R为475，如图4-150所示。

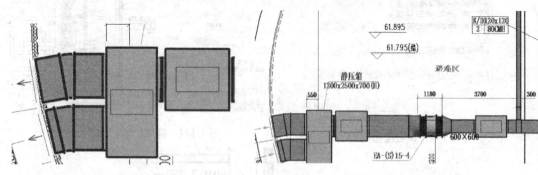

图4-149 绘制静压箱的其他连接　　　　　　图4-150 添加管段风机

3. 添加空调机组

机组的添加方式与添加消声静压箱的方式相同，需要首先放置好机组，再与风管连接。首先绘制与风机相连的送风管，单击"风管"按钮，选择"S-送风管"选项，设置风

4.4 风管系统的创建

管按CAD底图所示，偏移量为"200"，在属性栏设置"垂直偏移：底"，绘制的风管如图4-151所示。

使用"风管"工具继续绘制送风管，设置风管尺寸为"2500×1300"，偏移量为"200"，垂直对正为"底"，绘制风管，放置在CAD底图所示的交叉处，修改风管偏移量为"1500"，继续绘制风管，如图4-152所示，使用"对齐"命令对齐。

然后绘制排风管，按CAD底图设置尺寸，偏移量为"3185"，垂直偏移为"顶"，绘制排风管如图4-153所示。

4. 放置空调机组

（1）单击"插入"选项卡>"从库中载入">"载入族"按钮，选择光盘中的"空调机组"导入到项目中。

（2）单击"系统"选项卡>"机械设备"按钮，选择类型"空调机组1"，在"属性"对话框中设置偏移量为"200"，放置在图4-154所示的位置，将有两个连接口的一侧靠近风管，按空格键可变换机组的方向。

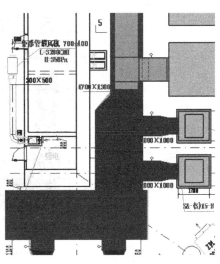

图4-151 绘制的风管

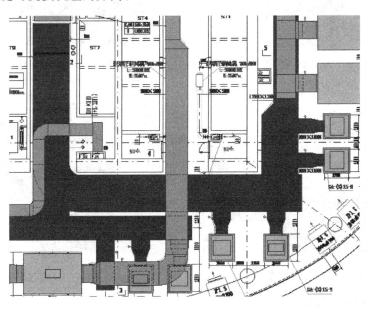

图4-152 绘制风管

5. 连接风管与机组

（1）选择机组，单击机组左侧连接口前的按钮，选择第一个连接件，选择类型"P-排风管"，绘制风管至排风管，系统自动生成连接，如图4-155所示。

（2）选择机组，单击机组左侧连接口前的按钮，选择类型"S-送风管"，绘制风管至送风管，系统自动生成连接，如图4-156所示。

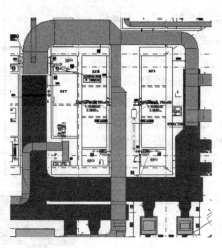

图 4-153 绘制排风管

使用相同的方法添加其他的连接风管，如图4-157所示。

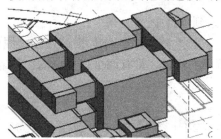

图 4-154 放置空调机组

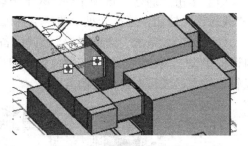

图 4-155 风管与机组连接

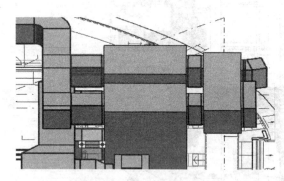

图 4-156 风管与机组连接

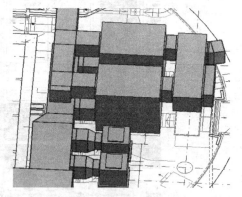

图 4-157 风管与机组连接

6. 连接机组与静压箱

（1）单击"系统"选项卡＞"机械设备"按钮，选择"消音静压箱"选项，设置其偏移量为2100，放置在CAD所示的位置，如图4-158所示。

（2）选择静压箱，单击按钮，绘制风管至机组连接口，选择"P-排风管"，如图4-159所示。

（3）绘制其他连接口，如图4-160所示。

7. 添加风机箱

4.4 风管系统的创建

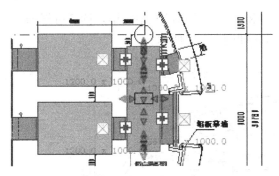

图 4-158 消音静压箱布置

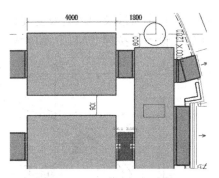

图 4-159 "P-排风管"选择

单击"插入"选项卡>"从库中载入">"载入族"按钮，选择光盘中的"风机箱"导入到项目中。单击"系统"选项卡>"机械设备"按钮，选择类型为"风机箱"，放置在图 4-161 所示的位置，将有一个连接口的一侧靠近风管，按空格键可变换机组的方向。

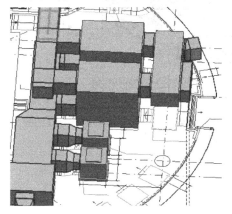

图 4-160 机组与静压箱连接

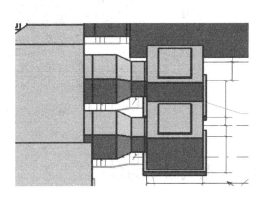

图 4-161 添加风机箱

8. 连接风机箱

（1）选择风机箱，用鼠标右键单击图标，在弹出的快捷菜单中选择"绘制风管"命令，选择"S-送风管"选项，绘制风管至送风管道，先绘制一小段 800×630 的管道，再修改管道尺寸为 1000×1000，如图 4-162 所示。

（2）按照上述方法连接另一台风机，如图 4-163 所示。

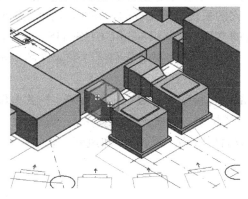

图 4-162 绘制风管

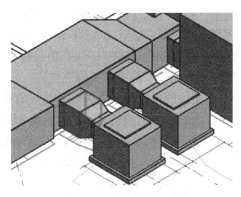

图 4-163 风管与风机连接

(3) 项目中所涉及的风管及主要设备的绘制和添加方式都已介绍完毕,读者可根据上述方法添加设备。按照 CAD 底图完成风管项目,如图 4-164 所示。

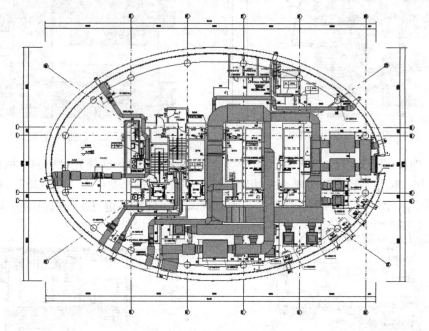

图 4-164　绘制系统平面视图

4.5　电气系统的创建

4.5.1　电缆桥架与线管

电缆桥架和线管的敷设是电气布线的重要部分。Revit MEP 2014 具有电缆桥架和线管布置的功能。

1. 电缆桥架

Revit MEP 2014 提供了两种不同的电缆桥架形式:"带配件的电缆桥架"和"无配件的电缆桥架"。"无配件的电缆桥架"适用于设计中不明显区分配件的情况。"带配件的电缆桥架"和"无配件的电缆桥架"是作为两种不同的系统族来实现的,并在这两个系统族下面添加不同的类型。Revit MEP 2014 提供的"Electrical-Default CHSCHS. rte"和"Systems-Default CHSCH. rte"项目样板文件中配置了默认类型分别给"带配件的电缆桥架"和"无配件的电缆桥架"。

"带配件的电缆桥架"的默认类型有实体底部电缆桥架、梯级式电缆桥架、槽式电缆桥架。"无配件的电缆桥架"的默认类型有单轨电缆桥架、金属丝网电缆桥架。其中,"梯级式电缆桥架"的形状为"梯形",其他类型的截面形状为"槽型"。和风管、管道一样,项目之前要设置好电缆桥架类型。

(1) 电缆桥架配件族

Revit MEP 2014 自带的族库中,提供了专为中国用户创建的电缆桥架配件族。如水

4.5 电气系统的创建

平弯通,配件族有"托盘式电缆桥架水平弯通.rfa"、"梯级式电缆桥架水平弯通.rfa"、"槽式电缆桥架水平弯通.rfa"。

(2)电缆桥架的设置

在"电气设置"对话框中定义"电缆桥架设置"。单击"管理"选项卡>"设置">"MEP 设置"下拉列表>"电气设置"按钮(也可单击"系统"选项卡>"电气">"电气设置"按钮),在"电气设置"对话框左侧展开"电缆桥架设置",如图 4-165 所示。

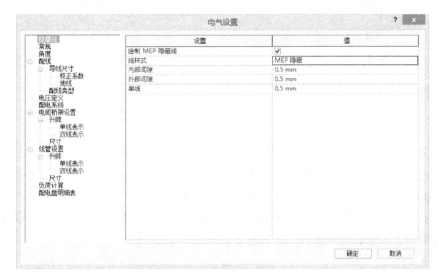

图 4-165 "电气设置"对话框

1)定义设置参数

◆ 为单线管件使用注释比例:用来控制电缆桥架配件在平面视图中的单线显示。如果勾选该选项,将以"电缆桥架配件注释尺寸"的参数绘制桥架和桥架附件。

【注意】修改该设置时只影响后面绘制的构建,并不会改变修改前已在项目中放置的构建的打印尺寸。

◆ 电缆桥架配件注释尺寸:指定在单线视图中绘制的电缆桥架配件出图尺寸。该尺寸不以图纸比例变化而变化。

◆ 电缆桥架尺寸分隔符:该参数指定用于显示电缆桥架尺寸的符号。例如,如果使用"×",则宽为 300mm、深度为 100mm 的风管将显示为"300mm×100mm"。

◆ 电缆桥架尺寸后缀:指定附加到根据"属性"参数显示的电缆桥架尺寸后面的符号。

◆ 电缆桥架连接件分隔符:指定在使用两个不同尺寸的连接件时用来分隔信息的符号。

2)设置"升降"和"尺寸"

展开"电缆桥架设置"选项,设置"升降"和"尺寸"。

① 升降。"升降"选项用来控制电缆桥架标高变化时的显示。选择"升降"选项,在右侧面板中可指定电缆桥架升/降注释尺寸的值,如图 4-166 所示。该参数用于指定在单线视图中绘制的升/降注释的出图尺寸。该注释尺寸不以图纸比例变化而变化,默认设置为 3.00mm。

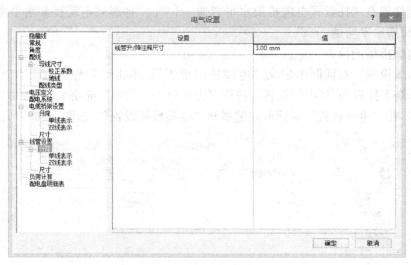

图 4-166 "电气设置"对话框

在左侧面板中,展开"升降",选择"单线表示"选项,可以在右侧面板中定义在单线图纸中显示的升符号、降符号,单击相应"值"列并单击"确定"按钮,在弹出的"选择符号"对话框中选择相应符号,如图 4-167 所示。使用同样的方法设置"双线表示",定义在双线图纸中显示的升符号、降符号。

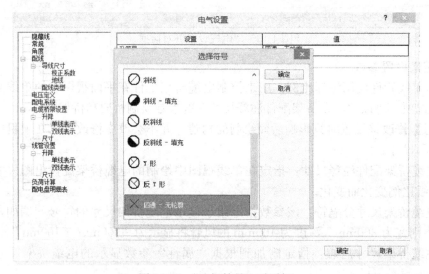

图 4-167 "选择符号"对话框

② 尺寸。选择"尺寸"选项,右侧面板会显示可在项目中使用的电缆桥架尺寸列表,在表中可以编辑当前项目文件中的电缆桥架尺寸,如图 4-168 所示。在尺寸列表中,在某个特定尺寸右侧勾选"用于尺寸列表",表示在整个 Revit MEP 2014 的电缆桥架尺寸列表中显示所选尺寸,如果不勾选,该尺寸将不会出现在下拉列表中,如图 4-169 所示。

此外,"电气设置"还有一个公用选项"隐藏线",如图 4-170 所示,用于设置图元间交叉、发生遮挡关系时的显示。它与"机械设置"的"隐藏线"是同一设置。

(3) 绘制电缆桥架

4.5 电气系统的创建

图 4-168 "电气设置"对话框

在平面图、立面图、剖面图和三维视图中均可绘制水平、垂直和倾斜的电缆桥架。进入电缆桥架绘制模式的方式有可以单击"系统"选项卡>"电气">"电缆桥架"按钮,或使用快捷键 CT。绘制电缆桥架的步骤如下。

1) 选中电缆桥架类型。在电缆桥架"属性"对话框中选中所需要绘制的电缆桥架类型,如图 4-171 所示。

2) 选中电缆桥架尺寸。在"修改│放置电缆桥架"选项栏的"宽度"下拉列表中选择电缆桥架尺寸,也可以直接输入欲绘制的尺寸。如果在下拉列表中没有该尺寸,系统将自动选中和输入最接近的尺寸。使用同样的方法设置"高度"。

图 4-169 下拉列表

3) 指定电缆桥架偏移。默认"偏移量"是指电缆桥架中心线相对于当前平面标高的距离。在"偏移量"下拉列表中,可以选择项目中已经用到的偏移量,也可以直接输入自定义的偏移量数值,默认单位为毫米。

4) 指定电缆桥架起点和终点。在绘图区域中单击即可指定电缆桥架起点,移动至终点位置再次单击,完成一段电缆桥架的绘制。可继续移动鼠标绘制下一段。在绘制过程中,根据绘制路线,在"类型属性"对话框中预设好的电缆桥架管件将自动添加到电缆桥架中。绘制完成后,按"Esc"键,或者单击鼠标右键,在弹出的快捷菜单中选择"取消"命令退出电缆桥架绘制。垂直电缆桥架可在立面视图或剖面视图中直接绘制,也可以在平面视图中绘制,在选项栏上改变将要绘制的下一段水平桥架的"偏移量",就能自动连接出一段垂直桥架。

(4) 电缆桥架对正

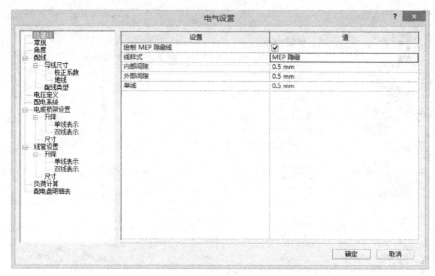

图 4-170 "电气设置"对话框

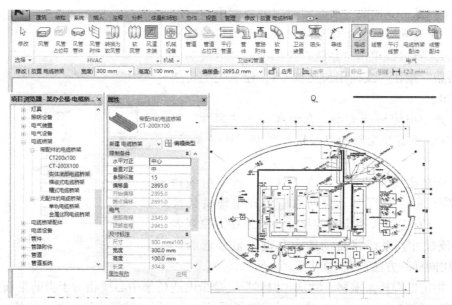

图 4-171 "属性"对话框

在平面视图和三维视图中绘制管道时,可以通过"修改|放置电缆桥架"选项卡中放置工具对话框的"对正"按钮指定电缆桥架的对齐方式。单击"对正"按钮,弹出"对正设置"对话框,如图 4-172 所示。

◆ 水平对正:用来指定当前视图下相邻两段管道之间水平对齐方式。"水平对正"方式有"中心"、"左"和"右"。

◆ 水平偏移:用于指定绘制起始点位置与实际绘制位置之间的偏移距离。该功能多用于指定电缆桥架和前面提及的其他参考图元之间的水平偏移距离。比如,设置"水平偏移"值为 500mm 后,捕捉墙体中心线绘制宽度为 100mm 的直段,这样实际绘制位置是按照"水平偏移"值偏移墙体中心线的位置。

4.5 电气系统的创建

◆ 垂直对正：用来指定当前视图下相邻段之间垂直对齐方式。"垂直对正"方式有"中"、"底"、"顶"。"垂直对正"的设置会影响"偏移量"。

另外，电缆桥架绘制完成后，可以使用"对正"命令修改对齐方式。选中需要修改的电缆桥架，单击功能区的"对正"按钮，进入"对正编辑器"，选中需要的对齐方式和对齐方向，单击"完成"按钮。

（5）自动连接

在"修改|放置电缆桥架"选项卡中有"自动连接"选项，如图4-173所示。默认情况下，该选项处于选中状态。

图4-172 "对正设置"对话框

图4-173 "自动连接"选项

选中与否决定绘制电缆桥架时是否自动连接到相交电缆桥架上，并生成电缆桥架配件。当选中"自动连接"时，在两直段相交位置自动生成四通；如果不选中，则不生成电缆桥架配件，两种方式如图4-174所示。

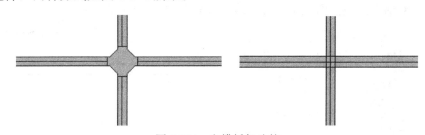

图4-174 电缆桥架连接

（6）电缆桥架配件放置和编辑

1）放置配件。在平面图、立面图、剖面图和三维视图中都可以放置电缆桥架配件。放置电缆桥架配件有两种方法：自动添加和手动添加。

2）编辑电缆桥架配件。在绘图区域中单击某一桥架配件后，周围会显示一组控制柄，可用于修改尺寸、调整方向和进行升级或降级，如图4-175所示。

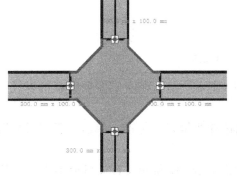

图4-175 编辑电缆桥架配件

（7）电缆桥架显示

在视图中，电缆桥架模型根据不同的"详细程度"显示，可通过"视图控制栏"的"详细程度"按钮，切换"粗略"、"中等"、"精细"3种粗细程度。

2. 线管

（1）线管的类型

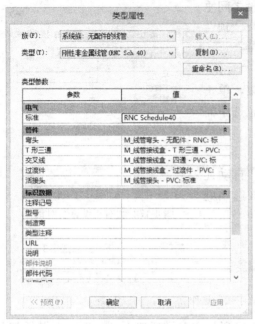

Revit MEP 2014 的线管也提供了两种线管管路形式：无配件的线管和带配件的线管。Revit MEP 2014 提供的"Systems-Default CHSCHS.rte"和"Electrical-Default CHSCHS.rte"项目样板文件中为这两种系统族分别默认配置了两种线管类型："刚性非金属线管（RNC Sch 40）"和"刚性非金属线管（RNC Sch 80）"，同时，用户可以自行添加定义线管类型。

添加或编辑线管的类型，可以单击"系统"选项卡>"线管"按钮，在右侧出现的"属性"对话框中单击"编辑类型"按钮，弹出"类型属性"对话框，如图4-176所示。对"管件"中需要的各种配件的族进行载入。

(2) 线管设置

1) 在"电气设置"对话框中定义"电缆桥架设置"。单击"管理"选项卡>"MEP设置"下拉列表>"电气设置"按钮，在"电气设置"对话框的左侧面板中展开"线管设置"，如图4-177所示。

图4-176 "类型属性"对话框

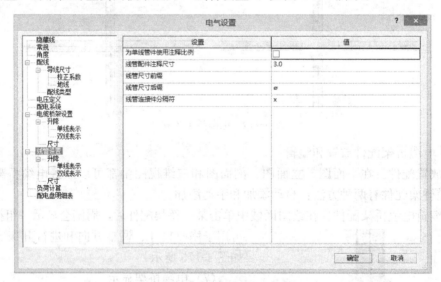

图4-177 "电气设置"对话框

2) 选择"线管设置">"尺寸"选项，如图4-178所示，在右侧面板中就可以设置线管尺寸了。

3) 在右侧面板的"标准"下拉列表中，可以选择要编辑的标准；单击"新建尺寸"、"删除尺寸"按钮可创建或删除当前尺寸列表。

目前Revit MEP 2014软件自带的项目模板"Systems-Default CHSCHS.rte"和"E-

4.5 电气系统的创建

图 4-178 "电气设置"对话框

lectrical-Default CHSCHS.rte"中线管尺寸默认创建了 5 种标准：RNC Schedule40、RNC Schedule80、EMT、RMC、IMC。其中，RNC（Rigid Nonmetallic Conduit，非金属刚性线管）包括"规格 40"和"规格 80"PVC 两种尺寸。

然后，在当前尺寸列表中，可以通过新建尺寸、删除尺寸、修改尺寸来编辑尺寸。

（3）绘制线管

在平面图、立面图、剖面图和三维视图中均可绘制水平、垂直和倾斜的线管。

1）基本操作

① 单击"系统"选项卡＞"电气"＞"线管"按钮，如图 4-179 所示。

图 4-179 "系统"选项卡

② 选择绘图区已布置构件族的电缆桥架连接件，单击鼠标右键，在弹出的快捷菜单中选择"绘制线管"命令，或使用快捷键 CN。

注意：线管也分为"带配件的线管"和"无配件的线管"，绘制时要注意这两者的区别。

2）"表面连接"绘制线管

"表面连接"是针对线管创建的一个全新功能。通过在族的模型表面添加"表面连接件"，在项目中实现从该表面的任意位置绘制一根或多根线管。以一个变压器为例，如图 4-180 所示，在其上表面、左/右表面和后表面都添加了"线管表面连接件"。

用鼠标右键单击某一表面连接件，在弹出的快捷菜单中选择"从面绘制线管"命令，进入编辑界面，可以随意修改线管在这个面上的位置，单击"完成连接"按钮，即可从这个面的某一位置引出线管。使用同样的方法可以从其他面引出多路线管。类似地，还可以在楼层平面中，选择立面方向的"线管表面连接件"选项来绘制线管，如图4-181所示。

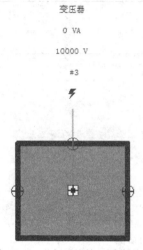 

图 4-180 "表面连接"绘制线管　　　　图 4-181 线管绘制后的三维视图

（4）线管显示

Revit MEP 2014 的视图可以通过视图控制栏设置 3 种详细程度：粗略、中等和精细。线管在这 3 种详细程度下的默认显示如下：粗略和中等视图下线管默认为单线显示；精细视图下为双线显示，即线管的实际模型。在创建线管配件等有关族时，应注意配合线管显示特性，确保线管管路显示协调一致。

4.5.2　电气系统的绘制

1. 新建项目

运行 Revit MEP 2014 软件，依次单击"应用程序菜单" > "打开" > "项目"按钮，在弹出的"打开"对话框中选择"电气系统模型.rvt"，单击"打开"按钮。

2. 电缆桥架的设置

（1）单击"系统"选项卡 > "电气" > "电缆桥架"按钮，选择带配件的梯形电缆桥架，创建一个新的电缆桥架，命名为"CT-200X100"，如图 4-182 所示。绘制如图 4-183 所示的电缆桥架。

（2）单击"系统"选项卡 > "电气" > "电缆桥架"按钮，或使用快捷键 CT，在"类型选择器"中选择"电缆桥架"选项，确定类型。

（3）在选项栏中修改电缆桥架的宽度为 300mm，高度为 100mm，偏移量为 2750mm（距离梁底 200mm 处），如图 4-184 所示。

（4）单击以确定电缆桥架起点位置，再次单击以确定电缆桥架终点位置，弯头处自动生成，此时，完成电缆桥架的绘制。

（5）修改"视图控制栏"中的详细程度为"精细"，"模型图形样式"为"线框"。单击"修改|电缆桥架"选项卡 > "编辑" > "对齐"按钮，使电缆桥架的中心线与 CAD 图纸中电缆桥架的中心线对齐，如图 4-185 所示。

4.5 电气系统的创建

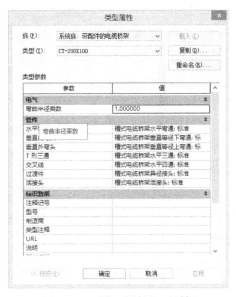

图 4-182 "类型属性"对话框

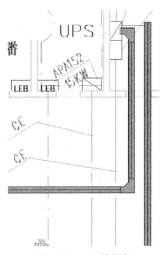

图 4-183 电缆桥架

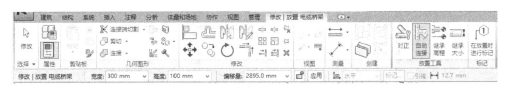

图 4-184 "系统"选项卡

3. 电缆桥架的绘制

（1）电缆桥架弯头的绘制

在电缆桥架弯头的绘制状态下，在弯头处直接改变方向，在改变方向的地方会自动生成弯头，如图 4-186 所示。

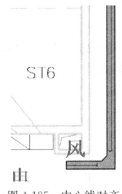

图 4-185 中心线对齐

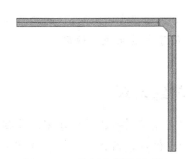

图 4-186 绘制电缆桥架弯头

（2）电缆桥架三通的绘制

单击"电缆桥架"按钮，或使用快捷键 CT，输入宽度值与高度值，绘制电缆桥架，把鼠标移动到桥架合适位置的中心处，单击以确认支管起点，再次单击以确认支管的终点，在主管与支管的连接处会自动生成三通，如图 4-187 所示。

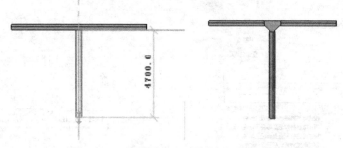

图 4-187 电缆桥架三通绘制后平面视图

（3）电缆桥架四通的绘制

先绘制一根电缆桥架，再绘制与之相交叉的另一根电缆桥架，两根电缆桥架管的标高一致，第二根电缆桥架横贯第一根电缆桥架，可以自动生成四通，如图 4-188 所示。

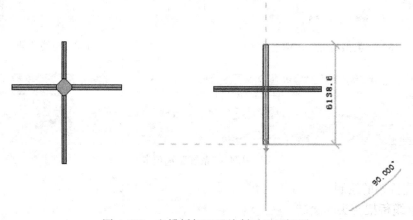

图 4-188 电缆桥架四通绘制后平面视图

本章小结

本章详述了 Revit MEP 的工作界面、阀门族和防火阀门族的创建方法和步骤；通过实例介绍了水管系统、通风系统、电气系统的绘制方法和步骤。

思考与练习题

4-1 建筑设备族的创建采取哪些步骤？

4-2 创建设备族时如何选择样本族？

4-3 选择实例应用 Revit MEP 绘制给水排水系统图、通风系统图、空调机房图。

第 5 章 BIM 在工程项目建设中的应用

> **本章要点及学习目标**
>
> 本章要点：
> (1) 熟练掌握 BIM 技术在项目全寿命周期中的应用；
> (2) 熟练掌握 BIM 技术在工程施工进度管理中的应用；
> (3) 熟练掌握 BIM 技术在工程造价管理中的应用；
> (4) 熟练掌握 BIM 技术在预制装配式建筑中的应用。
>
> 学习目标：
> (1) 能够熟练掌握 BIM 技术的应用范围；
> (2) 了解 BIM 技术的应用价值。

5.1 BIM 技术在项目建设全生命周期中的应用

当前随着建筑业发展的日益加快，工程项目建设正朝着大型化、复杂化、多样化的方向发展。长期困扰建筑业的设计变更多、生产效率低下、项目整体价值低等问题制约了整个行业的进一步发展，主要有以下几点原因：从策划开发、设计、施工到运营，产业链各环节的割裂，参与方和流程集成度不高造成大量的浪费和效率低下；设计及施工内部及相互之间的资源没有充分优化和利用；设计缺乏使用者广泛和深层次的积极参与；创意设计的多样性与创造性不足；信息技术利用不充分等。而转变生产组织方式和信息技术的使用才是改变建筑业现状的有效手段。

以建筑全生命周期数据、信息共享为目标的建筑生命周期管理（BLM），运用现代信息技术，为项目参与方提供了一个以数据为核心的高效率的信息交流平台以及协同工作环境。而 BIM 的出现从真正意义上实现了 BLM 理念，为业主、设计方、施工方、运营商之间建立起沟通的桥梁，为全生命周期的信息资源共享、协同和决策构成坚实的基础。下面围绕 BIM 技术，系统的介绍在建筑全生命周期（策划、设计、施工、运维）中的应用。

5.1.1 BIM 在项目前期策划阶段的应用

1. 概述

项目前期策划是指在建设领域内项目策划人员根据建设项目的总目标要求，从不同的角度出发，通过对建设项目进行系统分析，对建设活动的全过程做预先的考虑和设想，以便在建设活动的时间、空间、结构三维关系中选择最佳的结合点，重组资源和展开项目运作，为保证项目在完成之后获得满意可靠的经济效益、环境效益、社会效益提供科学的依据。

从1992年到2006年间，美国德克萨斯大学曾做过5个项目前期策划的研究。这些研究有500多名业界人士和100多个组织参加，涉及200多个投资项目，总价约87亿美元。研究结果表明，有效的项目前期策划对建设项目的成本、工期及运作有着积极的影响，是项目建设成功的前提。

美国著名的HOK建筑师事务所总裁Patrick MacLeamy提出过一张具有广泛影响的麦克利米曲线，清楚地说明了项目前期策划的重要性以及实施BIM对整个项目的积极影响。

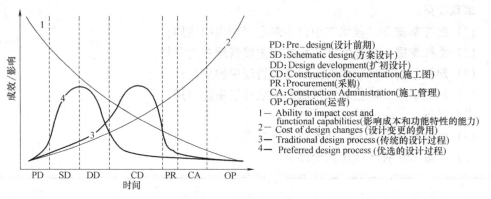

图5-1　麦克利米曲线图

基于上述原因，在项目的前期就应当及早应用BIM技术，使项目所有利益相关者能够尽早在一起参与项目的前期策划，使每个参与方都可以及早发现各种问题并做好协调，以保证项目的设计、施工和交付能顺利进行，减少各种不必要的浪费和延误。

BIM技术应用在项目前期的工作有很多，包括现状建模与模型维护、场地分析、成本估算、阶段规划、规划编制、建筑策划等。

现状建模包括根据现有的资料把现状图纸导入到基于BIM技术的软件中，创建出场地现状模型，包括道路、建筑物、河流、绿化以及高程的变化起伏，并根据规划条件创建出本地块的用地红线，并生成面积指标。

在现状模型的基础上根据容积率、绿化率、建筑密度等建筑控制条件创建工程的建筑体块各种方案，创建体量模型，做好总图规划、道路交通规划、绿地景观规划、竖向规划以及管线综合规划。然后就可以在现状模型上进行概念设计，建立起建筑物初步的BIM模型。

接着要根据项目的经纬度，借助相关的软件采集当地的太阳及气候数据，并基于BIM模型数据利用相关的分析软件进行气候分析，对方案进行环境影响评估，包括日照影响、风环境影响、热环境影响、声环境影响等的评估。对有些项目，还需要进行交通影响模拟。

在项目前期的策划阶段，另一个重要的工作就是投资估算。采用BIM技术的项目，由于BIM技术强大的信息统计功能，在方案阶段，可以获取较为准确的土建工程量，既可以直接计算项目的土建造价，大大提高估算的准确性，同时还可提供对方案进行补充和修改后所产生的成本变化。可以用于多方案比较，快速得出成本的变化情况，权衡出不同方案的造价，为项目决策提供重要而准确的依据。同时这个过程也使设计人员能够及时看到他们设计上的变化对于成本的影响，可以帮助抑制由于项目修改引起的预算超支。

由于 BIM 技术在投资估算中是通过计算机自动处理繁琐的数量计算工作，这就大大减轻了造价工程师的计算工作量，造价工程师可以利用省下来的时间从事更具价值的工作，如确定施工方案、评估风险等，这些工作对于编制高质量的预算非常重要。专业的造价工程师能够细致考虑施工中许多节省成本的专业问题，从而编制出精确的成本预算。这些专业知识可以为造价工程师在成本预算中创造真正的价值。

阶段性实施规划和设计任务书的编制。设计任务书应当体现出应用 BIM 技术的设计成果，如 BIM 模型、漫游动画、管线碰撞报告、工程量及经济技术指标统计表等。

2. 应用案例

该住宅区项目是位于我国中部某城市目前在建的一个大型住宅区项目，该项目占地面积 $110689m^2$、建筑面积 44 万多平方米，容积率 3.33，建筑密度 17.82%。该项目在立项时就有意被打造成一个高档的绿色住宅区。

该项目从策划开始就采用 BIM 技术，经过一段紧张的工作，项目设计团队得出了 A、B 两个规划方案。当地的规划部门倾向于采用方案 B。

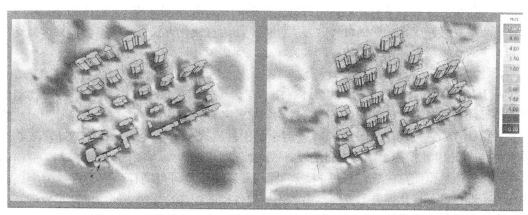

图 5-2 室外风环境模拟效果图

项目设计团队觉得应当根据高档的绿色住宅区的定位来决定方案的取舍。于是，他们利用建立好的 BIM 模型，对各种影响环境的参数进行详细的模拟计算，通过数据来决定采取哪一个方案。模拟条件：夏至日，最高温度 33.6℃，风向为夏季主风向东南方，风速 6.94 m/s。

当进行到室外风环境计算评价时，他们发现，在方案 A 中，夏季风通过目标区域建筑群时风的流动性好，能在区域内形成风带，整个区域通风良好，可减轻区域热岛效应，对于建筑物的通风散热有利，可减少空调使用，从而实现节能环保；而对于方案 B，夏季风通过目标区域建筑群时风的流动性较好，但与方案 A 相比较，风速在区域内形成的风带不明显，对于建筑群的通风散热不够好。

同样的模拟条件下的夏季居住区风环境分析中，方案 A 明显优于方案 B。原因是方案 A 中建筑群的规划对于风的引导产生好的效果，建筑物前后形成了风带通道，利用风的流动将区域的热量带走，对于建筑物的通风散热产生好的效果。而方案 B 的建筑物前后风的流动性不强，使建筑群周围产生的热量不能被风很好地带走，从而使区域的局部温度过高。

通过利用基于 BIM 模型的量化分析，规划部门通过了方案 A 的报批，加快了政府部分的报建流程。

5.1.2 BIM 在项目设计阶段的应用

1. 概述

从 BIM 的发展历史可以知道，BIM 最早的应用就是在建筑设计，然后再扩展到建筑工程的其他阶段。

BIM 在建筑设计的应用范围很广，无论在设计方案论证，还是在设计创作、协同设计、建筑性能分析、结构分析，以及在绿色建筑评估、规范验证、工程量统计等许多方面都有广泛的应用。

BIM 为设计方案的论证带来了很多的便利。由于 BIM 的应用，传统的 2D 设计模式被 3D 模型所取代，3D 模型所展示的设计效果十分方便评审人员、业主和用户对方案进行评估，甚至可以就当前的方案讨论可施工性的问题、如何削减成本和缩短工期等问题，经过审查最终为修改设计提供可行的方案。由于使用可视化方式进行，可获得来自最终用户和业主的积极反馈，使决策的时间大大减少，促成了共识。

设计方案确定后进入深化设计阶段，BIM 技术继续在后续的建筑设计中发挥作用。由于基于 BIM 的设计软件以 3D 的墙体、门、窗、楼梯等建筑构件作为构成 BIM 模型的基本图形元素。整个设计过程就是不断确定和修改各种建筑构件的参数，全面采用可视化的参数设计方式进行设计。而且 BIM 模型中的构件实现了数据关联、智能互动。所有的数据都集成在 BIM 模型中，其交付的设计成果就是 BIM 模型。至于各种平、立、剖面图纸都可以根据模型随意生成，各种 3D 效果图、3D 动画也可以同样生成。这就为生成施工图和实现设计可视化提供了方便。由于生成的各种图纸都是来源于同一个建筑模型，因此所有的图纸都是关联的，同时这种关联互动是实时的。在任何视图上对设计做出的任何更改，就等同对模型的修改，都马上可以在其他视图上关联的地方反映出来。这就从根本上避免了不同视图之间出现的不一致现象。

BIM 技术为实现协同设计开辟了广阔的前景，使不同专业甚至是身处异地的设计人员都能够通过网络在同一个 BIM 上展开协同设计，使设计能够协调地进行。

以往应用 2D 绘图软件进行建筑设计，平、立、剖各种视图之间不协调的事情时有发生，即使花了大量人力、物力对图纸进行审查仍然不可能把不协调的问题全部改正。有些问题到了施工过程中才能发现，给材料、成本、工期造成了很大的损失。应用 BIM 技术后，通过协同设计和可视化分析就可以及时解决上述设计中的不协调问题，保证施工时能顺利进行。例如，应用 BIM 技术可以检查建筑、结构、设备平面图布置有没有冲突，楼层高度是否适宜；楼梯布置与其他设计布置是否协调，是否碰头。建筑物空调、给水排水等各种管道布置与梁柱位置有没有冲突和碰撞，所留的空间高度、宽度是否恰当，这就避免了使用 2D 的 CAD 软件搞建筑设计时容易出现的不同视图、不同专业设计图不一致的现象。

除了做好设计协调之外，BIM 模型中包含的建筑构件的各种详细信息，可以为建筑性能分析（节能分析、采光分析、日照分析、通风分析……）提供条件，而且这些分析都是可视化的。这样就为绿色建筑、低碳建筑的设计，乃至建成后进行的绿色建筑评估提供了便利。这是由于 BIM 模型中包含了用于建筑性能分析的各种数据，同时为各种基于 BIM 的软件提供了良好的交换数据功能，只要将模型中的数据通过诸如 IFC、gbXML 等交换格式输入到相关的分析软件中，很快就得到分析的结果，为设计方案的最后确定提供了保证。

BIM 模型中信息的完备性也大大简化了设计阶段对工程量的统计工作。模型中每个构件都与 BIM 模型数据库中的成本项目是相关的，当设计师推敲设计在 BIM 模型中队构件进行变更时，成本估算会实时更新，而设计师可以随时看到更新的估算信息。

以前应用 CAD 软件进行设计，由于绘制施工图的工作量很大，设计师花费了很多的时间和精力在施工图的绘制上，而对于设计方案的推敲势必受到影响。而应用 BIM 技术进行设计后，使设计师能够把设计师的主要精力放在核心工作——设计上，而不是图纸的绘制上。只要完成设计构思，确定了 BIM 模型的最后构成，马上就可以根据模型生成各种施工图，只需要很少的时间。由于 BIM 模型良好的协调性，在后期需要调整设计的工作量是很少的，从而就可以确保工程的设计质量。图 5-3 为 2D CAD 工作流与 BIM 工作流对比示意图。

工程量统计以前是一个通过人工读图、逐项计算的体力活，需要大量的人员和时间。而应用 BIM 技术，通过计算软件从 BIM 模型中快速、准确地提取数据，很快就能得到准确的工程量计算结果，能够大幅度地提高工作效率。

2. 应用案例

（1）国家游泳中心

国家游泳中心是为迎接 2008 年北京奥运会而兴建的比赛场馆，又名"水立方"。建筑面积约 5 万 m^2，设有 1.7 万个座席，工程造价约 1 亿美元。

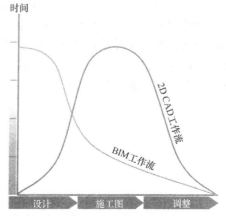

图 5-3　2DCAD 工作流与 BIM 工作流对比示意图

设计方案是由中国建筑工程总公司、澳大利亚 PTW 公司和 ARUP 公司组成的联合体设计，设计体现出"水立方"的设计理念，融建筑设计与结构设计于一体。

"水立方"的设计灵感来自于肥皂泡泡以及有机细胞天然图案的形成，如何实现建筑师的灵感，结构设计是个关键。结构设计人员采用的建筑结构是 3D 的维伦蒂尔式空间梁架（Vierendeel space frame），这个空间梁架每边都是 175m 长，高 35m，空间梁架的基本单位是一个由 12 个五边形和 2 个六边形所组成的几何细胞，设计的表达以及结构计算都非常复杂。但设计人员借助于 BIM 技术，使他们的设计灵感得以实现。设计师应用 Bentley Structural 和 MicroStation TriForma 制作了一个 3D 细胞阵列，然后根据国家游泳中心的设计形成造型，细胞阵列的切削表面形成这个混合式结构的凸缘，而结构内部则形成网状,在3D空间中一直重复,没有留下任何闲置空间(图5-4)。

如果采用传统的CAD技术,"水立方"的结构施工图是无法画出来的。"水立方"整个施工图纸中所引用到的所有钢结构的图形都来自于他们采用的基于BIM的软件,用切片方式切出来。

由于设计人员应用了BIM技术,在较短的时间内完成包含如此复杂的几何图形的设计及相关的文档,他们赢得了2005年美国建筑师学会颁发的"BIM大奖"。

图5-4 国家游泳中心模型

(2) Aosmith(中国)水系统有限公司扩建项目

该项目是美国Aosmith公司在南京投资兴建的,总投资1.5亿美元。建筑面积1.8万 m^2,该工程虽然体量不大,但是管线复杂,除了常规的水、电、暖通管线外,还有水系统的数十条的工艺管道交织,另外美方对工程造价控制严格,不允许有任何的设计变更,并要求设计院提供BIM模型。该工程在项目设计过程中利用了Revit软件进行了BIM设计,各个专业在同一模型中通过局域网服务器进行操作,保证每一位项目设计参与者都能随着项目设计推进动态参与,解决了构件、管道、设备之间的碰撞问题,保证使用净空间满足使用要求,使现场施工过程中没有出现管道、设备相互碰撞的情况发生,而且由于设计问题的变更为零,为甲方节省了建造时间及造价。最终获得了甲方的认可和好评,如图5-5和图5-6所示。

图5-5 项目效果图

5.1.3 BIM在项目施工阶段的应用

1. 概述

工程建设的施工阶段,是建设项目由规划设计变成现实的关键环节之一。作为贯穿项

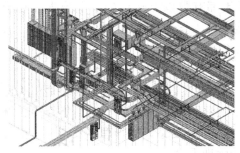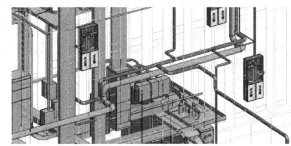

图 5-6 管道碰撞检查

目建设全生命周期的新技术模式，BIM 技术将彻底改变传统的建筑施工协同管理模式。施工企业建立以 BIM 技术应用为载体的信息化管理体系，能够在提升施工建设水平的同时，确保施工质量、提高经济效益。具体而言，BIM 技术在施工阶段的应用体现在以下五个方面：

(1) 三维渲染，宣传展示，给人以真实感和直接的视觉冲击。作为二次渲染开发的模型基础，BIM 模型一方面能极大地提高渲染效果的精度与效率，给业主更为直观的展示，进而提升中标率；另一方面，它能形象地展示场地以及大型设备的分布情况、复杂节点的施工方案，从而进行施工顺序的选择、4D 模拟以及施工方案的对比等。

(2) 快速算量，大幅度提升精度。基于 BIM 建立的 6D（3D 空间＋1D 时间＋2DWBS）关联数据库的数据粒度可以达到构件级，因此，它能快速提供支撑项目各条线管理所需的数据信息，从而准确地计算工作量，提升施工预算的精度和效率。通过 BIM 模型提取材料用料，进行设备统计，管控造价，预测成本，能够为施工单位项目投标及施工过程中的造价控制提供合理的依据。

(3) 精确计划，减少浪费。对于施工企业而言，其精细化管理难以实现的根本原因是无法准确又快速地获取用于支持资源计划的海量工程数据，从而导致经验主义的盛行。BIM 的出现正好可以解决这一问题，BIM 本身就具备所有的基础工程数据，这为施工企业做出精确的人才计划提供了有力支撑，并最大限度地减少物流、资源和仓储过程的浪费，为实现消耗控制、限额领料等奠定了技术根基。

(4) 碰撞检查，减少返工。BIM 最直观的特点在于三维可视化，利用基于 BIM 的三维仿真技术进行施工前的碰撞检查，可以优化工程设计，减少因为施工图出现的错误和漏洞而引起的大量返工和复工现象。施工人员可以利用碰撞优化后的三维管线方案，进行施工交底、施工模拟，提高施工质量，同时也提高了与业主沟通的能力。

(5) 虚拟施工，有效协同。基于 BIM 的三维可视化模型叠加时间维度可以进行虚拟施工，即：随时随地直观快速地显示出任意阶段的施工进度与工程完成情况，从而实现施工计划与实际进展的实时对比，使施工方、监理方、业主对工程项目的进展情况和存在问题了如指掌。利用 BIM 技术结合实际施工方案、现场视频检测等技术，可以加强各参与方的协作与信息交流的有效性，提升施工过程的安全性，保证建筑物的质量。

2. 基于 BIM 的施工项目管理

相比传统制造行业，建筑行业始终在生产效率方面无法与之匹敌。据不完全统计：在一个工程项目中，有大约 30% 的施工过程需要返工，60% 的劳动力资源被浪费，10% 的材料被剩余。不难推算，在庞大的建筑行业中每年都有数以万亿计的资金流失。基于BIM的施工项目管理整合整个工程项目的信息，实现施工管理和控制的信息化、集成化、可视化和智能化，从而有效减少建筑施工过程中的资源浪费。

(1) 施工资源动态管理——4D模拟

现今的施工项目管理通过引入大量人工智能、虚拟现实、工程数据库和网络通信等计算机软件集成技术，提供了基于网络环境的4D施工资源动态管理，实现了集人力、材料、设备、成本、场地布置、施工计划、进度于一体的4D动态集成管理以及施工过程的4D可视化仿真过程，为项目管理提供科学、有效的管理手段。

4D施工现场的管理是将施工场地及设备、设施的3D模型与施工进度计划相连接，建立施工场地的4D模型，实现施工场地布置的可视化和各种施工设备、设施以及进度的动态管理。简而言之，4D模拟就是在BIM的三维空间模型基础上增加时间维度，通过对建筑物建造工序的仿真模拟，对施工工序的可操作性进行检验，并进行管理和监督。

4D施工模拟可以有效地加强项目各参与方的沟通与协作，优化施工进度计划，为缩短工期、降低造价提供帮助，其主要特征表现在以下三方面：

1) 3D施工现场可视化：通过对施工设施及其相关设备进行归类分析，提取出能够反映其空间几何特征的关键属性（包括形状、大小、位置等几何属性以及设备名称、型号、相关技术指标等场地属性），利用该属性信息在图形平台上构造对应的3D实体模型，实现对这些模型任意位置和角度的动态显示和切换，进而实现对整个施工现场的3D可视化。

2) 3D场地模型与进度计划的双向链接：通过将3D场地模型与进度文件进行关联形成4D模型，可以实现双向数据的交流和反馈，保证施工进度与场地布置在时间和空间上的一致性。双向链接实现了对任意时间、任意场地的施工模拟。当施工进度发生变化时，可以自动对任意指定时间段内场地的空间状况，人力、材料、机械等资源的需求以及工程量进行统计更新，为场地布置提供直观又准确的依据。同时，双向4D模型可以分析各种施工设施之间、材料供给与需求之间、场地布置与施工进度之间等诸多复杂依存关系，这为研究施工资源的"时间-空间-数量"关系，定义这些关系的规则、动态变化规律及其影响施工效率的因素提供了强有力技术支撑。

3) 4D动态模拟：施工进度计划与3D场地模型相关联生成的4D模型可以呈现场地状况和施工过程的全动态模拟。在图形环境中，通过给定施工对象及确定的时间，即可依照施工进度显示当前的施工状态。这种动态模拟是可逆的，所以它可以形象地反映施工过程中场地的动态变化。如果需要对整个施工过程进行动态追踪，那么通过输入施工资源的各种数据（如：材料、机械、劳动力等）以及查询工程量便可实现。同时，通过查询施工设施名称、类型、型号以及计划设置时间等属性，也可以实现施工进度和场地布置的关联，最后形成动态的4D现场管理。

(2) 施工成本实时监控——5D模拟

建筑工程5D模型是在4D模型的基础上增加成本的维度，按照设置的计算规则，计算BIM 3D模型内随时间变更的所有构件清单工程量，从而代替造价人员在施工过程中繁重的工程量计算工作，实现精细化的预算和项目成本的可视化。

现阶段，建筑工程5D模型的应用主要是体现在工程量计算方面，它是以3D建筑模型为载体，以进度为主线，以成本控制为结果的5D智能算量。在5D施工管理系统中，将设计、成本、进度三部分相互关联，能够进行实时更新，从而减少建筑项目评估预算所花费的时间，显著提高预算的准确性，增强项目施工的可控性。通过5D施工模拟还可以提前发现设计和施工中的问题，保证设计、预算、进度等数据信息的一致性和准确性。

近年来，5D模拟技术已经在许多大型项目公司中应用。5D施工管理解决方案已逐步改变建筑商的工作模式，加强了与分包商、设计师们的合作能力，极大地减少了建筑行业中普遍存在的浪费、低效以及返工现象，不仅大大缩短项目计划的编制与预算时间，而且提高了预算的准确性。总之，5D模拟不仅为工程量的计算提供了便利快捷的方法，而且为建筑全生命周期各阶段的应用起着举足轻重的作用。未来的建筑5D模型将会扩充到建筑行业的全过程，从工程设计招标，到施工变更、竣工结算，甚至到后期的设施管理过程，5D模型将成为未来建筑信息化水平的核心载体，使建筑全生命周期的表现更为具体、更为形象、更为准确。

3. 物联网技术的应用

物联网（Internet of things，IOT）技术，是一种能够实现人与人、人与机器、人与物乃至物与物之间直接沟通的全新网络架构。它利用射频识别（RFID）、传感器、全球定位系统、激光扫描器等信息传感设备，按照约定的协议将物体连接至互联网，以信息交换、通信的方式实现对连接物体的智能化识别、定位、跟踪、监控和管理。物联网一般为无线网，每个人都可以通过电子标签将真实物体与网络进行连接。物联网将实现世界数字化，应用范围十分广泛。物联网的典型应用体现在以下几个方面：①城市管理，如智能交通、智能节能、智能建筑、文物保护、数字博物馆、古树实时监测、数字图书馆、数字档案馆；②数字家庭；③定位导航；④现代物流管理；⑤食品安全管理；⑥零售；⑦数字医疗；⑧防入侵系统。尤其是随着"智慧地球"的推出，物联网备受关注，由此推动了其在建筑领域应用的快速发展。

随着技术的不断进步，物联网在施工阶段也得到了快速发展，各大建筑公司纷纷将其作为核心技术进行深入研究。利用物联网技术可以使施工过程朝着更快、更有效的方向进行，具体表现在以下四个方面。

（1）有利于实现施工作业的系统管理。由于土木工程的产品是固定的，而生产活动是流动的，这就产生了建筑施工中空间布置与时间排列的主要矛盾，那么通过物联网技术快速定位和掌握产品的具体信息，就可以实现对分散土木产品的更有效管理。

（2）有利于提高施工质量。土建施工规模大、工期长，整体施工质量很难得到保证，一旦出现失误，就会造成重大的经济损失。运用物联网技术能够把各种机械、材料体通过传感网和局域网进行系统处理和控制，同步监控土建施工的各个分项工程，确保工程质量。物联网技术对土建施工质量的意义主要体现在以下四个方面：①精确定位。②保证材料质量。材料质量是整个工程质量的保证，只有材料质量达标，工程质量才能符合标准。③环境控制。影响工程质量的环境因素主要有温度、湿度、水文、气象和地质等，各种环境因素会对工程质量产生复杂多变的影响。④对受损构件进行修复补救。在施工时将RFID标签安装到构件上，可以对各个构件的内部应力、变形、裂缝等变化实时监控。一旦发生异常，可及时进行修复和补救，最大限度地保证施工质量。

（3）有利于保证施工安全。随着建筑业的高速发展，施工事故也频繁发生，造成了重大的经济损失。安全问题贯穿于整个工程建设全过程，影响施工安全的因素错综复杂，技术的不成熟、管理的不规范等都是导致施工安全问题的直接导火索。物联网技术在施工阶段的应用，可以保证现场在有序的动态环境中，对资源进行合理安排和协调，监控各种危险源，从而降低事故的发生，保证施工安全，具体应用在以下三个方面：

① 生产管理系统化。即通过射频识别技术对人员和车辆的出入进行控制，保证人员和车辆出入安全。通过对人员和机械的网络管理，使之各就其位、各尽其用，防止安全事故的发生。

② 安防监控与自动报警。无线传感网络中节点内置的不同传感器，能够对当前状态进行识别，并把非电量信号转变成电信号，向外传递。

③ 设备监控。即把感应器嵌入到塔吊、电梯、脚手架等机械设备中，通过对其内部应力、振动频率、温度、变形等参量变化的测量和传导，从而对设备进行实时监控，以保证操作人员以及其他相关人员的安全。

(4) 具有可观的经济效益。提高企业的经济效益不仅意味着盈利的增加和企业竞争力的提高，也有利于国民经济和社会的发展。利用物联网技术实现对人和机械的系统化管理，可以使施工井井有条，在提高效率的同时缩短工期。此外，利用基于物联网的监控技术，可以从源头上发现建筑构件的错误和缺陷并进行及时补救，从而避免造成更大的经济损失。因此，物联网技术在建筑行业的应用，必将大大提高生产效率，进而提高企业的经济效益。

4. 应用案例

南京市南湖电影院改造工程，该工程由南京文投投资集团投资兴建，南京铭方工程咨询有限公司设计，该工程兴建于 2013 年并于 2016 年 6 月完工。该工程地上八层，地下两层，由于地处老城区，旁边房屋拥挤，场地狭小，地下室采用逆作法施工，上部为钢结构，如图 5-7 所示。

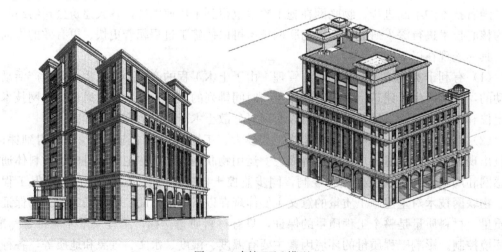

图 5-7　建筑 BIM 模型

在整个工程的建设过程中，不仅在设计中采用了 BIM 技术，而且在整个建筑施工过程中都采用了 BIM 技术，从而获益匪浅。主要体现在以下四个方面。

(1) 总平管理与绿色施工

项目团队通过 BIM 技术对《施工平面布置图》进行三维深化，完成工地整体布局三维模拟，解决现场施工场地平面布置问题，解决现场场地划分问题，按安全文明施工方案的要求进行休整和装饰；临时施工用水、用电、道路按施工要求标准完成；为使现场使用合理，施工平面布置应有条理，尽量减少占用施工工地，使平面布置紧凑合理，同时做到场地整齐清洁，道路通畅，符合防火安全及文明施工的要求。施工过程中避免多个工种在同一场地、同一区域进行施工而相互牵制、相互干扰。施工现场设专人管理，使各项材料、机具等按 BIM 模型设定的位置堆放。

(2) 施工进度控制

传统的施工进度控制虽然在现场施工以前由项目部对进度计划进行了详细的讨论和分析，但在具体施工过程中难免存在问题，例如碰撞问题、协调问题等，一旦遇到问题会使进度计划不能得到准确的执行。施工的过程就是伴随着问题的解决而向前推进的，通过 BIM 技术模拟，可以直观地显示计划进度与实际进度的对比，从而得到最优模型，指导施工。

(3) 结构深化设计

钢结构专业 BIM 模型对重点部位及复杂部位钢结构节点进行钢结构加工、制作图纸的深化设计。利用 BIM 模型，使用 Tekla Structures 真实模拟进行钢结构深化设计，通过软件自带功能将所有加工详图（布置图、构件图、零件图等）利用三视图原理进行投影、剖面生成深化图纸，图纸上的所有尺寸，包括杆件长度、断面尺寸、杆件相交角度均是在杆件模型上直接投影产生的，通过深化设计产生的加工数据清单，直接导入精密数控加工设备进行加工，保证构件加工的精密性及安装精度。

通过 BIM 技术指导编制专项施工方案，直观对钢结构节点复杂工序进行分析，对节点板及螺栓进行精确定位，对关键复杂的劲性钢结构与钢筋的节点进行放样分析，解决钢筋绑扎顺序问题，指导现场钢筋绑扎施工。将复杂部位简单化、透明化，提前模拟方案编制后的现场施工状态，对现场可能存在的危险源、安全隐患、消防隐患等提前排查，对专项方案的施工工序进行合理排布。

(4) 碰撞检查

通过基于 BIM 的协作平台，完成机电安装部分的深化设计，包括综合布管图、综合布线图的深化，成功解决了水、暖、电、通风与空调系统等各专业间管线、设备的碰撞，优化设计方案，为设备及管线预留合理的安装及操作空间，减少占用使用空间。此外在对设计进行碰撞检测时发现了许多建筑设计图与结构设计图不一致的问题：设计图中的钢梁穿越了玻璃幕墙的问题，电梯机房层高不足的问题等。于是使这些问题得到及时改正，避免了返工造成的浪费以及工期延误。

由于应用了 BIM 技术，保证了工期，并节约了工程造价，该项目受到了业主的一致好评。

5.1.4　BIM 在项目运营维护阶段的应用

1. 概述

建筑物的运营维护阶段是建筑物全生命周期中最长的一个阶段，这个阶段的管理工作很重要。由于需要长期运营维护，对运营维护的科学安排能够使运营的质量提高，同时也会有效地降低运营成本，从而对管理工作带来全面的提升。

美国国家标准与技术研究院（National Institute of Standards and Technology, NTST）在2004年进行了一次调查研究，目的是预估美国重要的设施行业（如商业建筑、公共设施建筑和工业设施）中的效率损失。研究报告指出："根据访谈和调查回复，在2002年不动产行业中每年的互用性成本量化为158亿美元。在这些费用中，三分之二是由业主和运营商承担，这些费用的大部分是在设施持续运营和维护中花费的。除了量化的成本，受访者还指出，还有其他显著的效率低下和失去机会的成本相关的互用性问题，超出了我们的分析范围。因此，价值158亿美元的成本估算在这项研究中很可能是个保守的数字。

的确，在不少设施管理机构中每天仍然在重复低效率的工作。使用人工计算建筑管理的各种费用；在一大堆纸质文档中寻找有关设备的维护手册；花了很多时间搜索竣工图但是毫无结果。这正是前面说到的因为没有解决互用性问题造成的效率低下。由此可以看出，如何提高设施在运营维护阶段的管理水平，降低运营和维护成本的问题亟须解决。

随着BIM的出现，设施管理者看到了希望的曙光，特别是一些应用BIM进行设施管理的成功案例使管理者们增强了信心。由于BIM中携带了建筑物全生命周期高质量的建筑信息，业主和运营商便可降低由于缺乏操作性而导致的成本损失。

在运营维护阶段BIM可以有如下这些方面的应用：竣工模型交付；维护计划；建筑系统分析；资产管理；空间管理与分析；防灾计划与灾害应急模拟。

将BIM应用到运营维护阶段后，运营维护管理工作将出现新的面貌。施工方竣工后，应对建筑物进行必要的测试和调整，按照实际情况提交竣工模型。由于从施工方那里接收了用BIM技术建立的竣工模型，运营维护管理方就可以在这个基础上，根据运营维护管理工作的特点，对竣工模型进行充实、完善，然后以BIM模型为基础，建立起运营维护管理系统。

这样，运营维护管理方得到的不只是常规的设计图纸和竣工图纸，还能得到反映建筑物真实状况的BIM模型，里面包含施工过程记录、材料使用情况、设备的调试记录及状态等与运营维护相关的文档和资料。BIM能将建筑物空间信息、设备信息和其他信息有机地整合起来，结合运营维护管理系统可以充分发挥空间定位和数据记录的优势，合理制定运营、管理、维护计划，尽可能降低运营过程中的突发事件。

BIM可以帮助管理人员进行空间管理，科学地分析建筑物空间现状，合理规划空间的安排确保其充分利用。应用BIM可以处理各种空间变更的请求，合理安排各种应用的需求，并记录空间的使用、出租、退租的情况，还可以在租赁合同到期日前设置到期自动提醒功能，实现空间的全过程管理。

应用BIM可以大大提高各种设施和设备的管理水平。可以通过BIM建立维护工作的历史纪录，以便对设施和设备的状态进行跟踪，对一些重要设备的适用状态提前预判，并自动根据维护记录和保养计划提示到期需保养的设施和设备，对故障的设备从派工维修到完工验收、回访等均进行记录，实现过程化管理。此外，BIM模型的信息还可以与停车场管理系统、智能监控系统、安全防护系统等系统进行连接，实行集中后台控制和管理，很容易实现各个系统之间的互联、互通和信息共享，有效地帮助进行更好的运营维护管理。

以上工作都属于资产管理工作，如果基于 BIM 的资产管理工作与物联网结合起来，将能很好地解决资产的实时监控、实时查询和实时定位问题。

基于 BIM 模型丰富的信息，可以应用灾害分析模拟软件模拟建筑物可能遭遇的各种灾害发生与发展过程，分析灾害发生的原因，根据分析制定防止灾害发生的措施，以及制定各种人员疏散、救援支持的应急预案。灾害发生后，可以以可视化方式将受灾现场的信息提供给求援人员，让救援人员迅速找到通往灾害现场最合适的路线，采取合理的应对措施，提高救灾的成效。

2. 应用案例

北京奥运会奥运村项目是以住宅项目为主的，共有 42 栋公寓楼、1 万多间客房，奥运村项目在运营管理过程中采用 BIM 技术，创建面向客户、投资者、管理者、经营者、服务者开发的服务系统。系统围绕着项目运营的经营管理、设备管理和物业管理等主要内容，建立基于 BIM 模型的操作平台，存储项目从决策、设计、施工到运营过程的全部数据信息。运营管理服务系统的主要功能模块分为经营管理子系统和物业管理子系统，将设备管理归到物业管理子系统内。经营管理子系统，主要作用是为使用者和服务者提供经营性活动的便利。物业管理系统包括设备管理和建筑物整体管理两方面，如图 5-8 所示。

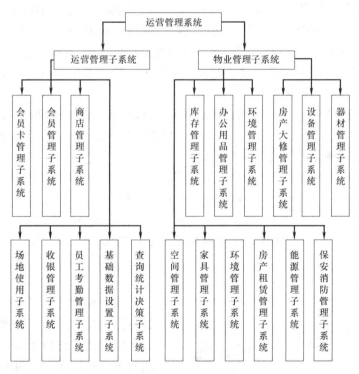

图 5-8 奥运村运营管理系统模块

奥运村项目利用 BIM 模型，提供信息和模型的结合，不仅将运营前期的建筑信息传递到运营阶段，更保证了运营阶段新数据的存储和运转。BIM 模型所存储的建筑物信息，不仅包含建筑物的几何信息，还包含大量的建筑性能信息。如在奥运村项目的经营管理子系统中，场地管理和商店管理的主要建筑数据，包括设计空间的大小、材料和数量等，都是从项目的设计阶段和施工阶段直接获得的。再结合运营阶段的实际运行情况，使项目运营阶段的经营性管理服务的质量和效率得以提升。此外，依靠BIM模型的完善数据存储能力，可将奥运村运营阶段的成功经验和难点问题进行记录，将这些信息有效的汇总并借鉴到其他项目中，使奥运村运营物流管理的成功得以复制到更多的项目中，为整个行业运营阶段的管理进行增值。

基于BIM模型的奥运村项目运营管理系统，利用BIM模型可视化和软件便捷输入和输出的特点，实现了便捷的运营服务，服务者不需要特别去参加培训学习AEC等软件的操作，也可以轻松利用运营管理系统，这保证了BIM的应用不会成为运营服务方的新负担。例如场地管理模块界面，将所有场地的各时段信息直观表达给服务者，服务者可以轻松为使用者选取特约时段、场所的服务。经营管理过程服务难度的降低，使项目可以提供更多的服务人员，运动员及代表被服务的平均次数增多，如：保证了运动员及代表在最短时间内完成入住前工作；快速对运动员及代表的需求变化做出及时的响应与反馈。显然，这种高效与服务系统直观便捷的表达、全面的信息存储和动态更新能力密切相关。

利用BIM模型可以存储并同步建筑物设备信息，在设备管理子系统中，有设备的档案资料，可以了解各设备可使用年限和性能；设备运行记录，了解设备已运行时间和运行状态；设备故障记录，对故障设备进行及时的处理并将故障信息进行记录借鉴；设备维护维修，确定故障设备的及时反馈以及设备的巡视。这些保证了项目运行阶段设备运行维护管理的全面有序，为维护管理提供合理计划，设备的预知维修提供帮助。BIM的精确定位突发情况，快速处理和提供维护信息，对维护的及时反馈，使项目运营阶段的设备管理不再是被动性和应急性的。这种设备管理方式提高了管理水平，增加了建筑设备的安全性，确保了该项目在运行环节的"零投诉"。

采用BIM模型的空间规划和物资管理系统，可以随时获取最新的3D设计数据，以帮助协同作业。在数字空间进行模拟现实的物流情况，显著提升庞大物流管理的直观性和可靠性，使服务者了解庞大的物流管理活动，有效降低了服务者进行物流管理时的操作难度。将运营过程的数据、建筑规划使用的数据、建筑模型的物理信息在基于BIM模型的数字系统中完美结合，使得奥运村物流管理在物资品种多、数量大、空间单元复杂、空间单元及资产归属要求绝对准确、物资进出频繁、作业集中度高的情况下，高效、有序和安全地运行，如图5-9所示。此外，BIM模型的数字化性能，减少了重复的手工数据处理，使得数据错误率下降，数据库可靠性提高。

BIM模型的关联性构建和自动化统计特性，对维护运营管理信息的一致性和数据统计的便捷化做出了贡献。如前期设施工具移入时，每个空间单元都有一图一表，使该空间单元信息从始至终保持一致，统计结果准确可靠，数据的关联同步，让奥运村项目的运营管理系统从奥运会、残奥会到赛后复原，实现了奥运村资产配置报表无失误的目标。

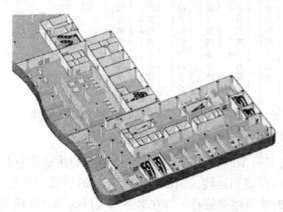

图5-9 基于BIM的数字空间物流图像

此外，在 BIM 模型共享协同平台上，将不同建筑性质数据的区别表达，促进了不同管理方各取所需，相互协作，最终实现高效利用空间。如羽毛球馆与乒乓球场馆需要的器材设备和房间大小不同，在数字平台共享需求下，合理利用场馆用地，最终给每一位代表团官员和运动员提供了满意的服务。

5.2 BIM 在工程施工进度管理中的应用

5.2.1 BIM 应用思路分析

将 BIM 技术应用施工进度管理的思路是在 3D 建筑空间结构模型的基础上引入时间维度，构成含有施工时间元素、可以用于项目进度管理的 4D 建筑施工进度模型，并基于 BIM 技术平台对该模型进行施工过程模拟。当前 BIM 技术条件下，施工过程模拟可以对施工进度、资源配置以及场地布置进行优化，并将模拟过程和优化结果以动画形式在 4D 模拟平台上显示，使 BIM 使用者能够通过观察动画获取信息、修改调整模型，对施工模拟和优化结果进行比选，从而选择最优方案。本章将重点研究讨论 4D 模型对单纯时间条件限制下的施工进度计划与模拟，而不考虑资源及场地限制因素。

鉴于现有 BIM 软件仍主要适应传统分块作业模式，单个软件功能相对单一，故 4D 模型的建立也需要依照软件功能的不同分块进行。4D 模型的建立与模拟步骤可以分解为如下四步。

1. 建立 3D 建筑空间结构模型

准确、完整的 3D 建筑空间结构模型是能够准确实现建筑 4D 施工进度模拟的基础。在这一步骤中，整体建筑被分解为无数结构、功能各不相同的建筑构件，并以构件作为建筑模型的基本组成元素，分类别、分层地以类似于搭积木的形式逐步完成 3D 建筑模型的搭建。同时，为每个基本构件附加与之相关的尺寸、材质、内部特征等物理特性，将这些物理特性以参数形式输入，作为对某一特定构件的特性描述。构件和特性参数之间是完全从属的关系，每一特定构件都有一组完全属于自己的特性参数来描述自身特性，每一特性参数也必须指向一个特定的构件才能使该参数成为有效参数。基于对所有构件信息的统计和计算，系统可以自动生成其他有关于建筑模型的非构件信息，如建筑面积等，并作为整个建筑的附加信息单独予以存储。由于是按构件分类分层添加完成建模，因而在 3D 建模完成的同时，使用者已完成对建筑模型施工工序的设置与划分，同时，借助 BIM 技术平台强大的信息储存与计算能力，使用者可以同时由计算机计算得到每一施工工序的工程量统计，这就为下一步施工进度计划的计算排布打下了基础。

2. 完成施工进度计划表

在前一步骤中使用者已经得出整个工程按施工工序分列的工程量统计，参照现行劳动产量定额，即可得出工程施工所需劳动总量。再综合考虑合同约定、现场情况、物资条件、可用劳动力数量和成本限制，借助项目进度管理软件综合计算，就能得出相应工程的初步施工进度计划。这之后就可以进入下一步骤，完成施工进度的模拟与调整。

3. 建立 4D 建筑施工模型

将前两步骤中生成的建筑 3D 空间模型和施工进度计划数据同时导入建筑施工管理软

件，并将进度计划中的工序与3D模型中的构件实施关联对接，使每一工序都与该工序中完成施工的所有构件建立对应关系，从而完成4D建筑施工模型的建立。由于进度计划中已赋予每一工序以特定的施工时间段，而工序又与构件一一对应，因而每一构件都会与特定的施工时间段建立联系，特定构件只被允许在相应工序的特定时间段内完成施工。

4. 4D模型可视化模拟与调试

上述步骤仅在数据形式上使进度计划与3D模型完成了对接，将进度计划数据纳入BIM平台下的建筑信息数据库，在表现形式上却仍然是"3D空间模型＋进度计划图"的形式。因此，需要引入专门步骤实现4D模型的可视化模拟。通过基本动画步骤的设置与调试，渲染生成可以综合表现时间变化过程和建筑构件增加过程，即可以根据已有计划模拟建筑施工全过程的4D施工动画。动画形式简洁明了，可以清楚体现特定时间指定构件的完成情况，使用者可以通过观察动画来发现原有施工进度计划中存在的问题，如需调整，使用者也可以在施工管理软件中方便地改动进度计划数据并重新生成动画。在实际施工的同时，使用者也可以在原有进度计划基础上随时记录实际施工进度数据，并与原定施工进度计划相比对，这一对比过程也可以由施工模拟动画来体现。

5.2.2 BIM应用软件选取

前文已分析过，为了实现BIM平台下4D建筑施工模型的建立和模拟，所使用的一组软件应当具备以下功能：建立3D建筑空间模型、制定施工进度计划、建立4D建筑施工模型和完成施工模拟渲染输出。综合考虑现有BIM类及相关软件的主要功能、通用程度、使用难度及获得软件的难易程度，最终选定以下三款软件完成此次4D建筑模型案例：Autodesk Revit、Microsoft Project和Autodesk Navisworks。其中，Autodesk Revit主要用于完成3D建筑空间模型的建模工作，输出.rvt格式的建筑3D模型文件，并用于计算得出各工序的工作量；Microsoft Project主要承担施工进度计划的编制工作，输出.mpp格式的施工进度计划表和横道图；Autodesk Navisworks是施工管理类软件，主要用于建立4D建筑施工模型和施工模拟动画输出，同时用于承担施工进度计划的检查修改、实际施工进度的跟踪对比工作。

Autodesk公司开发的Revit和Navisworks两款软件都是专业BIM类软件，Microsoft公司开发的Project软件则是一款适用于多种产业的纯项目管理类软件，并非只针对建筑行业的专业BIM类软件。因此，从严格意义上说，本次针对施工进度的案例模拟并非在纯粹BIM环境下进行，而是借助了非BIM类的其他计算机辅助手段，这主要是由于Project软件使用面广、容易操作且功能丰富，足以应付一般的建筑工程进度计划编制，故暂用Project软件辅助建模。

5.2.3 案例分析

1. 工程概况

某宾馆，建筑高度15.6m，共四层，框架结构，总建筑面积3562m^2，层高3.9m。地面以下部分深1.8m，采用钢筋混凝土独立基础，上架基础梁，无地下室。主体结构方面，梁、柱、楼板材质均为钢筋混凝土。该楼一层为接待大厅，有四个出入口进入楼内；二层大部分中空与一楼大厅贯通，部分为会议室；三、四层主要是客房。围护结构方面，一、

5.2 BIM在工程施工进度管理中的应用

二层接待大厅以玻璃幕墙为主,三、四层客房以240mm厚砌体墙为主。全楼共两组楼梯,因三、四层有电梯可达且与该宾馆其他建筑相通,故楼梯仅通到二层。

2. 三维建模

该案例三维空间模型的建立过程选用Autodesk Revit软件完成。Revit软件的一大特色是参数化设计方法,主要体现在建筑图元参数化和修改机制参数化。Revit提供可以随时设置取用的建筑构件图元,包括基础、楼板、墙、梁、柱、门窗和屋面等,并为每一构件设置一系列专属的描述参数,称之为"属性",每一构件自身的特征,比如尺寸、材质、构件位置等都以属性形式表述。Revit中,同一类型的建筑构件称为一个"族",一族内又可以根据构件尺寸、位置等特性的不同设置不同的构件,通过构件参数的不同来体现同族构件的不同细节。Revit软件预设的系统族往往是在建筑产业应用量较大的通用构件,除此之外,设计师还可以通过自定义族来创建符合自身项目特点的个性化构件,从而灵活地适应建筑师的创新要求,使用者只需在设计建模时输入一次信息,就可以在整个项目实施过程中随时获取这些信息并应用。同时,Revit还具有强大的可视化功能,使用者既可以通过绘制二维平面图纸的方式完成建筑建模,软件能够自动渲染生成三维可视化建筑模型;也可以直接在三维视图中进行绘制与修改,十分方便简洁。Revit中二维图纸的绘制过程类似于CAD,操作简单,也为传统的工程师学习使用Revit提供了较大方便。

Autodesk Revit软件操作界面示意如图5-10所示。一般而言,软件上部工具栏为软件各功能模块,用于实现Revit软件的大部分功能,左侧主要是构件属性面板,用于输入和修改构件参数,以及图纸切换面板,用于切换平面或三维视图。

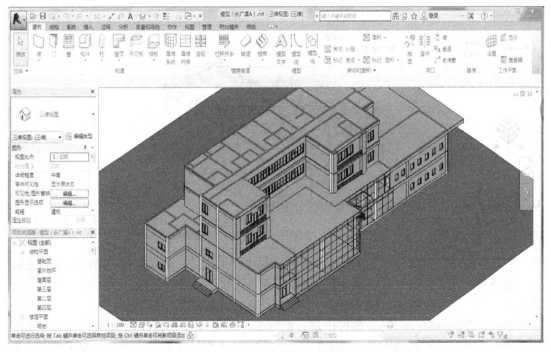

图5-10 Revit软件操作界面

Revit中建筑三维模型的建立过程,主要是按照相应的CAD图纸,将建筑构件按照类别和标高分组,并按分组顺序将建筑构件逐一添加至建筑模型文件,为每一建筑构件录入相关联的属性参数。在本案例的建模过程中,主要是按照基础层(独立基础、基础层柱、梁)、1~4各楼层(楼板、柱、梁、墙)、各层门窗及附件的顺序进行的。

本案例基础层采用独立基础,埋深1.8m,基础横截面多为正方形,尺寸从800mm×800mm至4000mm×4000mm不等,采用C30钢筋混凝土浇筑。独立基础及基础层柱、梁建模完成后的三维模型如图5-11所示。

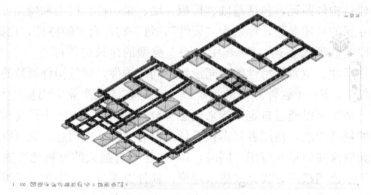

图5-11 独基及基础层柱、梁三维模型图

建筑地面以上部分,从第一层起,每层按照楼板、柱、梁、墙的顺序逐类添加建筑构件,选取已建立的构件截面添加钢筋,并在四层全部完成之后统一添加门窗。楼板、柱、梁统一采用C30现浇钢筋混凝土,墙则按照图纸要求使用玻璃幕墙或240实心砌体墙。一层柱梁(包括二层柱)框架建模完成后的三维图见图5-12,一层封顶(二层楼板已建模)后的三维模型图见图5-13。

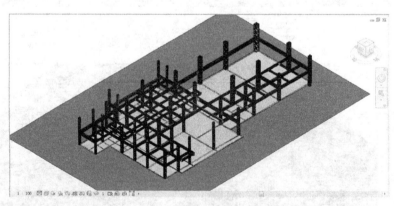

图5-12 一、二层柱、梁框架三维模型图

对建筑物每层按照与以上图示基本相同的顺序添加构件、录入属性,最终建立的建筑三维模型及主视图见图5-14、图5-15。同时,Revit软件可以对基础、柱、梁、钢筋等三维模型自动计算生成构件工程量统计,其中,结构柱工程量统计见图5-16。

至此,在Autodesk Revit软件中进行的建筑三维建模全部操作结束,并经统计获取到开展施工进度计划编制所需的全部工程量数据。该工程量数据除用于编制施工进度计划外,亦可用于工程造价的计算,这正是BIM类软件的优势所在,不同专业的工程师无须重复建立多个建筑信息模型,只需从同一个已建成的建筑信息模型中读取自身专业所需要的数据即可。在工程实践中,该三维建模过程可由设计师在建筑、结构和设备设计阶段完

5.2 BIM在工程施工进度管理中的应用

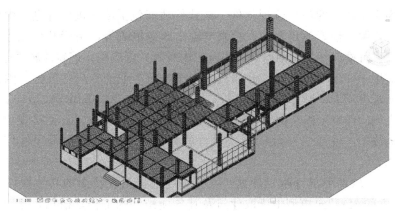

图 5-13　一层封顶后三维模型图

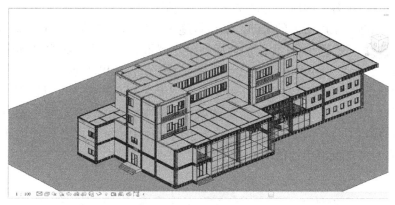

图 5-14　三维模型图

图 5-15　建筑模型主视图

成,设计完毕以后各工序的工程量无须另行建模,只需读取设计师完成的模型中的有用数据就能完成工作,大大减少了后续工作中相关工程师的工作量;而设计师直接通过建筑信息模型将设计意图传达给施工、造价等后续工作工程师,大大降低了建筑设计信息在不同专业中传递的难度,减少了信息传递的错误率。

3. 施工进度计划的制订

施工进度计划的制订工作选用 Microsoft Project 软件完成。Microsoft Project 是一款以进度计划为主要功能的项目管理软件,该软件功能包括编制进度计划,生成网络计划图、分配项目资源,预算项目费用,绘制与输出商务报表等,由于其功能丰富、操作简单、价格低廉、可推广性强,因而在世界范围内得到广泛应用。该软件属于通用型项目管理软件,可应用于许多不同行业,并非只应用于建筑产业的专门化软件,因此针对性较差,只适合于规模不大、设计相对普通的一般建筑工程,并不适用于大型、复杂或独特性较强、缺乏先例的建筑工程。同时,该软件并非专业 BIM 类软件,而是仅由于技术条件所限暂时作为施工进度计划方面 BIM 类软件的替代。Microsoft Project 程序操作界面展示如图 5-16 所示。

应用 Project 软件中制订施工计划、生成进度数据及甘特图的具体操作思路是先从 Revit 软件建立的 3D 建筑模型中读取建筑及其各项构件的工程量信息,然后参照建筑整体结构划分施工工序和施工段,并将前述工程量信息与具体施工工序一一对应,查阅相关劳动定额,计算得出各工序所需劳动量并与实际情况相结合,确定施工安排的工人数并计算得出完成各项施工工序所需的时间,最后将施工工序与计算所得的施工时间一一对应,导入 Project 软件,设置好各工序间的前后顺序与逻辑关系,由系统自动确定施工进度计划,生成甘特图和".mpp"格式的施工进度数据。值得指出的是,由于含有钢筋布置的 Revit 三维建筑信息模型文件占用内存过于庞大,无法顺利转换成可以被下一步骤中 Navisworks 软件打开并识读的".nwc"格式文件,故本案例的模拟过程中删去了关于钢筋的相关数据,应用 Project 软件所制定的施工组织设计中也未考虑各构件钢筋的施工工序与时间,仅重点考虑混凝土构件的施工时间。

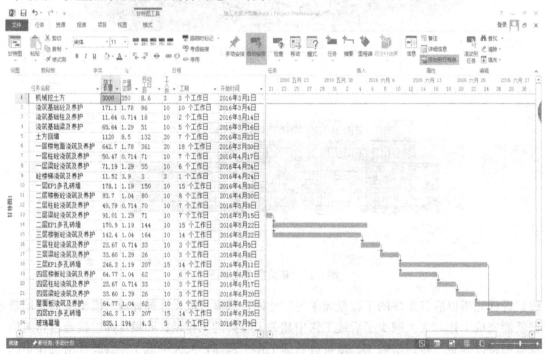

图 5-16 Microsoft Project 软件操作界面

表 5-1 为该案例各施工工序的工程量和工期,施工工序主要按构件类型和楼层划分,参考同类型工程实际施工情况制订,工期计算则参考各工序工程量、劳动定额及工程实际

5.2 BIM在工程施工进度管理中的应用

情况综合制订。

施工工序及时间计划表　　　　　　　　　表 5-1

	分部分项工程名称	单位	数量	产量定额	劳动量/工日	人数（机械数）	所需天数
基础工程	机械挖土方	m³	3000	350	8.57	3	3
	浇筑基础混凝土及养护	m³	171	1.78	96.12	10	10
	浇筑基础柱及养护	m³	11.6	0.714	16.30	10	2
	浇筑基础梁及养护	m³	65.6	1.29	50.88	10	5
	土方回填	m³	1120	8.5	131.76	20	7
一层	楼地面浇筑及养护	m³	643	1.78	361.07	20	18
	浇筑柱混凝土及养护	m³	50.5	0.714	70.69	10	7
	浇筑梁混凝土及养护	m³	71.2	1.29	55.19	10	6
	浇筑混凝土楼梯及养护	m³	11.5	3.9	2.95	3	1
	KP1多孔砖墙	m³	178	1.19	149.66	10	15
二层	浇筑楼板混凝土及养护	m³	83.7	1.04	80.48	10	8
	浇筑柱混凝土及养护	m³	49.8	0.714	69.73	10	7
	浇筑梁混凝土及养护	m³	91.0	1.29	70.55	10	7
	KP1多孔砖墙	m³	171	1.19	143.61	10	15
三层	浇筑楼板混凝土及养护	m³	142	1.04	136.92	10	14
	浇筑柱混凝土及养护	m³	23.7	0.714	33.15	10	3
	浇筑梁混凝土及养护	m³	33.6	1.29	26.05	10	3
	KP1多孔砖墙	m³	246	1.19	206.97	15	14
四层	浇筑楼板混凝土及养护	m³	64.8	1.04	62.28	10	6
	浇筑柱混凝土及养护	m³	23.7	0.714	33.15	10	3
	浇筑梁混凝土及养护	m³	33.6	1.29	26.05	10	3
	屋面板浇筑及养护	m²	64.7	1.05	62.28	10	6
	KP1多孔砖墙	m³	246	1.19	206.97	15	14
	玻璃幕墙	10m²	835	19.4	4.30	5	1
	门安装	10m²	281	4.28	6.57	5	1
	窗安装	10m²	401	4.39	9.13	5	2

施工进度计划的制订是按照一般工程正常施工顺序进行，按照从低到高、先主后次、先柱后梁的原则，同时考虑尽量缩短工程总施工时间，能同时进行的工序尽量同时进行，按此原则排定各工序间的前后承接关系，最后制定出施工进度计划，生成".mpp"格式进度文件，并生成施工进度甘特图，如图5-17所示。可以看出，本案例施工初步计划是从2016年3月1日开工，至2016年7月12日完工，共历时134天。

4. 施工过程模拟

选用Autodesk Navisworks软件渲染3D建筑信息模型并完成该案例施工进度模拟。Autodesk Navisworks是一款能够对来自多款不同BIM类应用软件的建筑设计与分析数据开展识读、处理和转换整合工作的软件。它可以将多款由不同 BIM 软件生成的相关联的建筑信息模型数据进行格式转换并整合为整体的三维项目,方便工程师实时审阅,实施碰撞检查、施工模拟等技术管理工作。Navisworks 是目前市场上最符合 BIM 理念的软件产品,兼容多种数据格式,可以帮助多个相关方将项目作为一个整体来看待,从而对从设计决策、建筑实施、性能预测和规划直至设施管理和运营的各个环节进行优化。Navisworks 操作界面如图 5-18 所示。

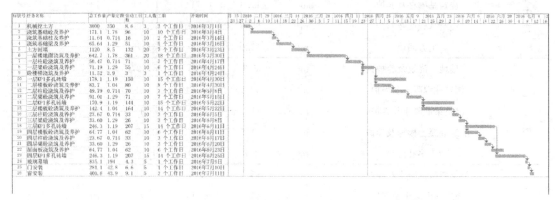

图 5-17 施工进度计划甘特图

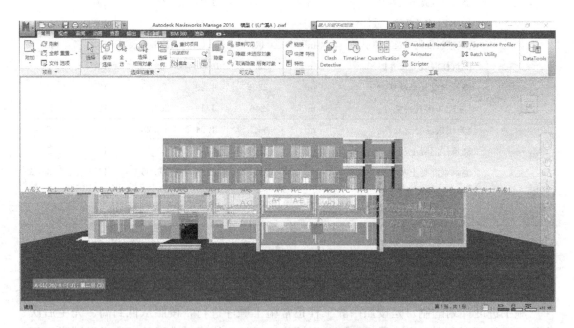

图 5-18 Autodesk Navisworks 软件操作界面

在实际操作中,首先将 Revit 中生成的". rvt"格式建筑模型文件导出为". nwf"格式的 Navisworks 缓存文件,使之可以在 Navisworks 中打开,上文已经提过,在此步骤中,限于技术及设备条件,Revit 中创建的构件钢筋未能转换为". nwf"格式。格式转换之后,用 Navisworks 软件的渲染功能对建筑的渲染效果实施优化,Navisworks 自带的文件数据库中有比 Revit 软件中数量更丰富、效果也更生动的材质可供选择,同时,使用者可以在 Navisworks 环境下自主设置建筑所处的地理位置、光照环境,从而使建筑的 3D

模型更加生动逼真。在该案例中，建筑的材质、颜色经过进一步的细化设置，同时，出于操作方便，建筑的地理位置被设置为中国北京，日照时间选择为正午 12：00，完成该建筑的实景化模拟并生成 360°旋转模拟动画视频。实景模拟效果截图如图 5-19 所示，建筑主视图如图 5-20 所示。

图 5-19　案例实景模拟图

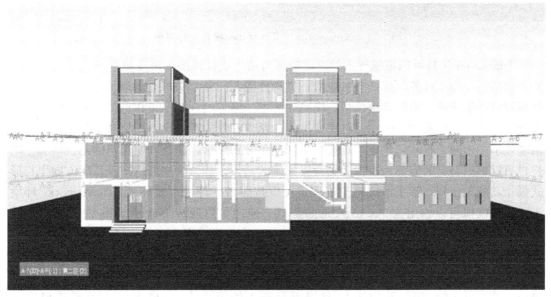

图 5-20　案例实景模拟主视图

Navisworks 软件除可以制作实景模拟渲染之外，还有碰撞检查、施工模拟等多种功能。Navisworks 软件中的"TimeLiner"（时间线）工具就是专门用于制作施工模拟的专用功能模块。在 TimeLiner 模块中，用户可以直接导入由 Project 创建的".mpp"格式进度文件,也可以自行创建安排进度计划,鉴于 Project 软件环境下各施工工序间的前后关系定义更明确,可以帮助使用者自动生成进度计划,而 Navisworks 软件只有对施工进度计划的描述功能,不能辅助用户设置前后工序约束,计算生成进度计划,故本文研究中采取 Project 软件辅助制订施工进度计划并直接导入 Navisworks 软件的方式。TimeLiner 模块操作界面见图 5-21。

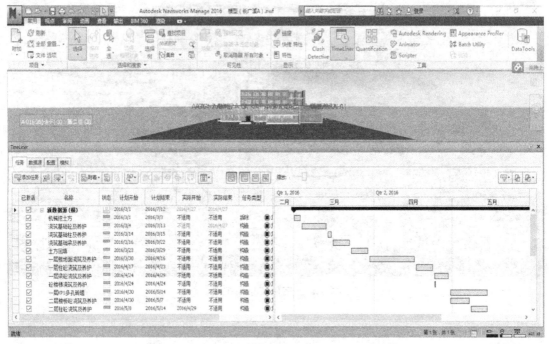

图 5-21 Navisworks 中 TimeLiner 模块操作界面

TimeLiner 工具可以根据导入的进度数据自动生成甘特图。进度数据导入后,用户需要手动将每一施工任务与该任务对应的一类构件图元间建立关联,关联完毕后 TimeLiner 就可以自动生成施工进度动画模拟。模拟动画中,施工的日期、正在进行的工作内容、正在施工的工序已完成的百分比、已完成工程占总工程量的百分比、即将开工的工序等都被清晰显示,未建工程和已建成工程按照不同颜色分别显示,清楚表明建筑的建设情况。用户也可以根据自己的需要为模拟动画设置指定的动作,如结构柱可以按延长度方向生长形式模拟其施工工程,整个建筑施工过程也可以按照 360°环视形式体现。Navisworks 环境下的施工模拟可以输出为".avi"动画形式,使之可以脱离 Navisworks 使用环境来播放。图 5-22、图 5-23 分别是本案例二层柱施工和全部施工完成时的模拟动画截图。

在图 5-22 中,绿色半透明的构件表示该构件正在施工中,已按实际颜色显示的构件表示该构件已完工。由视频左上角信息,可以看出,二层柱的施工与一层墙的施工是同时进行,截图显示的 2016 年 5 月 13 日当天是开工的第 74d,一层 KP1 多孔砖墙已完成 94%,二层混凝土柱的浇筑与养护已完成 87%,而总工程量则完成了 55%。

由上图信息可以看出,该工程预计于 2016 年 7 月 12 日完工,工程施工共历时 134d。

在 Navisworks 软件中还可以通过 TimeLiner 工具完成实际施工进度与预计施工进度的比对,方法是在前述 TimeLiner 操作界面的进度信息及甘特图中直接按对应施工任务

5.3 BIM技术在工程造价管理和控制中的应用

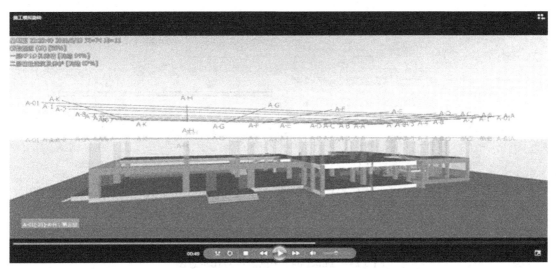

图 5-22 二层柱施工模拟示意图

图 5-23 施工完成模拟示意图

叠加实际施工进度数据,Navisworks软件也可以自动生成实际与计划进度的对比模拟动画,由用户手动设置构件显示颜色,用不同颜色区分特定工作任务是早于计划完成还是晚于计划完成,方便工程人员实时跟踪工程实际施工情况并及时予以调整。图5-24展示了跟踪比对实际进度时 TimeLiner 的操作界面,可以看出,此时施工进度由上下两条横道图表示,上面一条表示对应工序的实际施工时间,下面一条表示计划施工时间,二者间的差异一目了然。图 5-25 展示了构件显示颜色的设置面板,用户可以将工作任务分成按时完成、提前完成、延后完成三种情况,并为这三种情况下模拟动画中构件的显示颜色做不同设置,从而方便施工人员区分,如将按时完成的构件设置为绿色,提前完成者设置为黄色,延后完成者设置为红色。至此,本案例的建模和施工模拟工作全部完成。

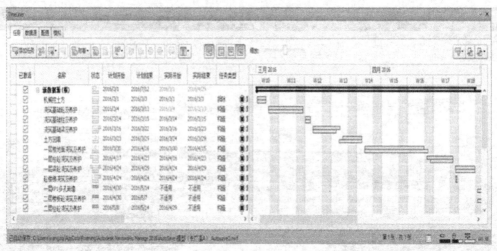

图 5-24 TimeLiner 中的进度对比示意图

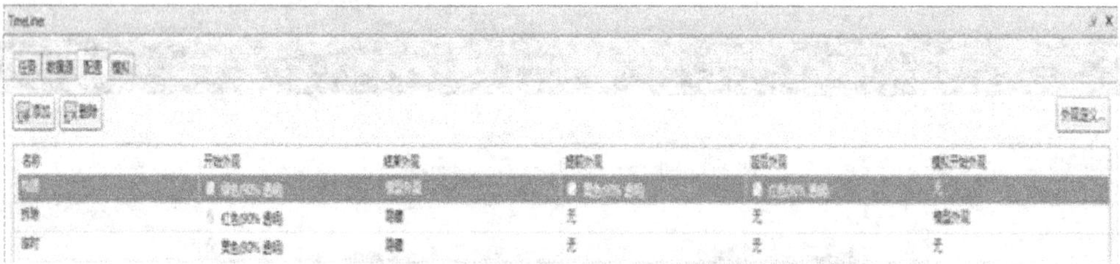

图 5-25 进度对比颜色设置示意图

5.3 BIM 技术在工程造价管理和控制中的应用

5.3.1 BIM 在工程造价中的应用价值

1. 我国传统工程计价的不足

随着工程应用领域计算机技术的普及，计算机辅助工程量计算的发展大致可以分为以下四个阶段：表格法，图形法，基于 AutoCAD 的图形法和智能识别电子施工图的图形法。毋庸置疑，表格法是智能化水平最低的一种造价方法，却也是信息交流最基础也最广泛的一种方法。以上几种造价方法都有其可取之处，但是依然存在许多弊端，即使是最先进的智能识别电子施工图的图形法也存在识别率不高，精确度低等不足。

图形法都是在 2DCAD 的基础上对线条、平面图形和字符进行的识别和整合，然后计算工程量和工程造价。但是，2D 图形并不能完全表达出建筑物复杂的空间关系，这决定了图形法无法从根本上解决工程量自动计算的难题，工作效率自然得不到很大的提高。除了计算效率低之外，个体与个体之间的工程量核对、造价人员与设计人员之间的就设计变更的沟通、审核人员对造价的审核，都因为信息不流畅、规范不统一而变得效率低下。

目前，工程造价计算方式存在很多缺陷，归纳如下：

（1）预算人员手工算量，效率比较低。预算人员手工逐条确认影响施工成本的相关信息,速度慢,重复性工作大;影响成本信息的设计变更必须由造价人员手工确认,效率低,速度慢,还可能会有误解和遗漏现象。对预算人员而言成本计算非常繁琐,通常预算人员需要使用标注笔将图纸上的项目进行划分,以实现"利用基数,连续计算;统筹程序,合理安排;一次计算,多次利用;联系实际,灵活运用"。

(2) 目前市场上存在许多造价软件,但是都是作为一个孤立的阶段,专门为报价而计算,忽略了建设项目的全寿命周期管理。同时,工程造价受造价人员的主观影响很大,缺乏统一的标准。

(3) 审核其他人的造价或者在其他人工作的基础上进行估价也存在问题,预算人员在造价时有自己的思维习惯和顺序,不利于彼此之间的交流。

为此,怎样创造性地实现造价阶段与设计阶段与工程实施阶段的有机整合,从根本上使信息交流方式由无序变得统一,继而实现高精度的计算是一个非常严峻的研究课题,这对整个工程造价领域具有举足轻重的影响。

2. BIM 在工程造价中的优势

BIM 技术的应用和推广,给建筑业的发展带来了第二次生命,另外还将极大地提升整个项目管理的集中化程度和精益化管理程度,同时减少浪费、节约成本,促进工程效益的整体提升。

作为建筑业中的一个重要组成部分,工程造价行业也将获益匪浅。我国现有的工程造价管理分为初步投资估算、正式投资估算、初步设计总概算、施工图预算、招投标报价、工程结算和工程决算七大阶段。这七大阶段之间并非连续的全过程造价管理,而是相互孤立,彼此之间的数据不够连续,各阶段、各专业、环节之间的协同共享存在障碍,所以经常出现预算超概算,决算超预算的现象。BIM 技术可以将建设项目各个阶段及参建各方的信息集成在一个统一的信息模型中,通过这个模型,各参与方可以对建设信息进行协同共享和集成化的管理;对于造价行业,可以使各阶段数据保持流通,实现多方协作,为实现全生命周期造价管理、全要素的造价管理提供可靠的基础和依据。云造价技术有助于BIM 的数据存储和积累,为可持续发展奠定了基础。其在工程造价中的优势主要体现在以下五个方面:

(1) 提高工程量计算的准确度。传统的计价模式存在区域差异,根据不同地方的计算规则去列式计算工程量,计算工作量大,内容繁琐,容易出错。但是通过运用 BIM 技术,在三维模型的基础上,根据修改好的扣减规则来电算工程量,不但速度提高了,精确度也提高了。

(2) BIM 数据库的时效性。BIM 实际上是一个三维模型的数据库,除了三维空间信息,还包括设备的物理和功能属性等,当然也可以添加成本信息,而承载这些信息的载体就是可视化的三维模型。数据库中的信息可以随设计的变化而更新,并且这个数据库可以对各个部门的人员公开,来实现各专业数据的共享。

(3) BIM 形象的资源计划功能。利用 BIM 数据库的信息集成优势,可以更好地进行项目管理。将数据库中的信息与时间相结合,可以来安排工程预算支出、劳动资源计划、机械使用计划、工程材料资源计划等。

(4) 成本数据的积累与共享。运用 BIM 技术,工程建设项目的集成数据以电子资料的形式进行储存,可以随时调用,实现了对建筑物的精细化管理。

(5) BIM模拟决策。对设计单位而言，直接利用BIM软件进行设计，这样得到的模型就是积累了各种工程设计信息的集成数据库，提取工程量再进一步估算，就可以得到初步设计概算，与投资估算进行对比优化，就可以真正实现限额设计。对于施工单位而言，如果在设计模型中进一步将时间加进去，将工程量编制到进度计划中，从而科学管理进出场人员的数量，钢筋、混凝土等建筑材料的进场数量及预订方式和其机械，包括混凝土搅拌机、钢筋加工机械、发电机等的进出场时间。这样，施工单位就可以进行方案优化了。同时，在BIM中，所见即所得，设计方、施工方可以的在三维模型中检查，及时发现各种设计失误，大大地减少了工程返工的工程量和费用。

5.3.2 工程造价软件

目前，国内流行着许多造价软件，如广联达、斯维尔、PKPM、神机妙算等。这些造价软件在手算到电算的演变过程中，起到了不可估量的促进作用，加速了建筑业的信息化建设。这些造价软件有的财力雄厚，目光长远，开发属于自己的算量平台和造价软件，比如广联达。有的借鉴国外先进软件，进行二次开发，开发成本小，回报率高，比如斯维尔。

清华斯维尔是基于AutoCAD平台的造价软件，包括三大系列：商务标软件（由三维算量、清单计价组成）；技术标系列软件（由标书编制软件、施工平面图软件组成）；还有技术资料软件、材料管理软件、合同管理软件、办公自动化软件、建设监理软件等。

广联达则拥有自主开发的图形平台，主要从事于工程造价整体解决方案。它的系列产品操作流程是由土建算量软件、安装算量软件和钢筋统计软件计算出工程量，通过数字网站询价，然后用清单计价软件进行组价，所有的历史工程通过企业定额生成系统形成企业定额。

新点比目云5D算量软件是基于Revit平台的造价软件。Revit本身具备的明细表功能，通过明细表筛选所需要的属性信息，然后进行汇总排列，就可以得到所需要的分部分项工程量。但是Revit模型中的构件的工程量都是"净量"，即没有任何构件的工程量是有交集或者哪一部分是漏算的，这与我们的国标清单工程量还有一定差距。为了使BIM设计模型可以发挥其更重要的价值，应该开发一款可以承上启下的软件，即承接设计模型的上游数据，并将其依照清单和定额的要求进行加工，然后传递到成本管理系统和进度管理软件中去，从而增加模型的附加值。新点比目云5D就是这样一款对接的软件。

国内部分造价软件功能对比　　　　　　　　　　　　　　　　　　　　　　表5-2

名称	广联达	清华斯维尔	新点比目云5D算量
平台	自主开发平台	AutoCAD	Revit
软件安装	最便捷	一般	要求高
安全评价	不主动监测,仅计价软件可检测,云应用	加密;数据维护与恢复功能好,云应用	数据恢复功能强,权限分配明确,云应用
适用性	招标清单自检	计价方式与转换功能	计价方式可选,目前无钢筋算量
数据处理	操作简单,效率高	块操作	可批量修改构件名称,计算速度较慢
可使用性	界面简单,但功能分区不明确	多任务切换功能	功能分区明确
操作流程	建模便捷	定额库下载与更新,审计报表生成	构件转化率极高,5D进度管理

5.3.3 BIM 技术在工程造价控制中的应用

1. 决策阶段

对于建设单位来说，建立科学的决策机制，使各参与方在项目初期就参与到项目中来，要求项目在勘察阶段、设计阶段、施工阶段充分利用 BIM 的集成化、可视化、模拟性和优化性等特点，高标准、高要求、高效率地完成建设项目，才能达到预期效果和利益。

在项目投资决策过程中，各项技术经济决策对该项目的工程造价有重大影响，利用 BIM 的参数化、构件可运算性、模型可视化、模拟建设的特点，可以根据建立的初步 BIM 模型，直接快速地统计工程量信息，再结合查询到的价格信息或相关估算指标和造价类软件，完成投资估算书的编制。还可以参考 BIM 数据模型，查找和拟建工程项目相似工程的造价信息，获取粗略的工程量数据，结合所掌握的实时的指标型数据，可得到较为准确的投资估算。需要对多个投资方案进行比选的情况下，或者考虑到建设地区和厂址选择、工艺评选、设备选用、建设标准水平等，通过 BIM 能快速准确地得到比对结果，选择经济较优的方案，为之后建设项目的深入和造价控制打好基础。

在鲁班的云功能中是可以查看相似案例的，能查阅数据库中较为准确的基础数据和相应的指标，在鲁班土建中输入模型后在计算工程量的时候甚至会提醒查看相似工程。

此外，BIM 技术的引入，对不可预见费的预估变得准确。传统项目估算中的不可预见费所占的比例相对较高，而由于 BIM 的模型可视化和模拟建设的特点，所以可以有效预见到工程项目建设过程中碰到的风险，在造价工程师经验的基础上，就能使得投资估算更加准确、合理，在真正意义上发挥控制后期造价的作用。

2. 设计阶段

建筑项目若使用 CAD 设计，则需要从多个角度画图才能完成一个项目的设计，而 BIM 可以直接绘制 3D 模型，极大地缩短了设计时间，并且所需的任何平面视图或者剖面图、节点图都可以由该模型生成，准确性高且直观快捷，三维效果非常逼真。在设计类软件方面，Autodesk 公司的 Revit（包括建筑、结构、机电）、Bentley 公司的 Bentley 系列（包括建筑、结构、设备）、Graphisoft 公司的 ArchiCAD 等软件使用比较普遍。图

图 5-26　某办公室模型三维效果图

5-26 为 Revit 2015 里经过渲染的某办公楼的建筑模型。

在建设项目中涉及的各个专业包括建筑、结构、给排水、暖通、电气、通信、机械、消防等设计之间的矛盾冲突非常易出现，而且一旦在设计阶段没有及时发现此类碰撞问题，不仅会使施工更加麻烦导致耽误工期，还会增加造价。但是通过建立各个专业的 BIM 设计模型，这些包含了数据信息的模型可以被导入到碰撞检查软件中，开展多专业间的协同工作和数据信息无损传递、共享，建立基于 BIM 的一体化协同工作平台，还必

须要进行各专业之间的碰撞检测还有管线综合碰撞检测，提前发现设计得不合理之处，减少或避免设计错误的发生，有效减少后期的设计变更和因各类碰撞问题而引发的返工，降低因此可能增加的成本。同时，基于 BIM 的所有信息都能协调一致并且是相互关联的，更加容易修改或变更设计信息。

在 Revit 中，可以直接进行简单的碰撞检查，在软件中导入 MEP 模型，或者站在机电设计师角度导入建筑模型都可以，在协作菜单栏下运行碰撞检查即可。如图 5-27 为检查管道管件和楼板之间碰撞的结果，高亮显示部分为冲突之处，楼板此处应该留出足够的孔洞让管道穿行。在 Revit 里每一个构件都有自己独一无二的 ID 号，建筑设计师或者机电设计师根据导出的冲突报告（hml 格式），在软件中打开 BIM 模型从管理菜单中可按 ID 号查询相关构件进行适当修改，修改完成后可再次检查是否有冲突的地方。AutoDesk 还有一款专业的碰撞检查软件——Autodesk Navisworks Manege，如图 5-28 为其操作界面，它具有强大的冲突检测功能，可以将各建筑专业的设计师的作品集成到一个模型中，进行全面的协调优化，还可以将三维数据模型与施工进度联系起来。

图 5-27　碰撞检查

图 5-28　Autodesk Navisworks Manege 2016 菜单栏

国内鲁班公司的碰撞检测软件是 Luban BIM Works，这是一款 BIM 多专业集成应用平台，可以把建筑、结构、安装等各专业 BIM 模型进行集成应用，对多专业 BIM 模型进行空间碰撞检查，还可以生成碰撞检查报告以方便设计人员修改。如图 5-29 为在 Luban BW 里对土建和安装管道进行的碰撞检测，此处是框架梁和消防管网的碰撞，点击属性命令之后再单击该梁或消防钢管都会出现相应构件的属性对话框。在 Luban BW 里还可以

5.3 BIM技术在工程造价管理和控制中的应用

运行安装和土建的碰撞检查来解决施工现场需要预留孔洞的问题，根据导出的碰撞检查报告来标注需要预留孔洞的标高及大小，就可以很方便地解决预留孔洞的麻烦，也大大减少了后期因没有预留正确的孔洞位置所导致的返工，不会对施工进度和造价控制造成影响。

图 5-29　Luban BIM Works 中运行碰撞检查

目前设计阶段最有效的工程造价管理措施是限额设计，再结合和使用价值工程原理优化设计，进行包括节能、日照、风环境、光环境、声环境、热环境、交通、抗震等在内的建筑性能分析，根据分析结果，使其以最低的总成本实现产品的功能，进行优化设计。通过BIM的关联数据库，快速而又准确地获得设计过程中各分部分项工程的工程量，再结合所查询到的准确实时的人、材、机市场价，编制初步工程概算，从而为控制工程造价、达到限额设计的目的提供数据支撑。

在施工图设计阶段，随着设计程度的加深，BIM模型不断完善，所包含的建筑信息逐渐全面，能快速获取详细的汇总工程量信息表，简化了工程量的计算，减少了大量且繁琐的计算工作，从而节约计算造价的时间，把精力放在造价控制上。在鲁班土建中，建立好模型之后，选择需要的清单和定额工程量及计算规则，进行手动套取清单定额或自动套取，直接运行工程量计算命令，软件进入计算，需要等待的时间根据项目难易程度来决定。如图5-30的一幢四层小别墅，在楼板土建中的整体计算时间为43s，图5-31是计算完毕时的提醒窗口，点击计算报表可查看工程量计算清单，如图5-32所示为四层小别墅的清单工程量汇总表，在报表中可自由选择要查看的内容，如计算书、门窗表、建筑面积表等，还可以选择以树状表的形式来查看工程量，这种表相形象具体地展示了某一项目的工程量的楼层分布情况，如图5-33展开了砌筑工程的工程量的所有列表，可以看出墙是以轴线来命名的，并对每一条墙都分别列出了计算式。更重要的是不管选择哪一种报表，都可以进行反查。如果对某一处的工程量有疑问，可以选中该构件后点击命令栏的反查按钮，软件会自动锁定原模型中的该构件并且以最简捷的方式显示。在鲁班土建中点击图5-34中一层240砖墙下的2/D-H墙（表示该墙位于2轴线上，且在D与H轴线之间）进行反查，图5-34为反查结果，在软件中2/D-H墙会一直处于闪烁的状态，此时虽然有提醒对话框的存在，但是并不会影响其他操作，模型是可移动查看的。

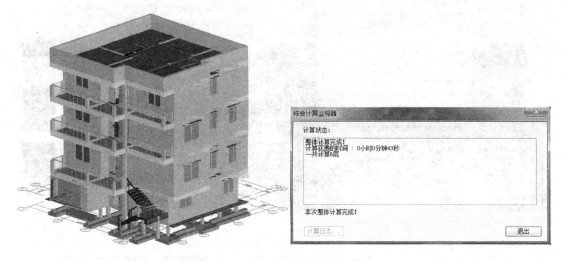

图5-30　别墅BIM模型　　　　　　图5-31　模型计算完毕时显示的窗口

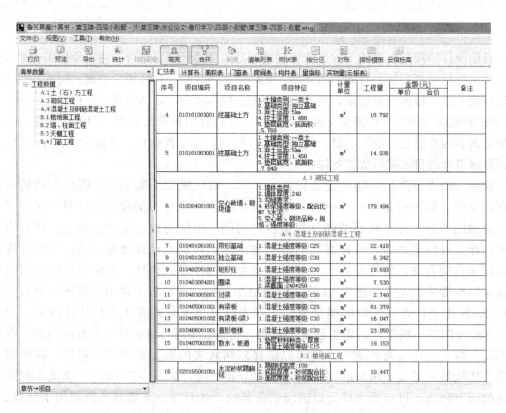

图5-32　别墅清单工程量工程汇总表

5.3 BIM技术在工程造价管理和控制中的应用

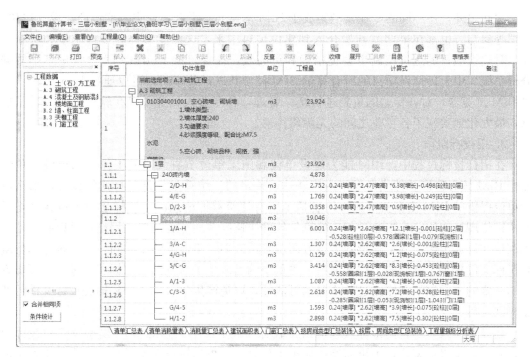

图 5-33 四层小别墅 BIM 模型树状计算报表

图 5-34 上图报表中 2/D-H 墙的反查结果

利用 BIM 模型可以快速计算工程量，出计算报表，为造价人员节约大量的时间，将更多的精力留在造价控制上，对整个项目的投资或者说工程价格才能整体把握，减少出现造价失控的情况。事实上，造价从业人员的专业素养参差不齐，使用 BIM 算量软件作为工具在一定程度上也减少了造价出错的可能性。

除此之外，将不同的专业模型集成于 BIM 信息共享平台，业主、承包商、设计单位、监理等参与方也都在早期就开始介入到建设项目中来，这样能够提高工程质量和可施工性，对建设项目的造价控制也会更精确和更高效。在鲁班的 Luban PDS（鲁班基础数据分析系统）中上传建设项目的所有算量 BIM 模型并进行共享后，可以通过 Luban BE（鲁班 BIM 浏览器）对各专业的资料进行统一管理，各专业人员都可以在软件上查看模型信息，最大化地实现了各专业之间的无障碍沟通。

3. 招投标阶段

在招标投标过程中，BIM 能为建设单位和施工单位节省大量的工作。如果设计单位使用 BIM 核心建模软件或者像国内广联达、鲁班的三维算量软件进行建筑设计，那么设计单位提供的 BIM 模型就是完整地囊括了所有建筑数据信息的，这样建设单位或其委托的招标代理机构便能直接通过相应的算量软件快速高效地计算清单工程量，可以有效地避免漏项和计算出错，在工程量的审核方面也轻松许多，不仅节约了时间，也为投标单位编制投标文件提供了准确的工程量信息，更重要的是减少了对发出的招标文件进行工程量方面的必要的书面澄清和修改这种情况的可能性，以免产生争议或者导致提交投标文件的截止时间延后。

建设单位或其委托的招标代理机构将载有工程量清单信息的 BIM 模型发给拟投标单位，对于施工单位来说，不再需要依靠手工计算，就可以快速对招标单位提供的工程量清单进行精确的核实，更重要的是能为制定正确的投标策略赢得充裕的时间。施工单位在清单工程量的基础上套取定额，计算每一个项目的综合单价，根据实际的技术和经济情况做相应的调整，把措施项目费、其他项目费、规费和税金确定出来，整个建筑安装工程费也就确定了，这个工程价格就是施工单位的投标价。通过这样的方式定出建设项目的造价不仅提高了招投标过程中的准确性和实施效率，而且政府相关部门还能通过互联网对整个招标投标过程的管控和监督，有助于减少或杜绝不公、舞弊、腐败等现象的发生，对建筑业的规范化、透明化起着重要且积极的作用。

4. 施工阶段

在施工之前，施工单位必须合理的优化在投标书中就完成的施工组织设计，施工组织设计对在整个建设项目过程中实现文明施工、科学合理的项目管理，是否能够取得良好的经济效益等起着决定性的作用。施工组织计划中最重要的是施工进度计划，由于建筑施工有着生产周期长、综合性强、技术间歇性强、露天作业多、受自然条件影响大、产品单一、工程性质复杂等特点，要想实现顺利的施工作业，就必须优化施工进度计划，将施工过程中容易产生矛盾的地方进行正确合理的处理，才能最大限度地保证施工作业顺利进行。在以往的施工进度管理中，运用数据化进行管理的软件有 Project 等，但都是利用平面图表的形式来表示进度计划，并不具有智能性、动态化的特点。而现在将 BIM 模型与进度计划软件相关联后，利用 BIM 可视化的特点将施工进度进行动态化和可视化展示，在施工前就对施工进度计划进行合理的编制，降低施工组织的难度，将计划细化到局部。

图 5-35 是鲁班进度计划软件 Luban SP 中关联 BIM 模型后设置的进度计划表，也可以用甘特图的形式表示，在 Luban SP 中进入进度计划驾驶舱可以查看对整个工程进度计划动态化的模拟，Luban SP 还可以实现进度节点提醒，对实际进度是否与计划进度吻合起到一个监管作用。由于云共享的存在，在鲁班的另一个 BIM 软件 Luban MC 中也有查

5.3 BIM技术在工程造价管理和控制中的应用

看施工进度计划的功能,如图 5-36 所示,图中是正在播放的进度计划模拟,红色部分工程表示实际进度落后于计划,绿色部分是先于计划时间完成的。

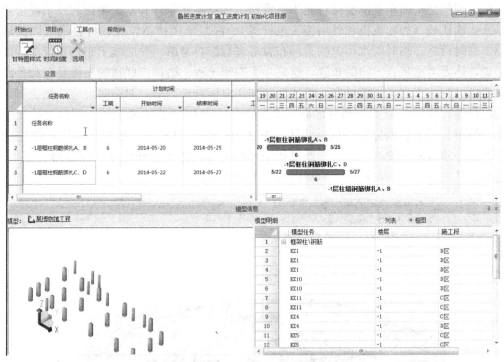

图 5-35 Luban SP 进度计划显示图

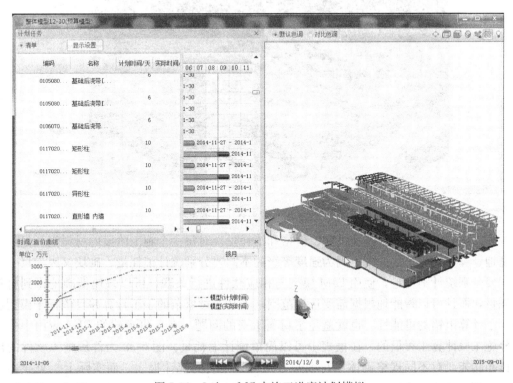

图 5-36 Luban MC 中施工进度计划模拟

在施工组织计划中还必须要包括施工现场总平面布置图。施工现场的合理布置和科学管理对加快施工进度、降低工程成本、提高工程质量和保证施工安全有着极其重要的意义。施工现场总平面布置图要结合施工图资料、现场自然条件和施工单位的技术经济条件对垂直运输机械（如起重机和外用施工电梯等）、混凝土搅拌站位置、材料堆放以及运输道路、临时设施、临时用水用电的管网布置等进行综合考虑。总之施工布场不仅要考虑平面布置，还要考虑竖直方向的布置，这是一个空间工程。诸如广联达的三维场布和鲁班施工都可以进行施工现场虚拟排布，将生活区和作业区合理规划，对临时设施、施工脚手架进行模拟等，如图5-37是将做好的同济大学体育场馆BIM施工模型导入到鲁班施工中进行综合场布。对于有的施工时间跨度大、施工复杂的项目来说，必须几次周转使用场地时，就要分阶段来布置施工现场，此时使用三维场布软件就会让此项工作显得容易得多，而且基于其三维可视、参数可调的特点也可以快速地出图。

图 5-37　模拟施工现场三维布置

在施工中，材料消耗涉及供应、价格和消耗量。对每一个施工阶段的材料消耗量经过准确地计算和判断，如混凝土因为强度等级的不同要分别统计消耗量、砌块又因为尺寸的不同要分别统计消耗量，使用BIM模型与相应软件进行关联，可以快速精准地得到材料消耗量，而且可以智能地根据需要选择范围，不必经过繁杂的手工计算并且依托于模型也减少了计算出错的可能性，也就避免了材料浪费的问题。在鲁班土建的BIM应用中是可以分施工段计算工程量的，在报表中可以简单统计消耗量。图5-38为鲁班施工软件的砌体排布功能，对不同规格砌体进行编号，并得到相应的统计报表。而实际上，只要通过Luban PDS平台将BIM模型上传并分享，在鲁班的Luban MC中是可以直接进行材料分析的，根据工程进度在软件中选择下一施工阶段需要完成的项目，就可以通过资源分析将混凝土、钢材等材料的需要量统计出来，如图5-39为某办公楼-1层钢筋需求量分析结果。

图5-38　鲁班施工软件砌体排布

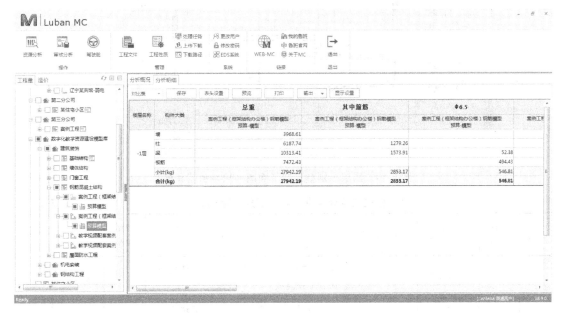

图5-39　Luan MC资源分析

施工过程中发生的工程变更往往是能够影响工程量和施工进度计划的，改变传统模式下难以进行精细准确的变更管理的情况，使用BIM软件可以经过更改模型，相关数据也会进行联动，减轻管理人员和造价人员的负担。以上文提到的四层小别墅为例，将2层平面图的16M2124（尺寸为2100×2400）更改为16M0921（尺寸为900×2100），如图5-40为二层平面图，首先查看计算书中二层240砖外墙C/3-6的工程量为4.294m³，如表5-3

所示,更改之后重新点击工程量计算,此时可以看到二层 240 砖外墙 C/3-6 的工程量已经变为 5.102m³,如表 5-4 所示,而其他墙体的工程量均未发生改变。如图 4-16 将经过发包人签字确认的变更资料做成电子版上传到 BIM 相关软件(如广联达的 BIM5D)与 BIM 模型相关联,能直观具体地反映变更内容,为施工过程中的工程计量和竣工决算都带来了很大的便利。如图 5-41 为广联达信息大厦 BIM 模型中所关联的变更资料。在鲁班的 Luban BE 中也可以对工程资料进行管理,将变更与 BIM 模型中的某个构件联系起来,右击构件,再点击查看资料就能看到已录入的相关变更信息。

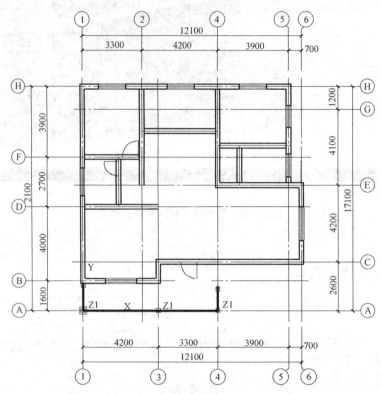

图 5-40 四层小别墅二层平面图(只显示墙和窗)

砌筑工程计算书(高亮部分为墙 C/3-6)　　　　表 5-3

序号	项目编码	项目名称	项目特征	计　算　式	计量单位	工程量	备注
		F-G/4-5		0.24[墙厚]×3.5[墙高]×3.66[墙长]−0.105[现浇板]	m³	2.969	
		F/1-2		0.24[墙厚]×3.5[墙高]×3.06[墙长]−0.037[过梁]−0.088[现浇板]−0.454[门]	m³	1.992	
		240 砖外墙			m³	26.676	
		1/F-H		0.24[墙厚]×3.5[墙高]×10.5[墙长]−0.605[混凝土柱][0 层]−0.578[圈梁][2 层]−0.058[过梁][2 层]−0.059[现浇板][2 层]−0.54[窗][2 层]	m³	6.981	

续表

序号	项目编码	项目名称	项目特征	计 算 式	计量单位	工程量	备注
		3/B-C		0.24[墙厚]×3.5[墙高]×1[墙长]－0.252[混凝土柱][0层]－0.021[现浇板][2层]	m³	0.567	
		5/F-H		0.24[墙厚]×3.5[墙高]×5.18[墙长]－0.403[混凝土柱][0层]－0.179[圈梁][2层]－0.091[过梁][2层]－0.04[现浇板][2层]－0.778[窗][2层]	m³	2.861	
		6/C-E		0.24[墙厚]×3.5[墙高]×4.2[墙长]－0.083[过梁]－0.069[现浇板]－0.648[窗]	m³	2.729	
		B/1-3		0.24[墙厚]×3.5[墙高]×4.2[墙长]－0.202[混凝土柱][0层]－0.38[圈梁][2层]－0.083[过梁][2层]－0.648[窗][2层]	m³	2.215	
		C/3-6		0.24[墙厚]×3.5[墙高]×7.9[墙长]－0.605[混凝土柱][0层]－0.285[圈梁][2层]－0.112[过梁][2层]－0.13[现浇板][2层]－1.21[门][2层]	m³	4.294	
		E/5-6		0.24[墙厚]×3.5[墙高]×0.7[墙长]－0.101[混凝土柱][0层]－0.009[现浇板][2层]	m³	0.478	
		H/1-2		0.24[墙厚]×3.5[墙高]×11.4[墙长]－0.504[混凝土柱][0层]－0.674[圈梁][2层]－0.173[过梁][2层]－0.054[现浇板][2层]－1.62[窗][2层]	m³	6.552	
		3层			m³	41.647	
		240砖内墙			m³	19.998	
		1-2/D-F		0.24[墙厚]×3[墙高]×2.46[墙长]－0.034[过梁]－0.071[现浇板]－0.403[门]	m³	1.263	
		2/E-F		0.24[墙厚]×3[墙高]×5.18[墙长]－0.475[混凝土柱][0层]－0.434[圈梁][3层]	m³	2.820	
		4-5/E-G		0.24[墙厚]×3[墙高]×1.86[墙长]－0.054[现浇板]	m³	1.286	
		4/F-G		0.24[墙厚]×3[墙高]×5.18[墙长]－0.302[混凝土柱][0层]－0.25[圈梁][3层]－0.003[过梁][3层]－0.062[现浇板][3层]－0.454[S]0.3m² 墙洞[3层]	m³	2.629	

变更后砌筑工程计算书（高亮部分为墙 C/3-6）　　　　　　　表 5-4

序号	项目编码	项目名称	项目特征	计 算 式	计量单位	工程量	备注
		F/1-2		0.24[墙厚]×3.5[墙高]×3.06[墙长]−0.037[过梁]−0.088[现浇板]−0.454[门]	m³	1.992	
		240 砖外墙			m³	27.484	
		1/F-H		0.24[墙厚]×3.5[墙高]×10.5[墙长]−0.605[混凝土柱][0 层]−0.578[圈梁][2 层]−0.058[过梁][2 层]−0.059[现浇板][2 层]−0.54[窗][2 层]	m³	6.981	
		3/B-C		0.24[墙厚]×3.5[墙高]×1[墙长]−0.252[混凝土柱][0 层]−0.021[现浇板][2 层]	m³	0.567	
		5/F-H		0.24[墙厚]×3.5[墙高]×5.18[墙长]−0.403[混凝土柱][0 层]−0.179[圈梁][2 层]−0.091[过梁][2 层]−0.04[现浇板][2 层]−0.778[窗][2 层]	m³	2.861	
		6/C-E		0.24[墙厚]×3.5[墙高]×4.2[墙长]−0.083[过梁]−0.069[现浇板]−0.648[窗]	m³	2.729	
		B/1-3		0.24[墙厚]×3.5[墙高]×4.2[墙长]−0.202[混凝土柱][0 层]−0.38[圈梁][2 层]−0.083[过梁][2 层]−0.648[窗][2 层]	m³	2.215	
		C/3-6		0.24[墙厚]×3.5[墙高]×7.9[墙长]−0.605[混凝土柱][0 层]−0.285[圈梁][2 层]−0.06[过梁][2 层]−0.13[现浇板][2 层]−0.454[门][2 层]	m³	5.102	
		E/5-6		0.24[墙厚]×3.5[墙高]×0.7[墙长]−0.101[混凝土柱][0 层]−0.009[现浇板][2 层]	m³	0.478	
		H/1-2		0.24[墙厚]×3.5[墙高]×11.4[墙长]−0.504[混凝土柱][0 层]−0.674[圈梁][2 层]−0.173[过梁][2 层]−0.054[现浇板][2 层]−1.62[窗][2 层]	m³	6.552	
		3 层			m³	41.647	
		240 砖内墙			m³	19.998	
		1-2/D-F		0.24[墙厚]×3[墙高]×2.46[墙长]−0.034[过梁]−0.071[现浇板]−0.403[门]	m³	1.263	
		2/E-F		0.24[墙厚]×3[墙高]×5.18[墙长]−0.475[混凝土柱][0 层]−0.434[圈梁][3 层]	m³	2.820	
		4-5/E-G		0.24[墙厚]×3[墙高]×1.86[墙长]−0.054[现浇板]	m³	1.286	
		4/F-G		0.24[墙厚]×3[墙高]×5.18[墙长]−0.302[混凝土柱][0 层]−0.25[圈梁][3 层]−0.003[过梁][3 层]−0.062[现浇板][3 层]−0.454[S]0.3m²墙洞[3 层]	m³	2.629	
		D/1-2		0.24[墙厚]×3[墙高]×4.08[墙长]−0.13[混凝土柱][0 层]−0.081[圈梁][3 层]−0.092[现浇板][3 层]	m³	2.636	

5.3 BIM技术在工程造价管理和控制中的应用

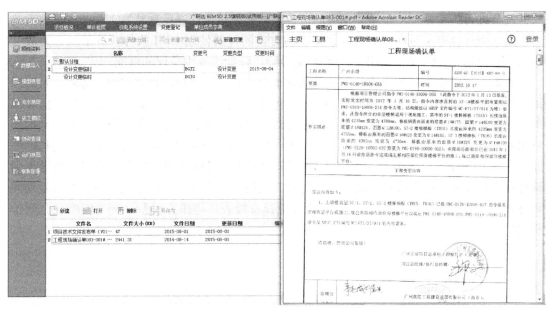

图 5-41 广联达 BIM 5D 中变更资料

在施工过程中的进度款结算正是依赖于准确的工程计量，可以通过 BIM 软件来管理变更、签证和索赔，及时更新 BIM 施工模型，使得资料管理更加科学合理，也能让阶段性的工程计量正确和完整，进而使得进度款结算和竣工结算更顺利地进行。而在建立并导入预算模型和施工模型的前提下，利用 Luban MC 的审核分析功能，是可以直接进行阶段性的工程计量和阶段性造价的，如图 5-42 所示，在时间/造价曲线上点击某一个时间点，

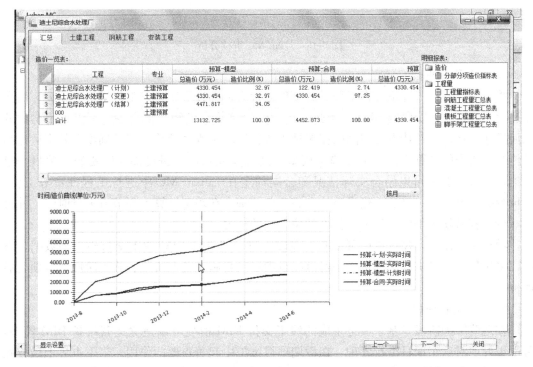

图 5-42 Luan MC 审核分析

软件就会进行自动分析工程量和相应的造价,给施工单位的进度款结算工作节省了很大的工作量,而建设单位对计量结果进行核实的时候同样的使用 BIM 软件,有了双方达成共识的 BIM 模型基础,这个过程也会更快捷准确,降低了发生争议的可能。

在施工过程中,对于造价的掌控是非常重要的,一旦造价出现失控的趋势就要及时纠正,所以实时的偏差分析是很必要的。而这种偏差分析是依赖于分部分项工程的预算成本、计划成本与实际成本之间的对比,通过对材料消耗量、分项单价、分项合价等数据的对比,可以直观地了解建设项目的施工情况,从而采取相应的措施或者总结到一些积极的经验。在 BIM 软件中实现这个功能十分容易,将基于 BIM 的预算模型和施工模型导入到软件中进行分析,可直接得出结果,这种动态化的数据对比分析便于施工单位及时发现问题并处理。如图 5-43 在 MC 中进行审核分析查看报表,将预算模型、施工模型和合同价相比较进行偏差分析。

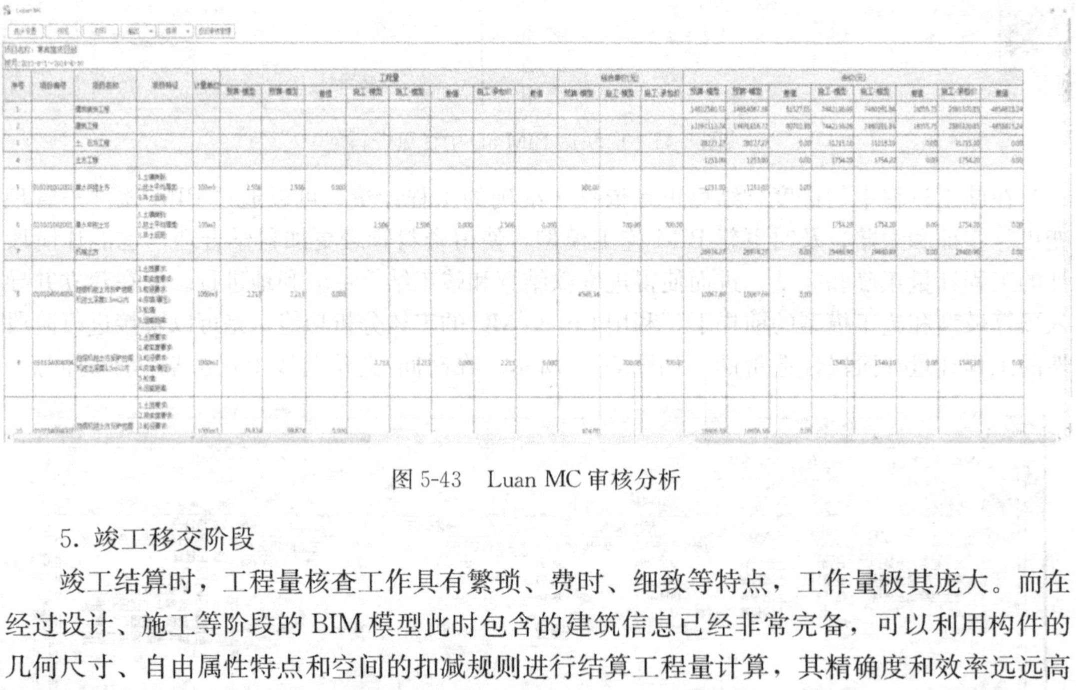

图 5-43 Luan MC 审核分析

5. 竣工移交阶段

竣工结算时,工程量核查工作具有繁琐、费时、细致等特点,工作量极其庞大。而在经过设计、施工等阶段的 BIM 模型此时包含的建筑信息已经非常完备,可以利用构件的几何尺寸、自由属性特点和空间的扣减规则进行结算工程量计算,其精确度和效率远远高于传统模式中的结算工作。BIM 施工模型跟随建设项目施工进度而实时更新,项目一旦竣工,BIM 模型就可以结合实际情况和合同约定在 Luban MC 中进行工程计量等工作,造价数据等也会一一显示,建设单位和施工单位都会在竣工结算上面节省大量时间,并且也减少了容易发生争议导致工程款不到位发生的情况。

项目交付以后,建设单位可以基于在竣工阶段建立的 BIM 竣工交付模型的数据,就可以采用科学的经济技术分析方法对该建设项目项目施工前期阶段、施工阶段进行项目后评价。

6. 运营维护阶段

在运营维护阶段,基于最终生成的竣工交付 BIM 模型可以建立运营维护 BIM 模型,可以更好地对这个项目进行管理,在后期项目维护中起着重要的作用。当下世界上最成熟同时也最具有市场影响力的运营管理软件是美国的 Archi BUS,它也是从平面数据逐渐进步到三维模型的,现在也可以和 Autodesk Revit 实现 BIM 模型的对接,是一个集成化、整合化、可视化的综合管理应用。Archi BUS 可以生成设备资产卡、楼层/大楼设备库存价值清单、保养维护记录、位置审查等资料,也可以对紧急灾害进行应急管理,如图 5-44 是 Archi BUS 中生成的逃生避难路线,还可以结合 BAS 辅助灾害应急管理,如局部空间温度警示启动,3D 图控显示 3D 危险区域,整合连接各 BA 系统接口。除此之外,对不动产进行精细化管理、对楼宇/建筑进行空间化管理、对租赁进行智能化管理、对设施设备整体管理、对成本(水电费、清洁费、物业费等)进行综合分析等一系列的后期运维管理都可以在 Archi BUS 中一一实现利用运营维护 BIM 模型在相应的运维管理平台,可以帮助营运单位更加有效地进行全生命周期的管理建筑物,大大提高了工作效率。而且在这种可视化、精细化的管理平台下,所有这些生成的数据都可以为其他项目的决策或实施提供参考。

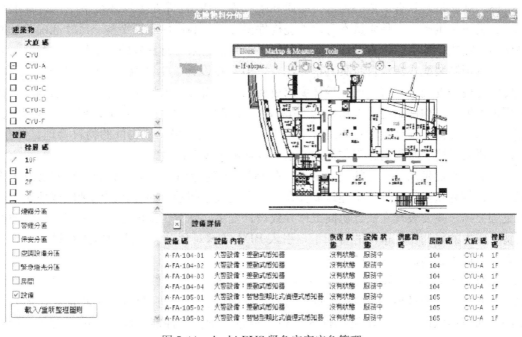

图 5-44　Archi BUS 紧急灾害应急管理

5.4　BIM 在预制装配式住宅中的应用

5.4.1　概述

据统计,中国每年竣工的城乡建筑总面积约 20 亿 m^2,其中城镇住宅超过 6 亿 m^2,是当今世界最大的建筑市场。长期以来我国混凝土建筑主要采用传统的现场施工生产方式,存在施工效率低、施工周期长、施工质量不稳定等缺点,而且建造过程高消耗、高排放,对社会造成了沉重的能源负担和严重的环境污染。为解决上述问题,国家提出发展住宅产业化,以预制装配式建筑代替传统的现浇混凝土建筑。

预制装配式混凝土(Prefabricated Concrete,PC)建筑,即以工厂化生产的预制混凝土构件为主要构件，经装配、连接或结合部分现浇而成的建筑。其施工过程分为两个阶段：第一阶段在工厂中预制构件，第二阶段在工地上安装。其建造工序有设计、制作、运输、安装、装饰等。与传统的混凝土建筑相比，预制装配式建筑主要具有以下优点：

(1) 施工工期短，投资回收快。预制结构主要构件在工厂生产，现场进行拼装连接，模板工程少，减少了现浇结构的支模、拆模和混凝土养护的时间，同时采用机械化吊装，现场可与其他专业施工同步进行，所以大大缩短了整个工期，从而加快了资金的回收周期，提高了项目的综合经济效益。

(2) 施工方便，节能环保。现场装配施工模板和现浇湿作业少，极大程度减少了建筑垃圾的产生、建筑污水的排放、建筑噪音的干扰和有害气体及粉尘的排放，有利于环境保护和减少施工扰民。同时预制构件工业化集中生产的方式减少了能源和资源的消耗，建筑本身更能满足"节能"和"环境友好型"设计的要求。

(3) 高质量，具有出色的强度、品质和耐久性。PC 构件在工厂环境下生产，标准化管理、机械化生产，产品质量本身比现浇构件要好。预制构件表面平整、尺寸准确并且能将保温、隔热、水电管线布置等多方面功能要求结合起来，有良好的技术经济效益。

虽然预制装配式建筑自身具有很多优点，但它在设计、生产及施工中的要求也很高。与传统的现浇混凝土建筑相比，设计要求更精细化，需要增加深化设计过程；预制构件在工厂加工生产、构件制造要求精确的加工图纸，同时构件的生产、运输计划需要密切配合施工计划来编排；预制装配式建筑对于施工的要求也较严格，从构件的物料管理、储存，构件的拼装顺序、时程到施工作业的流水线等均需要妥善的规划。

高要求必然带来了一定的技术困难。在 PC 建筑建造周期中信息频繁，很容易发生沟通不良、信息重复创建等传统建筑业存在的信息化技术问题，而且在预制装配式建筑中反映更加突出。主要表现在缺乏协同工作导致设计变更、施工工期的延滞，最终造成资源的浪费、成本的提高。在这样的背景下，引入 BIM 技术对预制装配式建筑进行设计、施工及管理，成了自然而又必然的选择。

BIM 模型是以 3D 数字技术为基础，建筑全生命周期为主线，将建筑产业链各个环节关联起来并集成项目相关信息的数据模型，这里的信息不仅是 3D 几何形状信息，还有大量的非几何形状信息，如建筑构件的材料、重量、价格、性能、能耗、进度等等。Bilal Succar 指出，BIM 是相互交互的政策、过程和技术的集合，从而形成一种面向建设项目生命周期的建筑设计和项目数据的管理方法。BIM 是一个包含丰富数据、面向对象的具有智能化和参数化特点的建筑项目信息的数字化表示，它能够有效地辅助建筑工程领域信息的集成、交互及协同工作，实现建筑生命周期管理。

BIM 改变了建筑行业的生产方式和管理模式，它成功地解决了建筑建造过程中多组织、多阶段、全生命周期中的信息共享问题，利用唯一的 BIM 模型，使建筑项目信息在规划、设计、建造和运营维护全过程中，为 BIM 技术在预制装配式建筑的具体应用提供行之有效的方法和技术手段。主要应用内容如下：

1) 通过 BIM 技术提高深化设计效率。基于预制构件深化设计流程，应用 BIM 技术从建模模型的导入、预制构件的分割、参数化配筋、钢筋的碰撞检查及图纸自动生成几个方面，提高预制装配式建筑深化设计的效益。

2) 基于 BIM 技术，搭建预制装配式建筑建造信息管理平台，实现预制构件设计、生产、施工全过程管理，减少各个阶段错误的发生，全面提高 PC 建筑产业链的整体效益。

5.4.2 BIM 在预制装配式住宅设计中的应用

区别于传统的现浇住宅，工业化住宅设计和生产模式需要对住宅全过程进行系统的设计与控制，具有设计提前、生产提前、管理提前等特点。装配式建筑的核心是"集成"，而 BIM 方法则是集成的主线。这条主线串联起设计、生产、施工、装修和管理全过程，服务于设计、建设、运维、拆除的全生命周期，也对提高建设项目的质量与可持续性，对整个项目团队而言，将减少执行中的未知成分，进而减少项目的全程风险而获得收益。

宝业万华城位于上海浦东新区惠南新市镇。项目采用叠合板式混凝土剪力墙结构体系，预制率达 30%。项目从设计理念到设计方法，都是基于工业化的可变房型住宅设计，创新性地采用大开间设计手法，通过结构优化将剪力墙全部布置在建筑外围，内部空间无任何剪力墙与结构柱，用户可以根据不同需求对室内空间进行灵活分割。整个项目流程以 BIM 信息化技术为平台，通过模型数据的无缝传递，连接设计与制造环节，提高质量和效率。

1. 优化设计分析

通过 BIM 技术预先进行室外风环境模拟（图 5-45）、热岛效应模拟（图 5-46）、自然通风和自然采光模拟（图 5-47），促进优化设计方案，从而最大限度地节约资源（节能、节地、节水、节材）、保护环境和减少污染，为人们提供健康、适用和高效的使用空间。

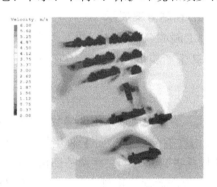

图 5-45　室外风环境模拟

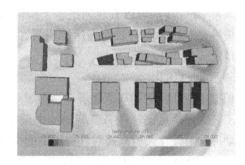

图 5-46　热岛效应模拟分析

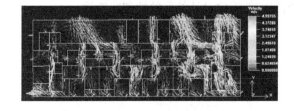

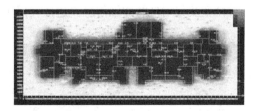

图 5-47　自然通风和自然采光模拟

2. 可变户型设计

通过 BIM 技术预先模拟各个户型，同时可以生成可视化模型（图 5-48）以及面积统计数据，供分析筛选，选出适用美观绿色质量的户型。

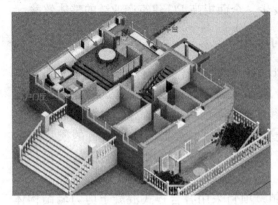 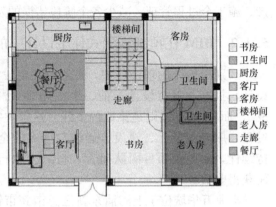

图 5-48 可视化户型图　　　　　　　　图 5-49 户型图

图 5-50 整体模型效果图

3. 建筑外观设计

通过 BIM 技术预先进行模型搭建，生成完整可视化模型（图 5-50），可用于施工模拟等，也可用于统计构件量及属性，从而使设计更加透明化，可有效控制进度、成本和质量，提高设计质量，减少不必要的浪费，绿色环保，减少错漏碰缺，节省工期。

4. 预制方案展示

通过 BIM 技术可以直观地把各个构件拆分展示，定制墙、板、柱、梁、阳台、楼梯、空调板等预制件，更有效地表达了预制方案，从而提高生产质量，提高现场安装率，最大限度地避免图纸出错。

5. 预制件深化

根据工业化住宅的规范要求、常用节点、钢筋信息、预埋件信息、构件参数、运输以及施工工艺，在信息化软件 ALLPLAN 中设定企业内部构件拆分数据，对工业化住宅结构进行自动拆分，设计人员只需对软件反馈的少量不规范构件进行人为的二次调整即可，进而自动生成 3D PFD、构件图（图 5-51、图 5-52、图 5-53）、生产数据、物料清单信息、IFC 格式文件等。其中 3D PDF 文件可以让没有安装相关三维工程软件的第三方可以清楚直观地看见三维模型及其附带的详细信息。这样确保了预制构件深化设计的高效性和准确性。

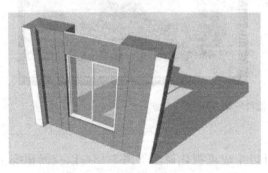 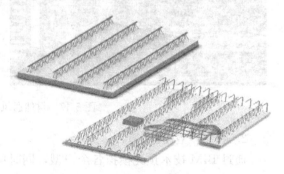

图 5-51 预制墙板深化图　　　　　　　图 5-52 预制楼板深化图

6. 设计向导

族库是一种无形的知识生产力,其管理已经超出了REVIT族库的概念,可以囊括知识库、问题库,可以如图书馆索引一样进行索引,并用于引用和查找相关的文件。随着项目的开展和深入,公司独有的族库不断获得积累丰富,如参数化标准典型节点、标准构件以及预留预埋件按照特性、参数等属性分类归档到数据库,储存到公司服务器,方便在以后的工作中更方便快捷地调用族库数据,并根据实际情况修改参数,可有效提高工作效率。

图 5-53　预制墙板连接节点图

5.4.3　BIM 在预制装配式建筑建造过程中的应用

1. 基于 BIM 的预制建筑信息管理平台设计

建立基于 BIM 的 PC 建筑信息管理平台,平台的应用贯穿于工程建造全过程。通过平台系统采集和管理工程的信息,动态掌控构件预制生产进度、仓储情况以及现场施工进度。平台既能对预制构件进行跟踪识别,又能紧密结合 BIM 模型,实现建筑构件信息管理的自动化。信息管理平台遵循以下原则:

(1) 建立统一的构件编码,全面准确地共享构件信息。

(2) 对预制构件的生产过程进行跟踪管理,通过对构件生产状态实时数据的采集,提供质量和构件追溯数据,实现全面的质量管控。

(3) 结合 BIM 模型,将建筑构件的组装过程、安装位置、施工顺序记录在信息系统中,对施工方案进行 4D 仿真验证,基于 BIM 模型检验工程并对构件准确定位,减少施工安装的错误,缩短施工时间,更加精确有效地管理 PC 建筑的建造过程。

(4) 平台相关系统通过 BIM 信息中心数据库与 BIM 模型双向关联,当系统信息更新,BIM 模型也会随之更新,管理者可通过 BIM 模型及时掌握工程状态,通过 WEB 远程访问实现 PC 工程施工进度 4D 监控。

(5) 基于 BIM 的 PC 建筑信息管理平台,以预制构件为主线,贯穿 PC 深化设计、生产和建造过程。

2. 预制构件信息跟踪技术

PC 建筑工程中使用的预制构件数量庞大,要想准确识别并管理每一个构件,就必须给构件赋予唯一的编码。但是不同的参与单位,都可能有其不同的构件编码方式。这样由于构件编码的不统一,使得各个阶段构件信息的沟通比较困难,产生混乱,致使管理效率低下。因此,为了便于建造全过程的管理,综合 PC 建筑工程各个阶段各个单位的要求,我们编制了预制装配式建筑构件的编码命名体系。建立的编码体系根据实际工程需要,不仅能唯一识别预制构件,而且能从编码中直接读取构件的位置等关键信息,兼顾了计算机信息管理以及人工识别的双重需要。

在深化设计阶段出图时,构件加工图纸通过二维码表达每个构件的编码,并显示于图纸左上角。这样在生产时操作人员通过扫描条形码就可以读取构件编码的信息,节约了时间并减少了错误。

另外，在构件生产阶段，采用RFID芯片植入到构件中，并写入构件编码，完成对构件的唯一标识。通过RFID技术来实现构件跟踪管理和构件信息采集的自动化，提高了工程管理效益。

3. 构件现场施工管理

(1) 基于BIM的施工计划验证

建筑施工是复杂的动态工作，它包括多道工序，其施工方法和组织程序存在着多样性和多变性的特点，目前对施工方案的优化主要依赖施工经验，存在一定的局限性。如何有效地表达施工过程中各种复杂关系，合理安排施工计划，实现施工过程的信息化、智能化、可视化管理，一直是待解决的关键问题。4D施工仿真为解决这些问题提供了一种有效的途径。4D模拟是在3D模拟的基础上，附加时间因素（施工计划或实际进度信息），将施工过程以动态的3D方式表现出来，并能对整个形象变化过程进行优化和控制。4D施工模拟是一种基于BIM的手段，通过它来进行施工进度计划的模拟、验证及优化。

在本工程中，首先用Tekla进行4D施工模拟，并在模型中导入MS Project编制完成的项目施工计划甘特图，将3D模型与施工计划相关联，将施工计划时间写入相应构件的属性中，这样就在3D模型基础上加入了时间因素，变成一个可模拟现场施工及吊装管理的4D模型。在4D模型中，可以输入任意一个日期去查看当天现场的施工情况，并能从模型中快速地统计当天和之前已经施工完成的工作量。

在BIM模型中可以针对不同PC预制率以及不同吊装方案进行模拟比较，实现未建先造，得到最优PC预制率设计方案及施工方案。

PC建筑相对传统的现浇建筑，施工工序相对较复杂，每个构件吊装的过程是一个复杂的运动过程，通过BIM模型中进行施工模拟，查找可能存在的构件运动中的碰撞问题，提前发现并解决，避免可能导致的延误和停工。通过生成施工仿真模拟视频，实现全新的培训模式，项目施工前让各参与人员直观了解任何一个施工细节，减少人为失误，提高施工效率和质量。

(2) 构件安装过程管理

施工方案确定后，将储存构件吊装位置及施工时序等信息的BIM模型导入到平板手持设备中，基于3D模型检验施工计划，实现施工吊装的无纸化和可视化辅助。构件吊装前进行检验确认，手持机更新当日施工计划后对工地堆场的构件进行扫描，在正确识别构件信息后进行吊装，并记录构件施工时间。构件安装就位后，检查员负责校核吊装构件的位置及其他施工细节，检查合格后，通过现场手持机扫描构件芯片，确认该构件施工完成，同时记录构件完工时间。所有构件的组装过程、实际安装的位置和施工时间都记录在系统中，以便检查。这种方式减少了错误的发生，提高了施工管理效率。

(3) 施工进度远程监控

当日施工完毕后，手持机将记录的构件施工信息上传到系统中，可通过WEB远程访问，了解和查询工程进度，系统将施工进度通过3D的方式动态显色。深色的构件表示已经安装完成，红色的构件表示正在吊装的构件。

5.4.4 小结

随着国家对建筑信息化技术的推动,BIM 技术在建筑中的应用将越来越广,本章以预制装配式住宅作为试点,建立了 BIM 结构模型并完成了 BIM 技术在预制建筑深化设计中的应用研究,基于 BIM 技术构建了预制建造信息管理平台,研究制定了构建编码规则并结合 RFID 技术对预制构建进行动态管理,尝试了 BIM 技术在预制装配式建筑在设计、生产及施工全过程管理中的应用。主要成果有以下几个方面:

通过 BIM 技术实现在预制建筑深化设计全过程的应用,建立参数化的配筋节点,提高配筋效率;基于 BIM 模型进行碰撞检测,减少错误,而且设计团队基于可视化的 3D 模型进行沟通协调,也能提升团队设计效率;最终通过 BIM 软件智能出图,提高出图效率。

通过搭建基于 BIM 的预制建筑信息管理平台,整合预制建筑工程产业链,实现 PC 建筑从深化设计到构件生产直至现场施工全过程的建造生命的周期管理,实现预制构件生产安装的信息智能动态管理,提高施工管理效率。

本章对 BIM 技术在预制装配式建筑的应用作了比较全面地研究,具有很好地参考价值,但目前 BIM 技术的应用和研究仍处于起步阶段,在标准、流程、软件、政策等方面还需要进一步研究完善甚至改变。目前国内缺乏系统化的可实施操作的 BIM 标准,除了标准以外,BIM 的发展还面临着许多问题,包括法律法规、建筑业现存的商业模式、BIM 工具等。尽管有这些问题,但 BIM 代表着先进生产力,在建筑业的全生命周期中应用 BIM 将是未来的发展方向。

5.5 BIM 在上海中心大厦工程中的应用

5.5.1 上海中心大厦工程简介

1. 基本概况

"上海中心"位于中国上海浦东陆家嘴金融贸易区核心区,主体建筑总高度 632m,地上 127 层,地下 5 层,总建筑面积 57.6 万 m^2,是一座集办公、酒店、会展、商业、观光等功能于一体的垂直城市。

"上海中心"造型别致,圆角三角形外立面层层收分,连续 120°缓缓螺旋上升,形成了独特优美的流线型玻璃晶体,体现了现代中国蓬勃的生机。

作为全球可持续发展设计理念的引领者,"上海中心"严格参照绿色建筑设计标准,集合采用各种绿色建筑技术,绿化率达到 33%,将向人们展示上海这座国际化城市对于维护生态环境的责任和承诺。

充分考虑建筑与区域乃至城市空间上的交互关系,"上海中心"选择 632m 的建筑高度,以使其与周边 420m 的金茂大厦和 492m 的上海环球金融中心在顶部呈现优美的弧线上升,营造出更加和谐的超高层建筑群,并将作为上海的新地标,与东方明珠电视塔等其他陆家嘴标志性建筑一道,共同勾勒出优美的城市天际线,展现浦东改革开放的成果和陆家嘴金融贸易区的时代风貌。

作为陆家嘴核心区超高层建筑群的收官之作,竣工后的"上海中心"将成为上海建筑高度最高、单体最大的商务楼宇，并于 2015 年正式对外营业。

2. 功能分区

根据上海市发展金融服务业、建设国际金融中心的战略目标，"上海中心"将成为浦东陆家嘴金融城的标志性建筑和上海金融服务业的重要载体。同时，"上海中心"将在优化陆家嘴地区整体规划、完善城市空间、提升上海金融中心综合配套功能、促进现代服务业集聚等方面发挥重要作用。作为一座由 9 个垂直社区组成的垂直城市，"上海中心"具有五大功能：

一是国际标准的超甲级办公。2 至 6 区为办公区域，面积约为 220000m^2，每区设有一个交易层为金融企业提供完善的金融交易业务空间。针对银行、保险、证券、基金等金融服务业，跨国公司地区总部、现代新型服务业等差异化办公需求，提供全天候、定制化办公空间、系统和服务。

二是超五星级酒店和精品办公。7 至 8 区由面向高端客户的中国超五星级自主品牌——酒店及精品办公区组成，面积共约 80000m^2。引入国际顶级酒店管理公司，为全球高端客人提供个性化服务、体验式住宿环境和共享交流的空间。

三是全配套的品牌商业服务。商业为地下 1-2 层及裙房的主要功能，面积约 50000m^2。它囊括了品牌零售、特色餐饮、商务服务中心、生活服务中心等独特的商业设施，为陆家嘴金融城的办公人员、商务人士及住户提供全面的、高品质的商务配套服务。

四是观光和文化休闲娱乐。位于 9 区的顶部观光面积约 4000m^2，采用互动体验式超高层观光形式，感受无与伦比的城市美景与新奇体验。突破 8h 以外小陆家嘴地区的空城现象，成为集观光、购物、娱乐、餐饮、休闲功能于一体的商业文化城。

五是特色会议设施。在高区有可以观景的会议设施，在 1 区和裙房用于会议及宴会的面积约 10000m^2，设有大型多功能厅、宴会厅和会议设施，满足会议论坛、展览展示、文艺演出、活动庆典、时尚发布、派对舞会和主题婚典等活动的需求。

此外，2 至 8 区，每区的底部每隔 120°就有一个由双层幕墙组成的空中大堂，全楼共有 21 个这样的空中大堂，大堂内视野通透，城市景观尽收眼底，为人们提供了舒适惬意的办公和社交休闲空间，以及日常生活所需的配套服务。

"上海中心"还着力完善区域配套功能，位于地下二层的公共通道连接地铁 2 号线及在建中的 14 号线，并与金茂大厦、环球金融中心及国金中心相互连接。

3. 各区段的功能定位

各区段的功能定位如图 5-54 所示。

4. 工程特点分析

从规模看，上海中心大厦体量是金茂大厦的 2 倍，环球金融中心的 1.5 倍。是中国第一次建造超过 600m 以上的建筑，是世界上第一次在软土地基上建造重达 85 万吨的单体建筑，是世界

观光及餐饮	
第9区	L118—L121
酒店及精品办公	
第8区	L101—L115
酒店	
第7区	L84—L98
办公楼层	
第6区	L69—L81
L68	空中大堂
第5区	L53—L65
L52	空中大堂
第4区	L38—L49
L37	空中大堂
第3区	L23—L34
L22	空中大堂
第2区	L8—L19
L8	空中大堂
会议及多功能空间、零售商场	
第1区	L1—L5
地下室	
B1—B2	商业、地下通道
B3—B5	停车、机电设备

图 5-54 各区段的功能定位

上第一次在超高层上建造 14 万 m^2 的柔性幕墙,是世界上最高的绿色建筑。

从地理位置看,上海中心大厦身处小陆家嘴中心成熟商务地区,周围高楼林立,施工条件苛刻,限制繁多,难度升级,成本增加。对于任何建设者来说,这些都是极大的挑战。此外,上海中心大厦的建设追求的不仅是建筑的高度,更是理念的高度和管理的高度,因此必须全面考虑市场需求,完善功能配置,打造一座能代表时代特征的垂直社区、绿色社区、人文社区、智慧社区、文化社区。

上海中心大厦建设工程因其独有的建筑风格、特有的人文风情、独特的功能定位,故在建设阶段有其显著的工程特点,主要体现在建筑系统、设计理念、参建单位、工程信息等方面。

(1) 建筑分支系统复杂。巨大的体量、超长的高度、丰富的功能和独特的定位,决定了上海中心大厦建筑系统的复杂程度。仅就主要系统而言,就包括 8 大建筑功能综合体、7 种结构体系、30 多个机电子系统、30 多个智能化子系统。这些系统相互关联,又相对独立;相辅相成,又矛盾重重。

(2) 项目参建单位众多。建筑系统的复杂性直接决定了项目涉及学科的多样性。前期设计团队就已经包括建筑、结构、机电、消防、幕墙等 30 余个咨询单位。在施工阶段,在施工总承包单位管理下,参与施工分包单位包括幕墙、机电、室内装饰等十几支施工分包队伍。巨大的建筑和机电材料采购量和安装工程量决定整个建设过程中必然要对数量众多的供货方以及施工方队伍进行沟通和管理。此外,银行、保险、财务、行政、广告、公关等领域还与本项目各参展单位开展广泛的合作。

(3) 工程建设信息海量。对于上海中心大厦而言,其建筑分支系统辅助、项目参建单位众多。因此,针对不同建筑系统、不同参建单位,在工程建设的不同阶段,包含大量的建筑、结构、机电安装等相关信息。本工程的设计图纸量超过 8 万张,此外还有合同、订单、施工组织计划等等,可以说数量巨大、信息海量。

(4) 大量创新设计理念和应用。为了追求垂直城市和绿色超高层建筑的建筑目标,上海中心大厦采用了众多先进的设计理念。例如世界上最大、最高、最难柔性幕墙设计、生产和安装,综合采用了多项绿色建筑技术,主楼大底板 6 万 m^2 混凝土一次性浇筑,这些技术有些是世界性的难题,攻克就意味着真正的创新。这些都对工程设计、施工、管理提出了巨大的挑战。

(5) 成本合同管控难度大。本项目工程总投资额 148 亿元人民币。巨额的投资控制必须用精确的计算模型和管理手段,必须将账面投资与实际建设进度相结合,才能实时掌握项目过程的实际进程情况,确保最终控制目标的实现。

(6) 进度质量控制要求高。本项目施工周期紧,整个项目的施工周期为 72 个月,与体量只有它 2/3 的环球金融中心施工工期基本相同,这对于进度控制提出了不小的挑战。同时,本工程建筑难度大、施工工艺复杂,较多创新性的设计理念首次大范围使用,这对在保证工程进度的同时,保证工程质量创优提出了更高的要求,对项目建设单位管理的精细化水平提出了极高的要求。

上述这些工程管理的难题需要管理者建立专门的精细化管理模式,采用一揽子的工程管理模型,运用行之有效的信息化技术,将设计、施工、管理、投资控制等各项工作内容纳入同一个信息化的管理平台进行统筹协调,切实解决前述本工程建设过程中的企业管理难题。

针对上海中心大厦项目管理者采取了"建设单位主导、参建单位共同参与的基于BIM技术的精益化管理模式",实现参建各方尤其是建设单位对本工程建设项目进行有效的管理。

5.5.2 基于BIM技术的管理机制

1. BIM应用技术框架

目前,建筑业信息化技术应用水平的主要瓶颈是信息的共享。BIM技术的出现为建筑相关信息的及时、有效、完全共享提供了可能,为构建信息的无缝管理平台提供了相对可靠的手段,而这也为解决上海中心大厦项目参与方众多、信息量巨大而产生的管理难题提供了一个积极有效的手段。

BIM技术,即通过构件数字化信息模型,打破设计、建造、施工和运营之间的传统隔阂,实现项目各参与方之间的信息交流和共享。从根本上解决项目各参与方基于纸介质方式进行信息交流形成的"信息断层"和应用系统之间"信息孤岛"问题;通过BIM实现可视化沟通,加强对成本、进度计划及质量的直观控制;通过构件BIM信息平台,协调整合各种绿色建筑设计、技术和策略。在设计、施工及运营阶段全方位实施BIM技术,以有效地控制各个阶段过程当中工程信息的采集、加工、存储和交流,从而支持项目的最高决策者对项目进行合理的协调、规划、控制,最终达到项目全生命周期内的技术经济指标的最优化。

BIM的基础是模型,灵魂是信息,重点是协作,而工具是软件。为了实现上海中心大厦的BIM协调应用,建设方于2010年同Autodesk公司一起,共同制定了上海中心大厦的软件实施技术框架,如图5-55所示。

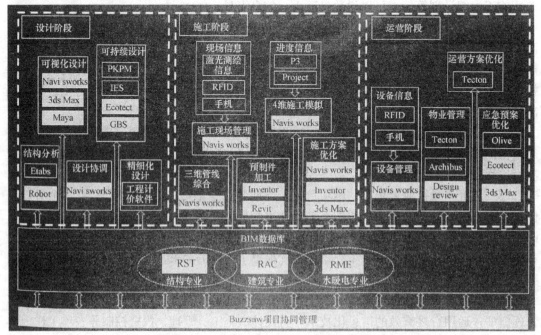

图5-55 上海中心实施技术框架图

5.5 BIM在上海中心大厦工程中的应用

经过三年工作不断深入和细化，过程中也不断添加了其他软件应用部分。例如：数据库方面，应用 Tekla 构建钢结构数据库，Pro/E 构建擦窗机数据库；施工阶段，应用 Delmia 进行塔冠的安装模拟，应用 Qualify 进行扫描得到云数据和模型的对比分析等。此外，项目监理方也在 BIM 应用中做了很多尝试，并且同建设方共同开发了 OurBIM 工程管理系统，并在监理工作中的质量管理、进度管理以及安全管理方面进行应用。

2. BIM 项目管理框架

（1）BIM 工作团队的构成与建立

上海中心的管理模式定位为"建设单位主导、参建单位共同参与的基于 BIM 技术的精益化管理模式"，即作为建设方需要主导大厦各阶段的 BIM 应用，而参与大厦项目的各方各尽其职，负责其工作范围内的 BIM 应用和实施。

为了达到上述目标，在工程最初招标时，建设方就将 BIM 的工作要求一起写入了总招标文件以及后来主要分项工程的招标文件之中。其中详细规定了各承包商 BIM 模型创建和维护工作，包括碰撞检查、施工模拟等在内的 BIM 技术应用要求，BIM 数据所有权等内容。各参与单位也在招标内容的要求下，分别组建了其 BIM 工作团队，并指派专人负责 BIM 工作的沟通及协调。整个上海中心项目 BIM 工作团队的构成如图 5-56 所示。

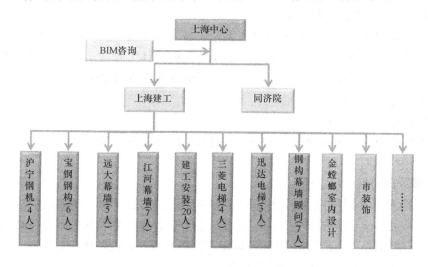

图 5-56　BIM 工作团队的构架

（2）BIM 工作团队的职责

各施工分包方 BIM 团队负责其服务范围内的 BIM 模型的创建、维护和应用工作，并受其总包单位的管理和协调。在项目结束时，分包商应负责向总包商提交真实准确的竣工 BIM 模型、BIM 应用资料和相关数据等，供业主及总包商审核和集成。各 BIM 团队建成后，项目各方两周一次定期举行 BIM 工作会议，建设方 BIM 负责人或者总包 BIM 负责人召集组织会议，按 BIM 工作的实际需要布置落实相关工作。

施工总包负责召集其下分包举行 BIM 模型协调理会跟进此流程，讨论并解决模型创建，模型生成 BIM 成果，模型指导施工等过程中的各种沟通和技术问题。建设方 BIM 负责人需要参与模型协调会，了解各方工作状况，监督流程的进展。

分部工程模型可根据施工楼层、施工段、施工工序、施工区域或者专项工程进行划分，具体由总包与各专业分包根据实际情况讨论，并参考建设方 BIM 负责人意见解决。由合格的模型生成的 BIM 应用成果通常包括：

① 由模型协调后得到的 CSD（机电综合管网图）、CBWD（结构综合留孔图）等施工深化图纸；

② 与实际项目进度计划连接的 4D 模拟；

③ 软/硬碰撞检测报告及解决方案；

④ 是否满足工程规范规程要求的检查结果报告；

⑤ 图片、视频动画及其他视效表现（展示施工工艺，预组装工序等）；

⑥ 工程量统计原始数据；

⑦ 用于 CAM 的模型数据及其他用于预制造/预组装的数据文件。

(3) 项目团队的工作内容

1) 数据平台的搭建

为了完成上述信息和流程的管理，并考虑到 BIM 数据量庞大，深化图纸、深化模型几乎每周都有更新。鉴于这些原因，项目一开始建设方进过多种筛选之后，选择 Autodesk Vault Professional 作为该项目的统一工作平台。

2) BIM 实施标准的建立

有了责任机制和平台后，整个项目还制定了统一的 BIM 实施标准来对各参与方的具体工作进行指导和规范。其中详细规定了各参与方的具体工作职责，应用软件框架要求，文件交换和发布要求，模型创建、维护、交付要求及各专业的细化条款等。随着项目的进行，标准还进行了不断地完善。

3) BIM 项目管理流程

在上述模式和管理框架下，上海中心项目的 BIM 之路，主要基于以下流程和工作内容：

① 模型数据的创建和管理

BIM 模型为实现 BIM 应用信息的基本载体，在方案及扩初设计阶段，Gensler 建筑设计事务所及美国 TT 结构师事务所，生成了多个包含建筑和结构专业的 BIM 模型，这些模型成了上海中心项目最初的 BIM 数据库。在扩初设计阶段结束后，Gensler 将模型传递给了负责设计的同济大学建筑设计研究院。

同济大学的设计人员在该模型的基础上继续深化，这种基于 BIM 模型的合作方式不仅让项目信息得以有效传递，而且相互的沟通更加有效。同济大学建筑设计研究院采用 3D 化设计方式，从模型中直接输出平、立、剖面等工程图，并应用 3D 设计协调，大大提高了设计质量。图 5-57 的流程显示了施工阶段，各项目参与方基于 BIM 模式下的工作管理流程。

其中，各施工分包方需要在设计方 BIM 模型的基础上，根据施工深化图纸进行模型深化，并保证和施工情况保持一致，过程中添加 BIM 标准中要求的信息属性，最终提交给建设方进行运维管理。

本项目中，各分包方应建立专业 BIM 子模型的专业/系统包括：土建、钢结构、幕墙、消防、垂直电梯、自动扶梯、机电系统、擦窗机系统、精装修。以下对其中几个问题进行说明：

5.5 BIM在上海中心大厦工程中的应用

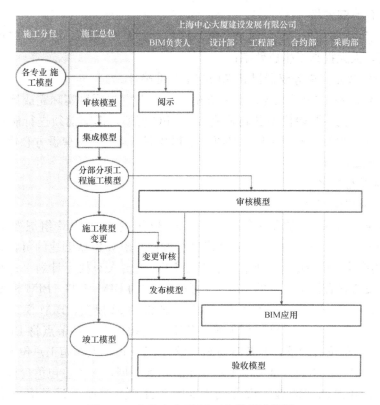

图 5-57 上海中心 BIM 工作管理流程图

a. 数据交换。上海中心项目各建模方可以采用不同的软件来创建模型,但需确保 BIM 模型数据可以被 Navisworks 读取,并能转成 Navisworks 的格式,供之后集成模型之用。

b. 模型的检查。准确的模型和信息是确保后期高效利用 BIM 系统进行运营维护的保证,除了施工监理方以外,总包和建设方同时也需要确保模型的准确性。

c. 集成模型。在施工阶段,施工总包负责采用 Autodesk Navisworks 来集成各施工分包提供的各专业的 BIM 模型,并确保在分部分项工程施工前完成协调和应用工作。各施工分包除提供原始的 BIM 模型文档外,还要提供相应的 Navisworks 的格式文档。集成模型被用于协调各专业模型,减少各专业的冲突,同时也是施工期间项目 BIM 应用的基础。

d. 模型应用。上海中心项目的模型基本能支持各方在项目的不同阶段的应用要求,实现了以下价值点:

a) 基于 BIM 模型进行多专业设计以及各专业之间的 3D 设计协调;

b) 基于 BIM 模型提供能快速浏览的 3D 场景图片、效果图或动画,方便各方查看和审阅;

c) 基于 BIM 模型统计工程量;

d) 基于 BIM 模型准备机电综合管道图及综合结构留洞图等施工深化图纸;

e) 基于 BIM 模型探讨短期及中期施工方案;

f) 基于 BIM 模型及施工进度表进行 4D 施工模拟,提供图片和动画视频等文件,协调施工各方优化时间安排；

g) 实现工厂化预加工，包括管道、钢结构构件以及幕墙部分加工工厂化，节省了施工现场的空间，大大提高了生成效率；

h) 利用 3D 激光扫描等仪器提高现场施工的准确性。

e. 竣工交付。竣工 BIM 模型应真实准确，原则上应与项目实际完成情况一致。竣工模型的提交还要求包括原始模型和转换完成的 IFC 模型，提交前须进行病毒检查、清除不必要的信息等。此外，模型应包含必要的工程数据，从而确保建设方和物业管理公司在运营阶段具备充足的信息。

② 关键流程的细化

a. BIM 模型提交流程

BIM 模型创建的负责方需在合同签订后的 30 天内提交 BIM 组织架构表，建设方 BIM 负责人对其负责 BIM 工作的团队资格进行审核。BIM 模型创建的负责方需在合同签订后的 45 天内提交 BIM 执行计划书，建设方 BIM 负责人对执行计划书进行审核。BIM 模型创建的负责方在合同签订后的 120 天内提交最初的 BIM 模型。BIM 模型创建的负责方需与施工深化图纸一起提交与图纸相一致的阶段性 BIM 模型。BIM 模型和相关文档的提交统一采用 Vault 平台。BIM 模型创建的负责方需按以上事件节点将 BIM 数据上传到 Vault 平台站点的单位目录下，并及时通知建设方 BIM 负责人和施工总包方 BIM 负责人。

在施工过程中，在相关分部分项工程开始施工前一周，施工总包负责提交相应部位的 3D/4D 应用报告和协调后的施工模型到 Vault 平台站点的单位目录下，并通知建设方 BIM 负责人。

隐蔽工程/分部分项工程完工后由施工总包方自检，合格后施工总包提供验收申请，并同时提交与现场实际一致的分部分项竣工模型到 Vault 平台站点的单位目录下，并通知建设方 BIM 负责人。

施工分包方完成合同承包范围工程后，由施工总包统一提出竣工验收申请，并同时提交与现场实际一致的竣工模型到 Vault 平台站点的单位目录下，并通知建设方 BIM 负责人。

建设方 BIM 负责人负责按项目进度督促各方及时提交所负责的 BIM 模型和相关文档。

b. BIM 模型审核流程

对于各专业施工模型，施工总包负责审核并集成，给出审核报告，并协调施工各方制定整改方案和期限。建设方 BIM 负责人负责监督审核进程。对于分部分项工程的施工模拟，建设方 BIM 负责人负责组织建设方各部门审核。审核通过后，建设方 BIM 负责人负责组织施工各方签署分部分项工程 BIM 认可协议，即可开始相应部位的施工。当 BIM 认可协议签署后，审核后的 BIM 模型将被发布到 Vault 平台上，供各方查阅。

c. BIM 模型变更流程

BIM 模型变更流程适用于因工程变更而引起的模型修改要求。各项需要在工程变更中完成的 BIM 相关工作，应该整合到工程变更流程中，形成协调一致的工作流程。

d. BIM 竣工模型验收流程

BIM 竣工模型验收流程适用于在隐蔽工程/分部分项工程验收和工程竣工验收工作过

程中,以及相应部分的 BIM 竣工模型的验收工作。各项需要在工程验收中完成的 BIM 相关工作,应该整合到工程验收流程中,形成协调一致的工作流程。

5.5.3 设计和施工阶段的 BIM 应用

1. 设计阶段的 BIM 应用

美国 Gensler 建筑师事务所建立了多个 BIM 模型来帮助进行设计优化、功能优化工作,具体体现在如下四个方面。

(1) 参数化设计

通过 BIM 参数化设计,设计师在整个设计过程中使用算法语言与变量参数,通过对规则的设定与判断来调整设计方案,包括调整建筑物的外观造型,控制幕墙单元板块的造型、尺寸,并通过设定的公式对幕墙进行准确的分割与定位。

(2) 可视化设计

基于 3D 数字技术所构建的"可视化"BIM 模型,为建筑师、结构工程师、机电工程师、开发商乃至最终用户等利益相关者提供"模拟和分析"的协作平台,各参与方可以直观地了解设计方的设计意图,从而使各参与方对项目理解达成统一,消除理解误差,大大提高沟通效率(图 5-58)。以主体塔楼的每区设备层为例,因为其空间桁架非常复杂,建筑师要想用 2D CAD 清楚地标示这些桁架间的空间关系要花费大量时间和精力。随着设计的深入,一旦结构调整桁架尺寸,就需要再重复一次先前的工作。而通过搭建 BIM 模型,调整参数就很容易改变构件尺寸,并可轻松导出想要的任意标高平面,节省了设计绘图及调整的时间。

图 5-58 上海中心设计阶段的可视化设计图

(3) 可持续设计

利用 BIM 模型及相关软件的扩展功能,对建筑物的通风、日照、采光等物理环境进行分析与评估,能方便快捷地得到直观、准确的分析结果。根据分析结果,对设计方案进行调整与完善,从而实现可持续性设计,提高建筑物的整体性能。例如在室外风环境方面,对上海中心周边的室外风环境进行模拟评估分析,冬季主导风为年平均风速时,上海中心周边风环境 1.5m 高度处的人行区风速均小于 5m/s;夏季时期上海中心标高 1.5m 处室外风速流通顺畅,没有形成死角,周边风环境 1.5m 高度处的人行区风速均小于 5m/s。在室内采光方面,采用建筑光环境分析软件对 1 区各层及 2~8 区的一层、不同隔断层、典型层和顶层进行模拟计算,通过数据分析与设计完善,最终保证了 89.9% 的主要功能空间面积满足要求。

在这些应用的帮助以及其他专业工程师的共同努力下,上海中心项目获得了国家三星绿色建筑设计标识证书和美国 LEED 黄金级认证。

(4) 多专业协同

在传统 2D CAD 的设计方式中,经常会发现门窗表统计错误,平、立、剖面图纸之间对照不上，管线之间、管线与结构之间相互打架等问题。这主要是传统的 2D CAD 模式下生成的平、立、剖面图及明细表是相互独立的，设计信息处于割裂的状态。当一张图纸内容发生变更的时候，其他关联图纸的修改需要通过人为的方式进行，多种原因都可能造成改动信息未能准确、及时地反映在图纸上。另外，传统 2D 模式下进行各专业管线综合，由于无法 3D 具象化，很难准确找出管线碰撞的位置，不可避免会出现管线碰撞问题。规模越大的项目，设备管线多且错综复杂，碰撞冲突也越容易出现，返工可能性越大，势必造成工期延误、经济损失。

利用 BIM 技术，通过搭建各专业的 BIM 模型，一方面可对原有 2D 图纸进行审查，找出相关图纸的设计错误，从而提高设计图纸质量，并优化设计。另一方面设计师能够在虚拟的 3D 环境下方便地发现各专业构件之间的空间关系是否存在碰撞冲突，并通过软件自动检测出碰撞点的方位和数量，并针对碰撞点进行设计调整与优化，不仅能及时排除项目施工环节中可能遇到的碰撞冲突，显著减少由此产生的变更，大大提高管线综合的设计能力和工作效率，而且降低由于施工协调造成的成本增长和工期延误。以上海中心的设备层为例，由于大量桁架的存在，使可用于管道穿行的空间异常紧张且变化多端。通过搭建建筑、结构、机电等各专业 BIM 3D 模型并进行整合，发现并检测出各专业间的设计冲突，然后及时反馈给各专业设计人员进行调整、修改模型，重新复核后将新的问题再次反馈给设计师。经过这样反复几个过程，最终完成设备层的管道综合。并在此基础上，进一步优化管线的排布方案，以合理地利用空间，提高室内的净高。

2. 施工阶段 BIM 应用

(1) 施工组织协调

施工组织是对施工活动实行科学管理的重要手段，它决定了各阶段施工准备工作的内容，协调了施工过程中各施工单位、各工种、各项资源之间的相互关系。施工组织设计是用来指导施工项目全过程各项活动的技术、经济和组织的综合性解决方案，是施工技术与施工项目管理有机结合的产物。通过 BIM 可以对项目的一些重要的施工环节进行模拟和分析，以提高施工计划的可行性；也可以利用 BIM 技术结合施工组织计划进行预演以提高复杂建筑体系（施工模板、玻璃装配、锚固等）的可建造性。借助 BIM 对施工组织的模拟，项目管理方能够非常直观地了解整个施工安装环节的时间节点和安装工序，并清晰把握在安装过程中的难点和要点，施工方也可以进一步对原有安装方案进行优化和改善，以提高施工效率和施工方案的安全性。

本项目的核心筒四周布置有 4 台 M1 280D 大型塔吊。每台吊车所处的位置都在其他 3 台的工作半径内，所以存在很大的冲突区域。在施工过程中，难免会有塔吊相互干扰的情况发生，所以需要事先制定一个运行规则。以前，总会需要开动塔吊以调整到临界状态，然后记录下来成为规则。现在则利用 BIM 模型来完全模拟现场实际的状况，通过建立塔吊族模型，调整模型参数设置，把每台塔吊都调整到临界状况，观察实际效果，并记录下所有的临界状态值。这样能够在很短的时间内就把所有不利状态一一呈现出来，十分直观地看到塔吊相互影响的情况，通过对临界状态值的分析，可以直接在模型上实验应对措施是否切实可行，进而完善施工方案的合理性，并提高塔吊的工作效率。

(2) 4D 施工模拟

建筑施工是一个高度动态的过程，随着工程规模不断扩大，复杂程度不断提高，使得

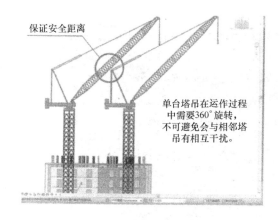

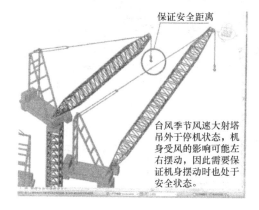

图 5-59　塔吊的施工模拟

施工项目管理变得极为复杂。当前建筑工程项目管理中经常用甘特图表示进度计划，由于其专业性强，可视化程度低，无法清晰描述施工进度以及各种复杂关系，难以准确表达工程施工的动态变化过程。通过将 BIM 与施工进度计划相链接，将空间信息与时间信息整合在一个可视的 4D（3D＋时间）模型中，可以直观、精确地反映整个建筑的施工过程，从而合理制定施工计划、精确掌握施工进度，优化使用施工资源以及科学地进行场地布置，对整个工程的施工进度、资源和质量进行统一管控，以缩短工期、降低成本、提高质量。

本项目中，结构比较复杂，工序比较繁复，在制定施工计划时需要考虑众多的因素，难免出现差错。在施工实践中利用了基于与现场实际情况相一致的 BIM 模型，结合预设的施工计划进行 4D 模拟，如图 5-60 所示，依次表现混凝土施工、钢结构吊装、钢平台系统运行和大型塔吊爬升等工况，直观地看到各工序之间存在的冲突，包括钢骨吊装时间过长导致钢平台爬升受限、混凝土施工与塔吊爬升存在一些冲突等问题。针对发现的这些问题，及时找寻解决方案，从而避免了在实际操作中造成不必要的经济损失和时间损失。

（3）施工深化图

利用传统 2D CAD 设计工具进行机电、钢结构、幕墙等深化设计时，其精度和详细程度很难满足现场施工的要求，尤其是在构件加工图上，出错率更高，而在加工制造环节

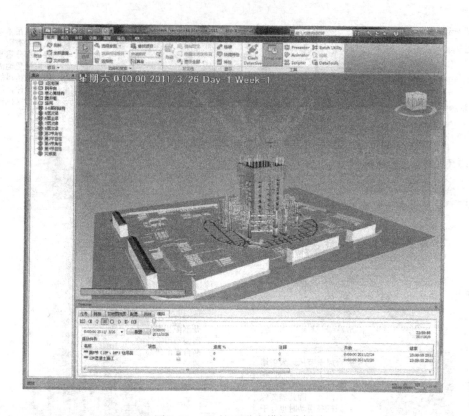

图 5-60　4D 施工进度模拟分析

又不宜察觉,直到现场安装的时候才会发现,只能重新返回到工厂加工,然后运输到现场进行再次安装。这样会严重影响施工的进度,造成工期延误和成本损失。而基于 BIM 模型辅助进行深化设计,可提供精准的信息参考以及统一的可视化环境,有效促进项目团队对细节进行沟通;同时在施工深化设计的过程中,可发现已有施工图纸上不易发现的设计盲点,找出关键点,为现场的准确施工尽早地制订解决方案,从而降低成本,提高效率。

本项目在钢结构的深化设计时,便将 BIM 模型用于钢结构详图设计和制造环节,这样便实现了从设计到制造的全数字化流程。重复利用设计模型不但提高了工作效率,而且改进了制造质量(消除了设计模型与制造模型相互矛盾的现象)。此外,钢结构详图设计和制造软件中使用的信息是基于高度精确、协调、一致的 BIM 模型数据,这些数据可安全放心地在相关的建筑活动中共享。在幕墙深化设计中,基于 BIM 模型可方便地生成各部位的平、立、剖面图纸,并校核原设计蓝图、修正设计。

(4) 二维码扫描

上海中心大厦所有的大型设备上均安装了二维码标识(图 5-61),通过二维码扫描可获取管配件性能、物理参数、厂商资料、安装的具体位置、安装人姓名和安装时间等信息。

总之,在工程施工阶段,上海中心通过 BIM 技术在施工 3D 协调、施工深化图、施工现场监控、4D 施工模拟、幕墙和机电等专业的安装模拟等方面的应用,实现了对施工质量、安全、成本和进度的有效管理和监控。

图 5-61 扫描设备二维码以获得设备信息

5.5.4 施工监理方的 BIM 应用

1. BIM 在监理工作中的应用价值分析

工程监理工作室根据建设单位的要求，依据工程建设文件、法律法规、技术标准和设计图纸，对整个项目进行质量、投资、进度、安全等方面的管理。有别于传统的二维抽象方式，BIM 技术是以三维数字为基础，集成了建筑工程项目各种相关信息的"可视化"的数字建筑模型，并且可以扩展为 4D、5D 等多维状态。通常情况下，BIM 在监理工作中的应用价值体现在如下四个方面：

（1）工作模式的改变

传统监理模式下，监理主要从施工阶段开始参与到项目建设工作中，日常监理工作一般采用现场巡视检查的方式，对于施工过程监督、控制、协调等方面中的难点、重点的事前控制方式单一。而 BIM 技术的实施使得监理的工作内容扩展到设计阶段、施工准备阶段、施工阶段、竣工验收阶段。

（2）工作流程的优化

在监理工作中引入 BIM 模型，可以使整个过程信息流转更加通畅，实现对整个过程的动态监管。相关审查、审核、签证工作均可在网络协同工作平台内完成，提高效率。而且相关工作均有操作记录，提高工作透明度和合规性，消除了信息沟通不畅及错误理解等问题。

（3）提高监理工作效率

数字化工作，更加高效真实全面。在施工过程中，将 BIM 与数码设备相结合，实现数字化的监控模式，更有效地管理施工现场，监控施工质量和进度，使现场监理工程师不用花费大量的时间进行现场的巡视检查，而是将更多精力用于对现场实际情况的提前预控和对重要部位、关键部位的严格把关等工作，从而提高工作效率。

（4）模拟施工过程，把握工作的重点、难点

监理单位应遵循事前控制和主动控制原则实施工程监理。结合工程特点，针对监理工作过程中可能出现的各种因素进行辨析，策划各项预防措施，才能有效控制工程的质量、进度和造价。BIM 可以精准模拟建筑施工过程，进行虚拟施工，基于监理数据库对其中可能发生的问题及可能存在的危险进行预测，帮助监理把握施工过程中的关键工序的工程特点及管理控制难点，确定关键控制环节及相应的控制措施，从而提高施工阶段监理管理

工作效率和控制效果，提高控制质量和安全性，减少返工现象，提高工作效率。另外，基于BIM技术可以将施工过程与进度计划、成本计划整合，对施工方案进行优化，有助于建设单位对整个施工过程进行控制。

2. OurBIM工程管理系统

工具是BIM技术实现的手段，上海中心大厦项目中，由建设方牵头，监理方、顾问方共同参与，结合项目实际，一同开发了一套OurBIM工程管理系统，来实现监理方乃至运营维护的应用。

OurBIM系统（图5-62）是一套结合BIM模型，辅助大型工程进行过程管理的工具，该系统是一套能够记录历史、掌握现状、预测未来的系统，是一套能够为建筑全生命周期服务的体系，简单易用。

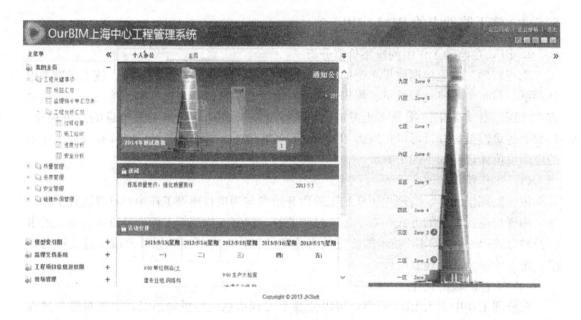

图5-62　OurBIM工程管理系统

"记录历史"，就是通过模型记录汇总现场工况信息，并在数据库中保留。在将来通过模型追溯还原任何时段的现场情况。

"掌握现状"，就是通过现场采集数据实时传回到系统中，让所有的项目参与方均可以随时随地查看项目动态信息，方便对项目现状的掌控。

"预测未来"，就是通过对历史和现状数据的正确分析，对未来项目质量、进度和安全等方面进行合理的预测。

该系统由"一个平台"和"两套模型"组成。"一个平台"就是该系统管理平台，采用自主3D引擎，是该系统的基础。"两套模型"分别是BIM模型和采用高倍数码相机得到的全景模型，构成了项目中BIM应用的载体（图5-63）。

该系统中，采用了"标签"，将标签引用至模型，记录信息、记录问题，从而让模型真正成为管理工具。管理标签即为管理问题，从而达到管理工程项目的目的。在项目中，项目监理方使用该系统具体如下：

5.5 BIM在上海中心大厦工程中的应用

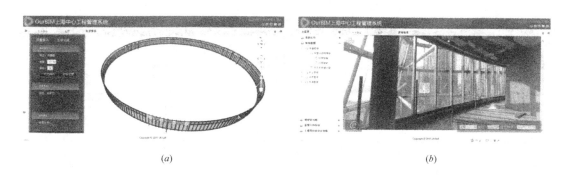

图 5-63 OurBim 系统中的两套模型
(a) BIM 模型；(b) 全景模型

(1) 进度管理

通过不同颜色标识来显示不同的工程进度，如图 5-64 所示，蓝色部分表示已完成的工作内容，浅蓝色部分表示正在进行的工作内容，而白色部分表示还未开展的工作内容，依据每天的工作完成情况，现场工程师只需要在表格中进行对应的输入，如图 5-65 所示。

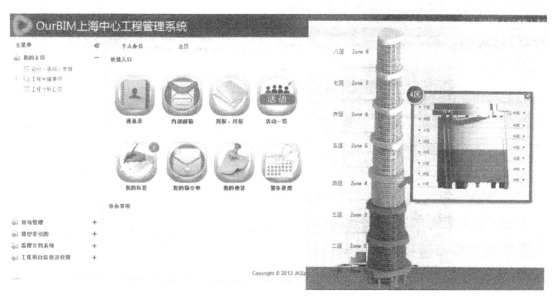

图 5-64 不同颜色表示当前不同的进度情况

(2) 质量管理

通过标签的方式，对现在的质量问题进行标记，如图 5-66 所示，对标签的操作包括以下内容：

① 标签浏览：可以在现场全景中点击标签图标浏览标签内容，可以在标签管理页面中筛选标签进行浏览；

② 标签定位：用户可以直接在标签内容页面中对标签进行定位，会直接跳转到该标签对应的现场环境；

第5章 BIM在工程项目建设中的应用

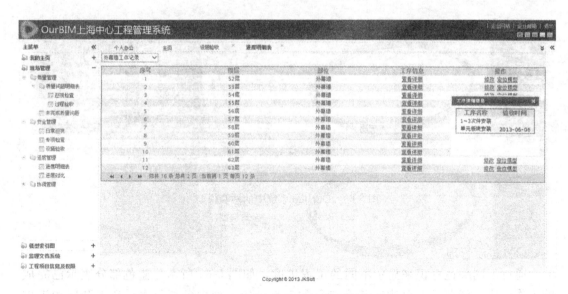

图 5-65　进度管理明细表中的控制内容

③ 标签指令：用户可以根据标签的问题严重情况进行监理指令的编辑及派发，同时可以根据同类型问题标签追加到已有工单中。

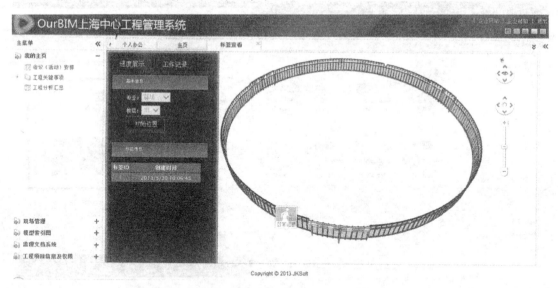

图 5-66　通过标签方式对现在质量问题进行记录

（3）安全管理

针对每周的设施验收检查内容进行统计进行安全管理分析（图 5-67），对不符合要求的内容定期整改，并对整改的内容进行管理，如图 5-68 所示。

5.5.5　运营阶段的 BIM 应用展望

上海中心项目在未来的运营管理阶段，也将进行一系列的 BIM 应用和实施。建筑作为一个系统，当完成建造准备投入使用时，首先需要对建筑进行必要的测试和调整，以确

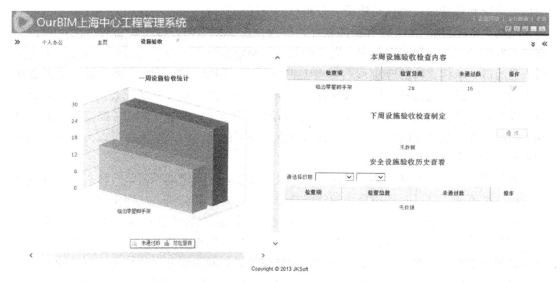

图 5-67　安全管理检查验收内容汇总

※ 安全检查 > 专项检查

新增

序号	安全专项/临时设施	责任公司	整改情况	位置	问题描述	附件	操作
1	其他	主楼土建	完成整改	未定位	96楼西北角		查看
2	其他	主楼土建	完成整改	未定位	97楼西北角		查看
3	其他	主楼土建	整改中	未定位	96楼东北角 ...		查看
4	其他	江河幕墙	整改中	定位	63层西面下...		查看
5	其他	江河幕墙	整改中	定位	61层西面下...		查看
6	其他	远大幕墙	完成整改	未定位	58层西南角		查看
7	其他	远大幕墙	完成整改	未定位	58层东南角		查看
8	其他	远大幕墙	整改中	定位	58层东北卡...		查看

图 5-68　安全检查内容的管理和查看

保它可以按照当初的设计来运营。在项目完成后的移交环节，物业管理部门需要得到的不只是简单的竣工图纸，还需要能正确反映真实的设备状态、材料安装使用情况等与运营维护相关的文档和资料。BIM 能将建筑物空间信息和设备参数信息有机地整合起来，结合运营维护管理系统可以充分发挥空间定位和数据记录的优势，合理制定维护计划，分配专人专项维护工作，以降低建筑物在使用过程中出现突发情况的概率。对一些重要设备还可以跟踪维护工作的历史纪录，以便对设备的适用状态提前做出判断，根据生成的维护纪录和保养计划自动提示到期需要保养的设备，对出现故障的设备从维修申请，到派工、维修、完工验收、回访等实现过程化管理。

在空间管理方面，也可以帮助管理团队记录空间的使用情况，处理最终用户要求空间变更的请求，分析现有空间的使用情况，合理分配建筑物空间，确保空间资源的最大利用率。所以，项目运营期以前所做的对整个 BIM 模型输入信息的正确性和完整性都是保证这些应用的基础，十分重要。

客户信息管理方面，通过客户信息的整合，实现对出租、退租的全过程管理，可通过设置在合同到期日多少天前自动提醒，在界面上相应的租户以不同颜色显示，随时查询租户历史情况和现状以及加强对建设方及租户的沟通和管理。

利用BIM及相应灾害分析模拟软件，可以在灾害发生前，模拟灾害发生的过程，分析灾害发生的原因，制定避免灾害发生的原因，制定避免灾害发生的措施，以及发生灾害后人员疏散、求援支持的应急预案。当灾害发生后，BIM模型可以提供求援人员紧急状况点的完整信息，这将有效地采取突发状况应对措施。此外楼宇自动化系统能及时获取建筑物及设备的状态信息，通过BIM和楼宇自动化系统的结合，使得BIM模型能清晰地呈现出建筑内部紧急状况的位置，甚至到紧急点最合适的路线，求援人员可以由此做出正确的现场处置决定，提高应急行动的成效。

能耗管理方面，通过公共区域仪表的定义、维护，以及定期抄表，对抄表结果进行查询统计，对不同年度、不同项目之间的能耗情况进行对比和分析，从而实现能耗管理。

此外，BIM信息还可以与以下的借口系统进行链接，如楼宇自控系统、门禁考勤系统、停车场管理系统、智能监控系统、安全防护系统、巡查管理系统等，实行集中后台控制和管理，实现通过网通、电信、移动等运营商的短信网关群发短信功能，以及独有的动态、智能工单派发技术等。由于其后端一般均采用统一的计算机网络平台和系统平台技术，因而很容易实现各个系统之间的互联、互通和信息共享，帮助进行更好的运营管理。

5.5.6 小结

通过几年的实践和应用，上海中心项目团队制定了BIM实施的战略目标，并完成了阶段性目标。结合项目制定的BIM标准流程与数据标准，从而更好地指导了项目的进行；设立的相关合同条款，很好地帮助管理协调实施BIM的设计方、施工方、运营方；同时制定的BIM实施过程审核和提交成果的相关规定等，都是保证最终的BIM成果准确有效的重要手段。伴随着项目的建设，上海中心项目各参与方均取得了快速成长，并利用BIM技术得到了较高的利润回报。

通过基于BIM的多专业协同应用，上海中心在施工过程中大约减少了85%的施工返工。根据传统方式下施工返工的经济指标，如板结构开洞直接施工处理单价为2600元左右，管道结构开洞为1600元左右，墙、梁开洞5400元左右，封堵结构洞口19800元左右，结合上海中心总建筑面积等数据，通过减少施工返工带来的经济效益近7400万元。另一方面，根据相关统计在大中型工程项目中，信息沟通问题导致的工程变更和错误占工程总成本的3%~5%。通过两种估算方式，在采用BIM信息化技术手段后，预计节约费用在7400万~3.6亿元之间，占工程总投资的0.5%~3%。考虑到上海中心项目的复杂程度及体量大小，保守估计本工程能节约由于返工造成的浪费至少超过1亿元人民币。

在进行具体BIM技术的实施时，应根据不同企业的发展战略、业务定位、企业现有团队素质和应用基础、企业合作参与方的能力特点等，找到BIM信息化技术应用的切入点，循序渐进地将基于BIM的精益化管理模式应用于工程项目。

虽然本节介绍了一种新型的、基于BIM信息化技术的企业精益化管理模式，但是由于BIM信息化技术在国内的应用才处于起步阶段，我国尚无统一的BIM标准体系，而且也无关于BIM运用相关管理、推行的机制。因此，需要从多种渠道建议政府建立统一的BIM技术应用标准体系、规范使用制度，并加大BIM技术的管理应用宣传力度。

BIM技术可以说是20世纪90年代后，工程建设行业的第二次信息化革命，而经过

21世纪第一个十年在全球工程建设行业的实际应用和研究，它已经越来越体现出其作为未来提升建筑业和房地产业技术及管理水平核心技术的潜力。上海中心项目正是在此次革命中用于探索的生力军之一。上海中心项目中，各参与方试图利用BIM技术全面改变传统低效的工程建设行业的操作模式，并且将"BIM"这个词的含义从最初单纯的建筑信息模型，上升到了帮助生产以及最终的管理上。相信随着BIM慢慢融入整个建设流程中，工程建设行业从技术到管理的提升也将最终实现。

本章小结

本章主要介绍了BIM技术在项目全寿命周期中的应用；在工程施工进度管理中的应用；在工程造价管理中的应用；在预制装配式建筑中的应用；在上海中心大厦工程中的应用。通过介绍读者可以较全面了解BIM技术的应用范围，体会BIM技术的潜在应用价值。

思考与练习题

5-1 关于工程阶段的概念及使用，下列描述错误的选项是（　　）
A. 可以根据需要创建多个工程阶段，并将建筑模型图元指定给特定的阶段
B. 项目工程阶段只有两个，创建阶段和拆除阶段
C. 添加到项目中的每个图元都具有"创建的阶段"属性和"拆除的阶段"属性
D. 可以创建一个视图的多个副本，并对不同的副本应用不同的阶段和阶段过滤器

5-2 在"浏览器组织"对话框设置图纸"浏览器组织属性"中，成组条件为"图纸发布日期"，否则按"图纸名称"，则下列说法正确的是（　　）
A. 当图纸打印时，会自动按打印日期重新排序
B. 根据图纸图元属性中"图纸日期"分类组织
C. 根据图纸类型属性中"图纸日期"分类组织
D. 根据定义的图纸族的日期自动分类组织

5-3 Revit项目单位规程不包括下列项内容（　　）
A. 公共　　　　　B. 结构　　　　　C. 电气　　　　　D. 公制

5-4 Revit过渡到3DSMax可直接将三维视图导出为什么文件（　　）
A. dwg　　　　　B. dwf　　　　　C. DGN　　　　　D. FBX

5-5 在Revit Building 9中，以下关于"导入/链接"命令描述有错误的是（　　）
A. 从其他CAD程序，包括AutoCAD（DWG和DXF）和MicroStation（DGN），导入或链接矢量数据
B. 导入或链接图像（BMP、GIF和JPEG），图像只能导入到二维视图中
C. 将SketchUp（SKP）文件直接导入Revit Building体量或内建族
D. 链接Revit Building、Revit Structure和/或Revit Systems模型

5-6 在图纸上放置特定视图时，可以使用遮罩区域隐藏视图的某些部分，对于遮罩区域，下列描述错误的是（　　）

A. 遮罩区域不参与着色，通常用于绘制绘图区域的背景色
B. 遮罩区域不能应用于图元子类别
C. 将遮罩区域导出到 dwg 图形时，遮罩区域内的线将不被导出
D. 相交的线都终止于遮罩区域，将遮罩区域导出到 dwg 图形时，遮罩区域内的线也将被导出

5-7 网络计划技术的基础与核心（　　）
A. 关键线路法　　　B. 工作分解结构法　　C. 计划评审技术　　　D. 挣值法

5-8 项目管理中由节点与箭线构成，用来表示工作流程的有序有向网状图形为（　　）
A. 甘特图　　　　　B. 横道图　　　　　　C. 面条图　　　　　　D. 网络图

5-9 时间可标注在时标计划表的位置为（　　）
A. 顶部　　　　　　B. 底部　　　　　　　C. 中间　　　　　　　D. 顶部或底部

5-10 下列哪一个选项不是工程立项后的步骤（　　）
A. 入围邀请　　　　B. 技术要求编制　　　C. 招标文件编制　　　D. 外围投标

参 考 文 献

[1] 李恒，孔娟. Revit 2015 中文版基础教程 [M]. 北京：清华大学出版社，2015. 4.
[2] Autodesk，Inc.，柏慕进业. Autodesk Revit MEP 2015 管线综合设计应用 [M]. 北京：电子工业出版社，2015. 2.
[3] 焦柯. BIM 结构设计方法与应用. [M]. 北京：中国建筑工业出版社，2016. 7.
[4] 斯维尔科技有限公司. 结构设计软件高级实例教程 [M]. 北京：中国建筑工业出版社，2013. 10.
[5] NIBS National BIM Standard Project Committee. National Building Information Modeling Standard [S]. 2006.
[6] Eastman. The Use of Computers Instead of Drawings [J]. AIA. 1975 (03)：49-50.
[7] 贺灵童. BIM 在全球的应用现状 [J]. 工程质量，2013，31 (3)：12-18.
[8] 朱佳佳. BIM 技术在国内的应用现状探究 [J]. 科技论坛，2013：97-99.
[9] 何关培. BIM 和 BIM 相关软件 [J]. 土木建筑工程信息技术，2010，2 (4)：110-112.
[10] 王加峰. BIM 结构分析与设计方法研究 [D]. 武汉：武汉理工大学，2013.
[11] 廖小烽，王君峰. Revit2013/2014 建筑设计火星课堂 [M]. 北京：人民邮电出版社，2013.
[12] 龙辉元. 结构施工图平法与 BIM [J]. 土木建筑工程信息技术，2011，3 (1)：26-30.
[13] 中国建筑标准设计研究院. 混凝土结构施工图平面整体表示方法制图规则和构造详图 11G101-1 [S]. 北京：中国计划出版社，2011.
[14] 欧特克速博公司. 基于 Autodesk Revit Structure 创建钢筋混凝土框架结构施工图的几种技术处理方法 [M]. 2009.
[15] 龙辉元. BIM 技术应用于结构设计的探讨与案例 [J]. 土木建筑工程信息技术，2010，2 (4)：89-93.
[16] 潘平. BIM 技术在建筑结构设计中的应用与研究 [D]. 湖北：华中科技大学，2013.
[17] 王珺. BIM 理念及 BIM 软件在建设项目中的应用研究 [D]. 成都：西南交通大学，2011.
[18] 刘艺. 基于 BIM 技术的 SI 住宅住户参与设计研究 [D]. 北京：北京交通大学，2012.
[19] 清华大学软件学院 BIM 课题组. 中国建筑信息模型标准框架研究 [J]. 土木建筑工程信息技术，2010，2 (2)：1-5.
[20] 住房城乡建设部. 关于推进建筑信息模型应用的指导意见 [J]. 建筑设计管理，2015，8：39-42.
[21] 刘畅. 基于 BIM 的建设工程全过程造价管理研究 [D]. 重庆：重庆大学，2014.
[22] McGraw-Hill Construction. The Business Value of BIM in North America：Multi-year trend analysis and user ratings [R]. New York：McGraw-Hill Construction，2009.
[23] Paul Teicholz，Chuck Eastman，Rafael Sacks. BIM Handbook：A Guide to Building Information Modeling for Owers，Managers，Designers，Engineers and Constructors [M]. New York：John Wiley&Sons，2008：13-14，285-286.
[24] 方后春. 基于 BIM 的全过程造价管理研究 [D]. 大连：大连理工大学，2012.
[25] 江苏省建设工程造价管理总站. 工程造价基础理论 [M]. 江苏：江苏凤凰科学技术出版社，2014：9，117.
[26] 刘政. BIM 技术在机电安装工程深化设计中的应用 [J]. 安装，2014，34 (6)：56-58.
[27] 何关培，王轶群，应宇垦. BIM 总论 [M]. 北京：中国建筑工业出版社，2011.
[28] 李建成，王广斌. BIM 应用·导论 [M]. 上海：同济大学出版社，2015，2-83.
[29] General Service Administration. 3D-4D Building Information Modelling [EB/OL]. http：//www.gsa.gov/portal/category/21062，2013-06-12.
[30] Brucker B. A.，Case M. P. Building Information Modeling：A Road Map for Implementation to

Support MILCON Transformation and Civil Works Projects within the U. S. [J]. Army Corps of Engineers, 2006, 11 (1): 4-10.

[31] D. Bryde, M. Broquetas, J. M. Volm. The project benefits of Building Information Modeling (BIM) [J]. International Journal of Project Management, 2013, 31 (7): 971-980.

[32] Becerik-Gerber, F. Jazizadeh, N. Li, g. cALIS. Application areas and data requirements for BIM-enabled facilities management [J]. Journal of Construction Engineering and Management, 2012, 138 (3): 431-442.

[33] I. Motawa, A. Almarshad. A knowledge-based BIM system for Building maintenance [J]. Automation in Construction, 2013, 29 (1): 173-182.

[34] Y. Rezgui, T. Beach, O. Rana. A governance approach for BIM management across lifecycle and supply chains using mixed-modes of information delivery [J]. Journal of civil engineering and management, 2013, 19 (2): 239-258.

[35] A. Redmond, A. Hore, M, Alshawi, R. West. Exploring how information exchanges can the enhanced through Cloud BIM [J]. Automation in Construction, 2012, 24 (7): 175-183.

[36] 贺灵童. BIM在全球的应用现状 [J]. 工程质量, 2013, 31 (3): 12-19.

[37] 欧特克软件（中国）有限公司. BIM技术给力建筑业·推动行业变革 [J]. 中国建设信息, 2011, 16 (2): 44-47.

[38] 住房和城乡建设部. 2011-2015年建筑业信息化发展纲要 [R]. 北京: 住房和城乡建设部, 2011.

[39] National Institute of Building Sciences. United States National Building Information Modeling Standard, Version1-Part 1 [R]. 2006.

[40] The Computer Integrated Construction Research Group of the Pennsylvania State University. BIM Project Execution Planning Guide, Version 2. 0 [EB/OL]. http://bim.psu.edu/, 2012-09-02.

[41] 过俊. BIM在国内建筑全生命周期的典型应用 [J]. 建筑技艺, 2011, 3 (Z1): 95-99.

[42] 王婷, 肖丽萍. 国内外BIM标准综述与探讨 [J]. 建筑经济, 2014, 25 (5): 108-111.

[43] 李犁, 邓雪原. 基于BIM技术建筑信息标准的研究与应用 [J]. 四川建筑科学研究, 2013, 39 (4): 395-398.

[44] 郑国勤, 邱奎宁. BIM国内外标准综述 [J]. 土木建筑工程信息技术, 2012, 4 (1): 32-33.

[45] 王凯. 国外BIM标准研究 [J]. 土木建筑工程信息技术, 2013, 5 (1): 6-16.

[46] 马捷. 基于BIM的地铁综合管线设计优化方法研究 [D]. 广州: 华南理工大学, 2015.

[47] 江帆. 室内综合机电管线深化设计探讨 [J]. 企业技术开发, 2009, 28 (3): 34-37.

[48] 刘学成. 基于BIM的建筑设备管线协调 [J]. 科技创业, 2011, 18 (4): 168-170.

[49] 靳铭宇. 浅析Autodesk Revit在中国的发展及局限性 [J]. 华中建筑, 2008, 26 (1): 83-84.